Mathematik lernen, darstellen, deuten, verstehen

Mathematik lernen, darstellen, deuten, verstehen

Jasmin Sprenger · Anke Wagner
Marc Zimmermann (Hrsg.)

Mathematik lernen, darstellen, deuten, verstehen

Didaktische Sichtweisen vom Kindergarten bis zur Hochschule

Herausgeber
Jasmin Sprenger
Anke Wagner
Marc Zimmermann

Pädagogische Hochschule Ludwigsburg
Deutschland

ISBN 978-3-658-01037-9 ISBN 978-3-658-01038-6 (eBook)
DOI 10.1007/978-3-658-01038-6

Die Deutsche Nationalbibliothek verzeichnet diese Publikation in der Deutschen Nationalbibliografie; detaillierte bibliografische Daten sind im Internet über http://dnb.d-nb.de abrufbar.

Springer Spektrum

Gedruckt auf säurefreiem und chlorfrei gebleichtem Papier

Springer Spektrum ist eine Marke von Springer DE. Springer DE ist Teil der Fachverlagsgruppe Springer Science+Business Media.
www.springer-spektrum.de

Grußwort

Zum 60. Geburtstag von Frau Professorin Dr. Silvia Wessolowski am 23. Mai 2012 und Frau Professorin Dr. Laura Martignon am 30. Mai 2012 haben KollegInnen und WegbegleiterInnen eine Reihe von Beiträgen verfasst, die aufzeigen, wie es gelingen kann, dass Kinder Mathematik leichter lernen können. Allen AutorInnen sei an dieser Stelle ganz besonders herzlich gedankt.

Frau Silvia Wessolowski kam 1995 an die Pädagogische Hochschule Ludwigsburg. Nach einem kurzen Gastspiel von 2003 bis 2004 als Professorin an der Pädagogischen Hochschule Schwäbisch Gmünd am Institut für Mathematik und Informatik, kam sie zurück nach Ludwigsburg, wo sie seither – von 2004 bis 2011 als besonders umsichtige Leiterin unseres Instituts für Mathematik und Informatik – tätig ist. Ihre Forschungsfelder umfassen die frühe mathematische Bildung, das Mathematiklernen im jahrgangsgemischten Anfangsunterricht sowie die schulische Förderung bei Rechenstörungen. Neben ihren zahlreichen Aufgaben in der Hochschullehre zählt zu ihren besonderen Verdiensten die Leitung der Beratungsstelle für Kinder mit Lernschwierigkeiten in Mathematik. Schwerpunkt dieser Stelle ist die Entwicklung und Erprobung von Fördermaßnahmen zur Überwindung von Rechenstörungen bei Grundschulkindern mit den damit verbundenen Diagnosemöglichkeiten.

Um die vielfältigen beruflichen Lebensstationen und Forschungsinteressen von Frau Laura Martignon aufzuzeichnen, bedarf es eigentlich eines eigenen Buches. Hier nur kurz die wichtigsten Stationen in Stichworten: Geboren in Bogota, kam Frau Martignon nach der Licenciatura der Universidad Nacional in Bogota nach Tübingen zum Mathematikstudium, das sie mit Diplom und Promotion abschloss. Es folgten Professuren in Carbondale, Illinois an der Universität von Brasilia, bevor sie nach Deutschland zurückkehrte und an der Universität Ulm in Neuroinformatik habilitierte. Weitere Stationen führten sie über die Universität Düsseldorf, das Münchener Max-Planck-Institut für Psychologische Forschung, an das Max-Planck-Institut für Bildungsforschung in Berlin, wo sie zu Heuristiken von menschlichen Entscheidungen in Situationen der Ungewissheit forschte. Seit 2003 ist Laura Martignon Professorin an der Pädagogischen Hochschule in Ludwigsburg mit einem Schwerpunkt in Geschlechterforschung. Ihre Forschungsinteressen umfassen neben der mathematischen Modellierung von Heuristiken und der Geschlechterforschung das frühe mathematische Denken von Kindern sowie Ansätze der Schulmathematik für Fragen der Nachhaltigkeit.

Am Ende dieses Grußworts möchten wir unseren beiden Jubilarinnen nochmals ganz herzlich zu Ihrem 60. Geburtstag gratulieren. Wir wünschen Ihnen für die nächsten Jahre an unserem Institut viele Erfolge, sowohl in der Lehre als auch in der Forschung, vor allem aber Glück und Gesundheit.

Ludwigsburg, im Mai 2012

Andreas Zendler und Joachim Engel

Vorwort

Wie *lernen* Kinder Mathematik? Wie können Lernende und Lehrende Mathematik so *darstellen*, dass intensive Kommunikationsprozesse beim Mathematiklernen angeregt werden? *Deuten* Schülerinnen und Schüler bestimmte mathematische Darstellungen während des Lernprozesses anders als Lehrende? Gibt es Diskrepanzen? Wenn ja, welche? Wie kann es gelingen Kindern und Jugendlichen das Lernen von Mathematik zu erleichtern? Wie können Lehrende Kinder dabei unterstützen Mathematik zu *verstehen*?

Die eingangs aufgeführten Fragen stellen Themenstränge aus den Forschungs- und Lehrtätigkeiten der beiden Jubilarinnen, Frau Wessolowski und Frau Martignon - beide Professorinnen im Bereich der Mathematik und ihrer Didaktik an der Pädagogischen Hochschule Ludwigsburg - dar. Silvia Wessolowski arbeitet seit vielen Jahren hauptsächlich im Bereich der Primarstufendidaktik. Ihre Arbeitsschwerpunkte sind insbesondere der Umgang mit Lernschwierigkeiten sowie die Förderung von Kindern mit Rechenschwäche. Aus diesem Grund leitet sie auch die seit 1997 an der PH bestehende Arbeitsstelle für Kinder mit Lernschwierigkeiten in Mathematik. Das Arbeitsgebiet von Laura Martignon ist sehr breit gefächert. In den letzten Jahren beschäftigte sie sich in ihrer Forschung aber hauptsächlich mit der Darstellung, der Beurteilung und der Kommunikation von Risiken, sowohl bei Kindern in der Primarstufe als auch bei Erwachsenen.

An der Pädagogischen Hochschule Ludwigsburg arbeiten im Fachbereich Mathematik sowohl Kolleginnen und Kollegen, die sich seit vielen Jahren mit der Mathematik und ihrer Didaktik auseinandersetzen, wie auch junge NachwuchswissenschaftlerInnen, bei denen es sich unter anderem um Doktoranden der beiden Jubilarinnen handelt. Zu unserer Freude zeigten alle Kolleginnen und Kollegen des Faches Mathematik große Spontanität und erklärten sich bereit, ihre Gedanken und Überlegungen zu der Thematik zu einem Beitrag zusammenzufassen. Auch ehemalige MitarbeiterInnen bzw. auch einige Kolleginnen und Kollegen von anderen Hochschulen, die mit den beiden Jubilarinnen in den letzten Jahren enger zusammengearbeitet haben, konnten für die Erstellung dieser Festschrift gewonnen werden. An dieser Stelle ein herzliches Dankeschön allen Autorinnen und Autoren für dieses Engagement.

Die Fachbeiträge in der vorliegenden Festschrift greifen Teile der Forschungs- und Lehrgebiete von Frau Wessolowski und Frau Martignon auf und geben gleichzeitig Einblick in die unterschiedlichen Sichtweisen der Autorinnen und Autoren. Zunächst geben Jens Holger Lorenz und Sebastian Kuntze in ihren

Leitartikeln einen Überblick über das Lernen und Verstehen von Mathematik im Kopf von Kindern sowie die Bedeutung von Darstellungen und deren Nutzen im Mathematikunterricht vom Kindergarten bis zur Hochschule. Die nachfolgenden Beiträge zeigen unterschiedliche Sichtweisen dieser Themen auf mit Schwerpunkten auf den jeweiligen Bildungseinrichtungen. Das frühe mathematische Lernen in Kindertagesstätten bzw. Kindergärten wird in Beiträgen von Elisabeth Rathgeb-Schnierer, Esther Henschen und Martina Teschner sowie Stefanie Schuler in den Blick genommen. Sichtweisen zur Primarstufe erfolgen von Jutta Schäfer, Stefanie Uischner, Andreas Kittel, Jasmin Sprenger, Birgit Gysin und Dieter Klaudt. Die Beiträge von Joachim Engel und Ute Sproesser, Alexandra Scherrmann, Andrea Hoffkamp und Andreas Fest, Anke Wagner und Claudia Wörn, Ute Sproesser und Christoph Till, Annika Dreher sowie Gerald Wittmann beziehen sich auf die Sekundarstufe. Abgerundet wird die Festschrift durch Beiträge zur mathematischen Hochschullehre von Marc Zimmermann und Christine Bescherer, Christian Spannagel sowie Sebastian Kuntze.

Ob eine solche Festschrift die Arbeit und das Wirken unserer beiden Kolleginnen entsprechend würdigen kann, dürfen die LeserInnen des Bandes letztlich selbst entscheiden. Wir wünschen in jedem Fall den beiden Geburtstagskindern Frau Wessolowski und Frau Martignon alles Gute zu ihrem 60. Geburtstag, insbesondere Gesundheit auch für die jeweiligen Familien, viel Erfolg in ihrer weiteren Forschungs- und Lehrtätigkeit und viel Freude beim Lesen der Festschrift.

Ludwigsburg, im Mai 2012

Jasmin Sprenger, Anke Wagner und Marc Zimmermann

Inhalt

Sekundarstufe

Hochschule

Hochschule

Basisartikel

Zahlen und Rechenoperationen

Wie sind sie im Kopf des Lernenden?

Jens Holger Lorenz
Pädagogische Hochschule Heidelberg

Kurzfassung: Die Entstehung mathematischer Begriffe im kindlichen Kopf wird in der Kognitionspsychologie lebhaft diskutiert, nicht hingegen in der Mathematikdidaktik. Aus den Bezugswissenschaften liegen empirische Befunde vor, welche die Entstehung und die Veränderung arithmetischer Konzepte von der Geburt bis in die späte Schulzeit beschreiben. Die didaktischen Implikationen lassen hingegen noch auf sich warten. Es wird versucht, die unterschiedlichen Sichtweisen darzustellen und die theoretischen Konfliktpunkte zu benennen. Hierbei wird insbesondere auf die Änderung von Repräsentationen im Laufe der Lernzeit eingegangen, die sich in unterschiedlichen Formaten zeigen und Auswirkungen auf erfolgreiches und weniger erfolgreiches Lernen haben.

1 Rechnen im Kopf

Natürlich rechnen wir gut und richtig, zumindest bei leichten Aufgaben. Aber was passiert dabei in unserem Kopf? Wie denken wir Zahlen und wie werden Rechenoperationen repräsentiert? Diese Frage zielt auf das Denken mit Zahlen, und sie könnte vielleicht, zumindest teilweise, mit den allgemeinen Aussagen der Denk- bzw. Kognitionspsychologie beantwortet werden. Also beginnen wir allgemein, bevor wir auf das Spezielle der Zahlen eingehen. Die Inhalte unseres Denkens sind die Repräsentationen von etwas, das möglicherweise außerhalb von uns liegt, und sie sind immer symbolisch. Das Format allerdings kann im Denken unterschiedlich sein: gestisch/motorisch, bildhaft, sprachlich oder eben auch mathematisch-symbolisch. Diese Formate bilden die „Medien des Denkens“ (Aebli, 1980). Denken ist Prozess des Operierens mit diesen Symbolen in unterschiedlichen Formaten. Hierbei erzeugt, d.h. konstruiert Denken neues Wissen, ohne dass externe Information zusätzlich hinzukommen muss.

1.1 Wie entsteht ein Begriff im Kopf?

Ein Grundschulkind weiß z.B., dass 5 + 5 = 10 ist und zeigt zum Beweis seine beiden Hände. Damit ist sein Wissen in einer bestimmten Form, nämlich als Sprachkette gespeichert, mehr nicht. Durch Nachdenken kann es aber den (logischen) Schluss ziehen, dass aus der Tatsache, dass 2mal 5 10 ist, auch gelten muss, dass 4mal 5 wohl 20 sein wird. Hier ist nicht gesagt, wie das Kind auf den Schluss kommt, ob es sich bildhaft die erste Tatsache, $2 \cdot 5 = 10$, als beide Hände neben einander gelegt vorstellt und dann diese wiederum noch einmal vorstellungsmäßig daneben legt, oder ob andere Formen des Denkens vorliegen. Es gelangt aber zu einer Einsicht, die auf seiner Repräsentation eines Denkinhalts beruht.

Die wesentlichen Charakteristika des Denkens sind damit benannt: Es erzeugt Bedeutung und neues Wissen, es ist aktiv, kumulativ, idiosynkratisch und zielgerichtet. Wissen ist also keine Abbildung sondern eine (persönliche) Konstruktion mittels organisierender Schemata (Resnick, 1986) und Denken ist der Prozess des Operierens mit Symbolen, die Wissen (subjektive Erfahrungen, Vorstellungen, Gedanken) repräsentieren.

Für die didaktische Forschung stellt sich nun die Frage, wie die Repräsentationen von Zahlen und Rechenoperationen, von Brüchen und Funktionen, von geometrischen Abbildungen und dem schwierigen Wahrscheinlichkeitsbegriff in den Kopf des Schülers kommen. Beginnen wir ganz früh: Piaget meinte, dass das Kleinkind sensumotorische bzw. enaktive Schemata entwickelt, um die Welt „zu begreifen"; und diese stellen die Bausteine der weiteren kognitiven Entwicklung dar (Rumelhart et al., 1986, nennen sie „buildung blocks"). Nach Piaget entstehen die Schemata durch Verinnerlichung, durch „Interiorisierung" der regulären Struktur von Handlungen. Auch dies erscheint auf den ersten Blick überzeugend, aber es erhebt sich die Frage, wie diese Interiorisierung von statten geht. Die pädagogische Annahme, „von der Hand in den Kopf" erscheint zu schlicht, ein solcher Automatismus kann nicht unterstellt werden. Und sie wird durch die Erfahrung mit rechenschwachen Kindern widerlegt, die nicht rechenschwach sind, weil sie zu wenig Handlungserfahrung besäßen, im Gegenteil. Sie besitzen meist mehr als ihre Klassenkameraden. Zumindest setzt der Verinnerlichungsvorgang voraus, dass Handlungsmerkmale im Gedächtnis fixiert und einer Abstraktion unterworfen werden (Campbell, 2005).

Die Addition als Handlungsvollzug ist die Vereinigung von Mengen, zumindest in dieser Form erleben die Kinder sie im ersten Schritt. Zu einer Menge wird eine weitere geschoben, angeklebt, angeheftet, gefunden, wie auch immer: sie kommt hinzu. Die Addition als Begriff, als Herauslösen aus der Wirklichkeit, ist aber eine doppelte Abstraktion: auf die Ebene der Mengen und von dort zur

Ebene der Zahlen. Wird von einer Menge etwas entfernt, weggenommen, abgeschnitten, verbrannt, geht verloren: Dann handelt es sich um eine Subtraktion. Dies ist die prototypische Mengenhandlung, die als Basis dem Begriff der Subtraktion zugrundeliegt.

Ähnlich verhält es sich mit der Multiplikation als wiederholter Addition, d. h. der wiederholten Ausführung einer Handlung, und der Division als das Aufteilen einer Menge. Sicher nehmen Grundschüler diese Handlungen vor, aber es ist kein Automatismus, um aus der Aufteilhandlung eine kraftvolle Vorstellung des „Enthaltenseins" einer Teilmenge in einer Obermenge zu entwickeln, die für die Bruchrechnung notwendig ist. Anderenfalls wird die Aufgabe 14 : ¼ für die Schülerinnen und Schüler zur unverstandenen Leerformel „Durch einen Bruch wird dividiert, indem man mit dem Kehrwert multipliziert." Eine auf Verständnis gegründete Repräsentation liegt nicht zugrunde. Und dieses Unverständnis der Division, sicher die schwierigste Operation in der Grundschule, führt nicht nur in der Bruchrechnung zu Folgeproblemen, sondern auch in der Algebra, in den Naturwissenschaften (was bedeutet Weg durch Zeit?) bis hin zur Differentialrechnung.

Die jeweiligen Repräsentationen, die den Kindern zu Verfügung stehen, sind unterschiedlicher Art: Der Handlungsvollzug (die Vereinigung von Mengen) ist eine enaktive Repräsentation, die überführt wird in eine ikonische Repräsentation und schließlich in eine sprachliche Repräsentation, bevor sie in eine mathematisch-symbolische Form mündet. Es bleibt als mathematikdidaktisches Forschungsproblem bestehen, diese Übergänge zu beschreiben und zu erklären. (Mit den von Bruner beschriebenen Repräsentationsformen enaktiv, ikonisch, symbolisch sind keine didaktischen Stufen in ihrer Abfolge gemeint!)

Auch andere Ansätze, Formen des Wissen und der Repräsentationen zu beschreiben, führen auf empirische Widersprüche. Die Unterscheidung deklarativen vs. prozeduralen Wissens löst die Theorieprobleme der Mathematikdidaktik nicht hinreichend auf. So wird deklaratives Wissen als semantisches Netzwerk aufgefasst, als Begriffsgefüge, wohingegen prozedurales Wissen als nichtbewusste kognitive Operationen fungiert, als „Produktionen" (Metapher: Computerprogramm).

Üblicherweise wird angenommen, dass deklaratives Wissen vor dem prozeduralen Wissen entsteht. Aufgebautes prozedurales Wissen ist leichter abrufbar, aktivierbar, man denke etwa an die Einmaleins-Reihen, die als Lösungsverfahren für die Multiplikation dem Schüler zur Verfügung stehen, an die schriftlichen Rechenverfahren, später die binomischen Sätze, die Verfahren, Polynome zu differenzieren oder zu integrieren usw. Bevor also diese automatisierten Verfahren als Routinen verfügbar sind, so besagt zumindest die Theorie, müssten die semantischen Netzwerke, also die Begrifflichkeit (etwa der Multiplikation) vorhanden sein. Nun weiß jede Lehrerkraft von Klasse 1 bis 13 (und auch im Mathematikstudium), dass dem keineswegs so ist. Gerade die leistungsschwächeren Schüler entfalten ein großes Wissen der Routinen, ohne über ein Verständnis der Begriffe zu verfügen.

Ähnliches gilt auch für die vorschulische Phase des Erwerbs mathematischen Wissens: Der kindliche Zählvorgang gelingt als Aufbau prozeduralen Wissens bereits während des Spracherwerbs, also im Alter von 2;6 – 3 Jahren und durchläuft die bekannten Stufen der Zählkompetenz. Dies bedeutet, dass der Aufbau konzeptionellen, also deklarativen Wissens, dem prozeduralen Wissen zeitlich nachgeordnet ist und auf diesem fußt.

2 Zahlenrepräsentationen im Vorschulalter

Empirische Studien belegen, dass bereits Säuglinge in sehr frühem Alter Mengenanzahlen unterscheiden können (Wynn, 1990, 1992). Nicht nur dies, im Alter von wenigen Monaten sind sie sogar in der Lage, die Anzahl von Elementen in einer Menge (unabhängig vom Typ der Elemente) und die Anzahl auditiv dargebotener Signale einander zuzuordnen. Die Frage aber, ob hiermit das Bestehen frühkindlicher arithmetischer Kompetenzen belegt ist, wird kontrovers diskutiert. Dies würde der Annahme Piagets widersprechen, der davon ausgeht, dass sich Zahlen und Rechenoperationen als Ergebnis einer generellen, unspezifischen Entwicklung, insbesondere der Koordination von Seriation und Klassifikation, entwickeln.

Damit stellt sich ein weiteres theoretisches Problem ein: Ist die Repräsentation von Zahlen und Rechenoperationen ein spätes Produkt, wie Piaget annimmt, oder liegen bereits entsprechende Repräsentationen beim Säugling vor? Und wie sehen diese Repräsentationen aus?

Es lässt sich im Gegensatz zu Piaget festhalten, dass die Invarianz wesentlich früher entwickelt und beim Kind vorhanden ist, als die angenommene Altersgrenze von fünf Jahren angibt (Gelman, 1990a, b). Zudem ist auf den in der Mathematikdidaktik immer noch schwelenden Streit hinzuweisen, ob sich die Invarianz oder das Zählen früher entwickelt. Ohne sämtliche empirischen Befunde hier referieren zu wollen, so lässt sich doch festhalten, dass sich die Konservierung sehr früh (< 5 J) einstellt, es aber sich am kindlichen Verhalten nicht ablesen lässt, ob sich die richtigen Konservierungsantworten über Invarianzurteile, über schnelles Zählen oder über Subitizing, das heißt direkte Wahrnehmungsurteile einstellen.

Es ist auf Grund der empirischen Lage anzunehmen, dass sich eine Repräsentationsänderung einstellt, da jüngere Kinder einen höheren Zeitbedarf bei ihren Urteilen aufweisen als ältere Kinder. Dies lässt sich erklären, wenn man annimmt, dass jüngere Kinder zählen, ältere Kinder hingegen logisch schließen, d.h. dass sie unterschiedlich zu ihren Lösungen kommen.

Kehren wir noch einmal zurück zu der frühkindlichen arithmetischen Anzahlunterscheidung, die sich im Alter von weniger als einem halben Jahr nachweisen lassen und die nicht modalitätsspezifisch nur nachweisbar sind, sondern auch intermodal (Starkey et al., 1990). Mehr noch, ab dem Alter von zwölf Monaten sind Kleinkinder in der Lage, Mengenordnung nach der Anzahl vorzunehmen (Sophian, 1996, 1998).

Heißt dies nun, es existieren protoquantitative Schemata, also mathematische Repräsentationen im Kopf des Säuglings? Dies wäre zu weit gehend, aber es existieren in Bezug auf Mengen verschiedene Schemata, insbesondere ein

- „increase-decrease-Schema“ und ein
- „part-whole-Schema“

Auch hier stellt sich die Frage, ob dies nun einen angeborenen Zahlenmodul darstellt. Die Meinungen hierüber gehen auseinander. So wird argumentiert, dass das Urteil über die Anzahl einer Menge im Alter von wenigen Monaten lediglich ein „subitizing“ ist, also ein Wahrnehmungsprozess (Glasersfeld, 1982; Mack, 2005), andere vermuten, dass es konzeptionell gesteuert (Mandler et al., 1982; Gelman, 1990) sei. Zumindest lässt sich auf dem aktuellen Stand der empirischen Befunde festhalten, dass es sich nicht (nur) um eine angeborene Fähigkeit im Bereich der visuellen Wahrnehmung handelt. Die beobachtete Intermodalität setzt vielmehr voraus, dass es ein einheitliches Format für numerische Informationen (Anzahl und Anzahlveränderungen) gibt. Die Anzahl aber ist etwas, das das Kind der Umwelt aufdrückt, sie ist nicht wahrnehmbar wie die Farbe „Blau“.

Andererseits setzt die intermodale Eins-zu-Eins-Zuordnung kein Wissen über Zahlen („3“), oder Bezeichnungen („+1“) voraus, sondern ist lediglich die kognitive Basis für das anschließende Lernen.

Die Entwicklung der Zahlwortreihe beginnt als (fehlerhafte) Sprachkette, ohne Bewusstsein von Prinzipien. Zählprinzipien entwickeln sich im Laufe des Gebrauchs der Zahlwortreihe, insbesondere

- das Prinzip der Eins-zu-Eins-Zuordnung
- das Prinzip der stabilen Ordnung

- das Kardinalprinzip
- Abstraktionsprinzip und schließlich
- das Prinzip der Irrelevanz der Anordnung

Aber: Diese Prinzipien sind nicht bewusst und schon gar nicht explizit versprachlichbar, die Kinder können sie nicht benennen. Und die Prinzipien werden in bestimmten Bereichen angewendet, sie sind aber nicht übertragbar.

Fasst man die Befunde zusammen, dann stellt man fest: Das Lernen verläuft in Phasen! Dies ist zwar keine umwerfende oder gar neue Entdeckung, es erklärt auch nicht, wie Zahlen und Rechenoperationen im Kopf repräsentiert werden und wie sie sich entwickeln. Nur wird deutlich, dass dies für sämtliche Lernprozesse gilt. Natürlich können die Schülerinnen und Schüler in der frühen Sekundarstufe erkennen, dass ein Schatten größer wird, wenn die Lichtquelle näher an das Objekt rückt, während der Abstand Objekt-Leinwand gleich bleibt. Sie verwenden dies an Kindergeburtstagen zu eindrucksvollen und lustigen Effekten. Die Versprachlichung der Prinzipien, gar die Formulierung der Ähnlichkeitsabbildung bzw. zentrischen Streckung gelingt hingegen noch nicht.

3 Die Veränderung der Repräsentationen im Kopf des Lernenden

Ein für die Mathematikdidaktik brauchbares Konzept, um Veränderungen der Repräsentationen zu beschreiben, liegt im Modell der „Repräsentationsumorganisation" vor („RR-Modell", Karmiloff-Smith, 1992). Es beschreibt Lernphasen, die jedes Lernen durchläuft, egal auf welcher Altersstufe und mit welchem Inhalt. Die Phasen sind also keine Stufen im Sinne Piagets.

In dem Modell ist die Phase I eine datengetriebene Lernphase, die aufgrund äußerer Stimuli abläuft. In dieser Phase ist Wissen nur implizit, als Prozedur verfügbar, nicht explizit oder bewusst und daher auch nicht verbalisierbar. Während dieser Phase kommt es additiv zu bereichsspezifischen repräsentationalen Verbindungen, die zur Verhaltensgeläufigkeit („behavioral mastery") führen. Man denke für das Grundschulalter etwa an die Zahlwortreihe oder Einmaleinsreihen oder die schriftlichen Rechenverfahren, in der Sekundarstufe an die Ausführung der Addition/Subtraktion und Multiplikation/Division in der Bruchrechnung oder gar der Algebra. Nichtverbalisierbar bedeutet, dass die Verfahren zwar durchgeführt werden können, es liegt aber kein versprachlichbares Wissen über Zusammenhänge vor. Die Schüler können natürlich jeweils beschreiben, was sie tun, aber es gelingt ihnen keine Begründung für die Richtigkeit ihrer Verfahren.

In der nächsten Phase, der Phase II /E1 im RR-Modell, kommt es zu einer Repräsentationsänderung. Jetzt kommt es zu einer internen Steuerung, welche die (auch/nur falsche) äußere Information lenkt. Die Repräsentation ist von dieser abgekoppelt, was einen Transfer der vorhandenen Repräsentation in andere Bereiche ermöglicht. Diese Abkopplung ist notwendig mit einem Detailverlust verbunden, d.h. sie ist weniger spezialisiert und daher ist eine Analogiebildung möglich. Das Kind wird z.B. Zehner und Hunderter wie die Einer addieren oder subtrahieren. Aber auch in dieser Phase gilt, dass die Repräsentationen unbewusst und nicht verbalisierbar sind.

Auch in der folgenden Phase II (E2) ist das Wissen nicht verbalisierbar, aber es wird in neuem Format repräsentiert. Diese Repräsentationsänderung führt bereits im Vorschulalter zu bildhaften Vorstellungen bei der Vorhersage von Ergebnissen additiver oder subtraktiver Handlungen (4/5 Jahre; Vilette, 2002; Brannon, 2002).

Die bildhafte Repräsentation ist hierbei in hohem Maße formgebunden und keineswegs analysierbar. Damit sind Verallgemeinerungen nur in beschränktem Maße möglich. In dieser Phase werden die Repräsentationen in anderem Format darstellbar, etwa in Handlungen oder Zeichnungen (auf diese Form der Wissenserfassung durch die Lehrkraft wird leider im Grundschulalter selten zurückgegriffen!). So werden aus den natürlichen Zahlen äquidistante Abstände auf einem Zahlenstrahl, der in der Klasse 5 mit den negativen Zahlen zu einer Zahlengeraden wird, um dann mit den rationalen Zahlen weiter verfeinert zu werden. Addition und Subtraktion werden im Laufe der Grundschulzeit und dann darüber hinaus von Mengenvereinigungen/Restmengenbildungen zu Sprüngen auf diesem (imaginierten) Zahlenstrahl.

Ein mögliches Missverständnis besteht darin zu glauben, dass durch die Verwendung einer Vielfalt von Veranschaulichungsmitteln die Transformationen den Schülern leichter fallen. Dem ist keineswegs so. Im Gegenteil ist die gleichzeitige Verwendung mehrerer Materialien insbesondere bei leistungsschwächeren Schülern problematisch. Die Handlungen, die für eine Rechenoperation an einem Veranschaulichungsmittel durchgeführt werden, verlaufen bei dem nächsten vollkommen anders, sie sind als Handlungen nicht übertragbar. Man vergleiche für die Aufgabe 36+18 die Handlung am Rechenrahmen, am Zahlenstrahl, an der Hundertertafel und den Mehr-System-Blöcken. Die Handlungen sind grundverschieden. Dies gilt auch für die Sekundarstufe, wenn in der Bruchrechnung das Tortenmodell oder ähnliche Veranschaulichungen verwendet werden, die sich dann für die Multiplikation/Division als weniger hilfreich erweisen (wie multipliziert man Tortenteile mit Tortenteilen?).

Erst in der letzten Lernphase III (E3) werden die Repräsentationen bewusst und verbalisierbar. Gleichzeitig werden die Format-/Repräsentationswechsel häufig. So zeigen sich auch bei verbaler und nonverbaler Aufgabendarbietung von Additions- oder Subtraktionssituationen, dass von den Kindern in eine bildhaft-visuelle Repräsentation gewechselt wird (Klein & Brisanz, 2000; Rasmussen et al., 2004).

Zusammenfassend lässt sich also sagen, dass Wissen nicht mit Verständnis gekoppelt sein muss, dass im Rahmen kindlicher arithmetischer Lernprozesse eher das Gegenteil zu erwarten ist. Wissen ohne konzeptionelles Verständnis und notwendige Repräsentationsänderungen sind im Grundschulalter (und leider oft darüber hinaus) sehr vielfältig:

- Kinder zeigen ihr Alter mit Fingern, können aber weder ihr Alter sagen noch die Zahl mit Mengen oder in anderer Form darstellen;

- Die Verwendung des Kommutativgesetzes (a + b = b + a), welche die Kinder bei der min-Strategie der Addition anwenden, indem sie vom größeren Summanden weiterzählen; hierbei liegt keine explizite Erkenntnis der Ergebnisgleichheit (Baroody et al., 2003), sondern ein unterschiedliches konzeptionelles Verstehen, (Canobi et al., 1998) vor.

- Für die Verwendung der Inversion (a + b - b, vgl. Abbildung 1) muss in der kindlichen Entwicklung zwischen einer qualitativen Inversion, die bereits im Vorschulalter vorliegt und die Ergebnisgleichheit bei Entfernung der hinzu gelegten Objekte, unabhängig von der Ausgangszahl konstatiert, und einer quantitativen Inversion unterschieden werden, die im Schulalter die Ergebnisgleichheit auch bei Entfernung anderer, aber gleich vieler Elemente anzugeben weiß (Rasmussen et al., 2003); noch schwieriger und daher erst in einer höheren Altersstufe zu erreichen ist die Inversion a + b - a. Sie bedarf einer sehr formalen Repräsentation.

- Zahlen werden im Vor- aber auch noch im Grundschulalter als Ergebnis eines Zählvorganges repräsentiert. Sie geben das Produkt eines Prozesses an. Dies steht in dieser Form der Zahlbereichserweiterung in den höheren Klassenstufen entgegen, da diese Repräsentationsänderung nicht vorgenommen wird, es erschwert auch die Hinzunahme der Null zu den Zahlen, die von Kindern in einer bestimmten Entwicklungsphase noch abgelehnt wird.

Abbildung 1: a + b - b ist in dieser Form eine von Kindern im Vorschulalter leicht vorstellbare und damit lösbare Aufgabe: Vier blaue Plättchen werden unter ein Tuch geschoben, anschließend drei rote ebenfalls, die anschließend wieder hervorgeholt werden. Wie viele sind noch unter dem Tuch?

Abbildung 2: Zwar ebenfalls a + b - b, aber wesentlich schwieriger

Abbildung 3: Im Vorschulalter praktisch unlösbare Aufgabe (a + b - a)

- Die Zahlen als Anzahlbestimmung von Mengen und damit eng mit dem Zählprozess verbunden bzw. durch ihn repräsentiert stehen kraftvolleren Strategien im Weg.

- Die Rechenoperationen werden ebenfalls verkürzt repräsentiert, so etwa die Addition als Mengenvergrößerung; es bedarf einer Umorganisation, die mit der Überführung der Repräsentation von Zahlen als Mengeneigenschaften hin zu Zahlen als Längenbeziehungen einhergeht. So ist der Zählprozess meist an die Finger gebunden, die Zahl wird aber von einem bestimmten Zeitpunkt der Entwicklung verändert als Länge, etwa „Fünf" als Handbreite, repräsentiert, die nun Analogiebildung und Transfers ermöglicht. Die Modalität der Repräsentation kann immer noch enaktiv sein: Im ersten Fall „Hinzutun" (Mengen), im zweiten Fall „Sprung nach rechts" in dem vorgestellten Zahlenraum, für den es nach neuesten Befunden neuronale Grundlagen als Entwicklungsbedingungen im menschlichen Gehirn gibt (Dehaene, 1999). Ähnliches gilt für die Subtraktion: In einer ersten Phase als Rückwärtszählen repräsentiert, dann als Mengenverkleinerung (Wegnehmen), das Analogiebildung auf verschiedene Mengen erlaubt, das schließlich in der Grundschule umorganisiert wird zu „Sprung nach links" (Längen im vorgestellten Zahlenraum).

- Die Mengenvorstellung von natürlichen Zahlen steht einer Erweiterung auf die rationalen Zahlen entgegen.

- Auch die Vorstellung der Multiplikation als wiederholte Addition führt zu der Repräsentation von „größer werden", was für rationale Zahlen nicht mehr gilt. Deswegen wird diskutiert, bereits in der Grundschule die Multiplikation über funktionale Beziehungen einzuführen, damit eine erweiterbare Repräsentation möglich ist.

4 Wie erwerben Kinder mathematische Begriffe?

Der Erwerb mathematischer Begriffe gelingt durch die Verbindung verschiedener Repräsentationsformate. Für die Grundschule gilt, dass die Prototypen arithmetischer Operationen aus Handlungen entstanden sind, deren situative Charakteristik abgestreift wurde; sie bleiben aber dynamisch. Die durchaus angemessene enaktive Repräsentation, die auf Handlungen beruht, hat aber eine einschränkende Funktion. So sind bei Text- bzw. Sachaufgaben jene Situationen einfacher für Kinder lösbar, die eine dynamische Struktur aufweisen. Schwieriger sind statische Vergleichsaufgaben, die nicht der prototypischen Operationsvorstellung entsprechen. Auch das Gleichheitszeichen wird von Grundschulkindern gemeinhin interpretiert als „ergibt", das handlungsgebunden ist, nicht etwa als (mathematisch wünschenswerte) numerische Gleichheit auf beiden Seiten des Gleichheitszeichens. Aus diesem Grund stellen die symbolischen Darstellungen $b = a + x$, $x = a + b$ oder $x + a = b$ hohe Hindernisse im Verständnis der Grundschüler dar. Diese Repräsentation und ihre hindernde Funktion reichen weit in die Sekundarstufe hinein.

Die Formate bei Sachaufgaben gehen von einer kognitiv nicht lösbaren Transformation aus, nämlich von einer direkten Umsetzung von sprachlich dargebotenen Aussagen zur mathematisch-symbolischen Schreibweise (Sprache → Symbol oder platt ausgedrückt „Frage-Rechnung-Antwort").

Dies wird auch in den gängigen Modellen zur „Mathematischen Modellierung" noch so gesehen, indem davon ausgegangen wird, dass die aus der Realität entnommene Situation überführt, „modelliert" wird auf der mathematischen Ebene. Hier fände dann die Lösung statt, die wiederum rücktransformiert („interpretiert") wird auf die Sachebene und dort noch einer Plausibilitätsprüfung unterzogen wird („validiert"). Dieser Modellierungskreislauf hat aber die Tücke, dass gerade der Prozess der Modellierung von der Sachebene auf die Ebene der Mathematik weiterhin unklar bleibt. Damit hat man aber didaktisch wenige Möglichkeiten, den „modellierenden Schülern" Hilfestellungen zukommen zu lassen.

Insbesondere stimmt die Verkürzung auf die schlichte Repräsentationsänderung von Sprache zur Symbolik nicht mit den konzeptionellen Repräsentationen der Kinder überein. Mathematische Begriffe werden vielmehr in Form von Handlungen und/oder in Form bildhafter Vorstellungen über diese Handlungen repräsentiert, die sprachliche und mathematisch-symbolische Repräsentation ist in der Altersstufe der Grundschüler eher Beiwerk und wird lediglich aufgrund der Unterrichtsanforderung und bestenfalls zu kommunikativen Zwecken genutzt. Der mathematische Begriff ist aber erst dann hinreichend repräsentiert, wenn von einem Repräsentationsformat in ein anderes gewechselt werden kann. Diese Transformationen sind der eigentliche Gegenstand des Sachrechnens und müssen im Unterricht betont werden. In diesem Sinne handelt es sich beim Lösen von Sachaufgaben nicht um das Modellieren einer Sachsituation. Es erscheint im Sinne der Kognitionspsychologie (Seel, 2000) plausibler anzunehmen, dass mentale Modelle von der Situation erstellt und mit den zur Verfügung stehenden mathematischen Konzepten und ihren Repräsentationen verglichen werden. Im didaktischen Diskurs ist hier von „Grundvorstellungen" die Rede (vom Hofe, 1995).

Eine Aufgabe soll dies erläutern: „Ein Malermeister schlägt dem befreundeten Auftraggeber vor, entweder ¼ vom Preis nachzulassen und dann 19 % MwSt aufzuschlagen oder umgekehrt erst die MwSt aufzuschlagen und anschließend ¼ nachzulassen. Was ist günstiger?" Diese Aufgabe ruft nicht nur in Klasse 6 und 7, sondern auch in der gymnasialen Oberstufe, ja selbst im Studium lebhafte Diskussionen hervor. Meist geht die Abstimmung pari aus. Dass es sich hier um eine Multiplikation von rationalen Zahlen handelt ((P · 0,75) · 1,19 vs. (P · 1,19) · 0,75) ist den Schülern nicht deutlich, die Multiplikation von rationalen Zahlen liegt lediglich als Verfahren, nicht aber als anwendbare bedeutungshaltige Struktur vor.

Die vorhandenen Repräsentationen der arithmetischen Operationen bestimmen daher die Fähigkeit des Schülers, Sachaufgaben zu lösen, unabhängig von der Klassenstufe. Es ist keine Modellierungsfähigkeit als allgemeine Kompetenz anzunehmen. Aber diese Erkenntnis macht den Unterricht keineswegs einfacher.

5 Literatur

Aebli, H. (1980). *Denken – das Ordnen des Tuns*. Stuttgart: Klett.

Baroody, A.J. (2003). The development of adaptive expertise and flexibility: The integration of conceptual and procedural knowledge. In A.J. Baroody & A. Dowker (Hrsg.), *The development of arithmetic concepts and skills: Constructing adaptive expertise* (S. 1-33). Mahwah, NJ: Erlbaum.

Baroody, A.J. & Brannon, E.M. (2002). The development of ordinal numerical knowledge in infancy. *Cognition, 83*, 223-240.

Baroody, A.J. & Dowker, A. (Hrsg.) (2003). *The development of arithmetic concepts and skills: Constructing adaptive expertise* (S. 1-33). Mahwah, NJ: Erlbaum.

Campbell, J.I.D. (2005). *Handbook of mathematical cognition.* New York: Psychology Press.

Canobi, K.H., Reeve, R.A. & Pattison, P.E. (1998). The role of conceptual understanding in children's addition problem solving. *Developmental Psychology, 34*, 882-891.

Dehaene, S. (1999). *Der Zahlensinn oder warum wir rechnen können.* Basel: Birkhäuser.

Gelman, R. (1990a). Structural constraints on cognitive development. *Cognitive Science, 14*, 39.

Gelman, R. (1990b). First principles organize attention to and learning about relevant data: Number and animate-inanimate distinction as examples. *Cognitive Science, 14*, 79-106

Glasersfeld, E. (1982). Subitizing: The role of figural patterns in the development of numerical concepts. *Archives de Psychologie, 50*, 191-218.

Karmiloff-Smith, A. (1996). *Beyond modularity: A developmental perspective on cognitive science.* Cambridge, MA: MIT Press.

Klein, J.S. & Bisanz, J. (2000). Preschoolers doing arithmetic: The concepts are willing but the working memory is weak. *Canadian Journal of Experimental Psycholgoy, 54*, 105-115.

Mack, W. (2002). *Die Wahrnehmung kleiner Anzahlen und die Entwicklung des Zahlenverständnisses beim Kleinkind.* Frankfurt: Habilitationsschrift an der Fakultät für Psychologie.

Mandler, G. & Shebo, B.J. (1982). Subitizing: An analysis of its component processes. *Journal of Experimental Psychology: General, 11*, 1-22.

Rasmussen, C., Ho, E. & Bisanz, J. (2004). Use of the mathematical principle of inversion in young children. *Journal of Experimental Child Psychology, 85*, 89-102

Resnick, L.B. (1986). The development of mathematical intuition. In M. Permutter (Hrsg.), *Perspectives on intellectual development: Minnesota Symposia on Child Psychology, Vol. 19.* Hillsdale, NJ: Erlbaum.

Rumelhart, D.E., McClelland, J.L. & PDP Research Group. (1986). *Parallel distributed processing: Explorations in the microstructure of cognition (vol. 1).* Cambridge, MA: MIT Press.

Seel, N.M. (2003). *Psychologie des Lernens.* München: Reinhardt.

Sophian, C. (1987). Early developments in children's use of counting to solve quantitative problems. *Cognition and Instruction, 4*, 61-90.

Sophian, C. (1996). Young children's numerical cognition: What develops?. *Annals of Child Development, 12*, 49-86.

Sophian, C. (1998). A developmental perspective on children's counting. In C. Dolan (Hrsg.), *The development of mathematical skills* (S. 27-46). New York: Psychology Press.

Sophian, C. & Adams, N. (1987). Infants' understanding of numerical transformations. *British Journal of Developmental Psychology, 5*, 257-264.

Starkey, P. (1992). The early development of numerical reasoning. *Cognition, 43*, 93-126.

Starkey, P., Spelke, E.S. & Gelman, R. (1990). Numerical abstraction by human infants. *Cognition, 36*, 97-127.

Vilette, B. (2002). Do young children grasp the inverse relationship between addition and subtraction? Evidence against early arithmetic. *Cognitive Development, 17*, 1365-1383.

Vom Hofe, R. V (1995). *Grundvorstellungen mathematischer Inhalte*. Heidelberg: Spektrum.

Wynn, K. (1990). Children's understanding of counting. *Cognition, 36*, 155-193.

Wynn, K. (1992). Addition and subtraction by human infants. *Nature, 358*, 749-750.

Vielfältige Darstellungen nutzen im Mathematikunterricht

Sebastian Kuntze
Pädagogische Hochschule Ludwigsburg

Kurzfassung: Darstellungen sind ein notwendiges Ausdrucksmittel für mathematische Ideen, nicht nur für Profis sondern auch, wenn Begriffe und Ideen im Mathematikunterricht zwischen den am Lernprozess Beteiligten ausgehandelt werden. Dabei kommt der Vielfalt an Darstellungen und dem Wechsel zwischen Darstellungen besondere Bedeutung zu, gerade auch wenn Darstellungen als Lernhilfen eingesetzt werden. Denn für ein flexibel einsetzbares mathematisches Begriffswissen ist es unabdingbar, Begriffe in verschiedenen Darstellungen und unter den verschiedenen damit meist verbundenen Perspektiven sehen zu können. Daraus ergeben sich auch Implikationen für fachliches und fachdidaktisches Professionswissen angehender und praktizierender Mathematiklehrkräfte, etwa zur Rolle des Nutzens von Darstellungen beim Diagnostizieren von Fehlvorstellungen und beim Gestalten von Lernhilfen.

1 Einführung

In den Bildungsstandards der Kultusministerkonferenz (KMK, 2004a, 2004b) ist die Kompetenz „mathematische Darstellungen verwenden" bzw. „Darstellen von Mathematik" einer von sechs bzw. von fünf Aspekten mathematischer Kompetenz, die in der Sekundarstufe bzw. in der Grundschule von besonderer Bedeutung sind. Dabei mag dieser Kompetenzaspekt auf den ersten Blick etwas technisch oder auch trivial erscheinen. *Technisch*, weil das Nutzen von Darstellungen auf den ersten Blick mit dem Training von Formalismen, symbolischen Ausdrücken oder Verfahren verwechselt werden kann. In diesem Verständnis entsteht eventuell sogar der Eindruck, dass gleichsam durch die Hintertüre der Bildungsstandards die Betonung solcher Formalismen und Verfahren im Mathematikunterricht weiter im Mittelpunkt stehen soll. Beispielsweise könnten Formulierungen wie „Darstellungsformen je nach Situation und Zweck auswählen" (KMK, 2004a, S. 8) suggerieren, dass es stets eine „ideal passende" Darstellung gibt, die zur Lösung von Aufgaben ausgewählt und verwendet werden soll. Wissen über Darstellungen würde sich in einem solchen Verständnis möglicherweise in einer Art Wissen über Verfahren und Formalismen erschöpfen.

Trivial könnte dieser Kompetenzaspekt erscheinen, weil die Oberflächenmerkmale von Mathematik, z. B. die verwendeten Zahl- und Rechenzeichen, mit den Inhalten des Mathematikunterrichts gleichgesetzt werden könnten. Wird unter dem „Darstellen" beispielsweise vorwiegend verstanden, „für das Bearbeiten mathematischer Probleme geeignete Darstellungen [zu] entwickeln, aus[zu]wählen und [zu] nutzen" (KMK, 2004b, S. 7f), so könnte das Geschehen in der Mathematik und im Mathematikunterricht insofern oberflächlich interpretiert werden, als „mathematisch tätig zu sein" demnach in erster Linie bedeutete, irgendwelche Probleme mit Hilfe von Symbolen und formalen Schreibweisen „mathematisch" darzustellen und bereits durch die Nutzung dieser Darstellungen ihren Lösungen zuzuführen.

Dass mathematische Darstellungen in dieser Hinsicht auch viel zur Wahrnehmung des Mathematikunterrichts insgesamt aus Lernendensicht beitragen können, zeigen die Bilder in Abbildung 1. Hier wurden Lehramtsstudierende gebeten, ihr Bild vom Mathematikunterricht zu malen oder zu skizzieren (vgl. Kuntze, 2010a). Mathematische Darstellungen spielen hier vor allem als Oberflächenmerkmale eine Rolle: Sei es im Sinne einer Sammlung von Anspielungen auf Beispielinhalte, sei es als Teil einer bedrohlich wirkenden Unterrichtswelt wie im unteren Bild. In diesen Bildern erscheinen mathematische Darstellungen als untereinander unverbundene, teils schwer verstehbare Objekte. Würde man die Kompetenz „Darstellungen nutzen" der Bildungsstandards so verstehen, so bestünde ein Hauptziel des Unterrichts darin, Darstellungen entschlüsseln zu können, sie zur Lösung von Aufgaben einzusetzen oder sie mit bestimmten Themen, Gedanken oder Gegenständen zu verbinden.

Fairerweise sollte hinzugefügt werden, dass es andererseits sicherlich keine ganz einfache Aufgabe ist, Gegenstände des Mathematikunterrichts in einem Bild umzusetzen.

Dies liegt auch an der Mathematik selbst, deren Inhalte letztlich in einer abstrahierenden Vorstellungswelt beheimatet sind (Duval, 2006). Mathematische Objekte sind damit meist gleichzeitig „unsichtbar" und multipel repräsentierbar, was letztlich die große Bedeutung des Nutzens von Darstellungen ausmacht. Diese Überlegungen zeigen, dass die Kompetenz des Nutzens mathematischer Darstellungen, wie sie sowohl für die Grundschule als auch für Klasse 10 von der KMK genannt wird, in ihrer Bedeutung für den Mathematikunterricht und in ihrem Lernpotential erst untersucht und erschlossen sein will. Insbesondere macht Wissen und unterrichtsbezogene Reflexionsfähigkeit zum Nutzen von

Darstellungen einen wichtigen Bereich professionellen Wissens von Mathematiklehrkräften aus (vgl. Ball, 1993; Kunter et al., 2011). In diesem Zusammenhang stellt sich die Frage, woraus sich die Bedeutung des Nutzens vielfältiger Darstellungen ergibt und welche Rolle diesbezügliches Wissen für das Lehren und Lernen von Mathematik spielen kann (vgl. Kuntze, in diesem Band).

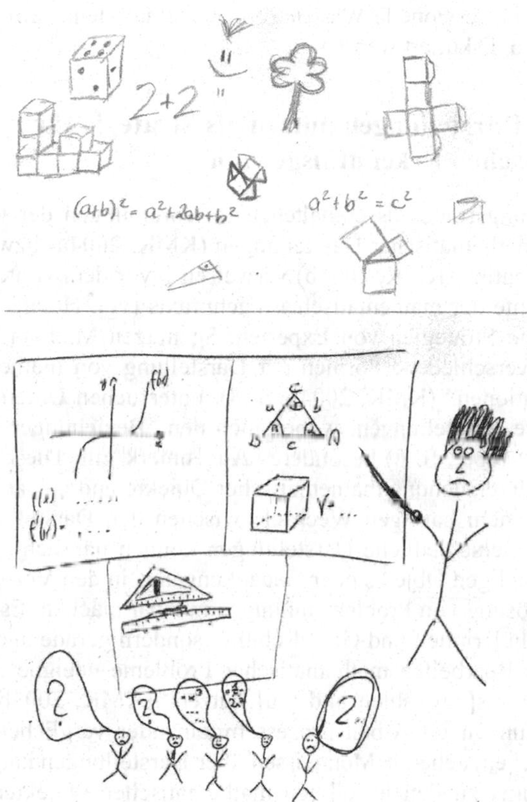

Abbildung 1: Mathematische Darstellungen und das Darstellen von Mathematikunterricht: „Rich Pictures" von Lehramtsstudierenden zur Frage: „Wie sieht Ihr Bild von Mathematikunterricht aus? Malen, zeichnen, kritzeln Sie!"

Im Folgenden wird daher in Teil 2 ausgehend von den Bildungsstandards und einer kurzen Begriffsklärung reflektiert, welche Bedeutung das Nutzen vielfältiger Darstellungen für die Mathematik als Disziplin hat. Daraus, aber auch aus der speziellen, durch fachdidaktische Überlegungen geprägten Situation des Lehrens und Lernens von Mathematik ergeben sich Implikationen für den Mathematikunterricht und Fördermöglichkeiten des Aufbaus mathematischer Kompetenz, die in Teil 3 anhand von Beispielen angesprochen werden. Da die Idee des Nutzens vielfältiger Darstellungen auch große Bedeutung für das Erklären und Diagnostizieren von Schwierigkeiten von Lernenden in Mathematik sowie für das Gestalten gezielter Lernhilfen hat (Teile 4 und 5), ergeben sich auch Implikationen für das professionelle Wissen von Mathematiklehrkräften, die in einem Ausblick in Teil 6 diskutiert werden.

2 Vielfältige Darstellungen nutzen als Strategie für mathematischen Erkenntnisgewinn

Die in den Bildungsstandards enthaltenen Beschreibungen der Kompetenz des „Verwendens" mathematischer Darstellungen (KMK, 2004a) bzw. des „Darstellens von Mathematik" (KMK, 2004b) verweisen – vor dem Hintergrund diesbezüglicher Elemente der mathematischen Fachpraxis (vgl. Heintz, 2000) gesehen – auf wesentliche Strategien von Experten. So nutzen Mathematikerinnen und Mathematiker „verschiedene Formen der Darstellung von mathematischen Objekten und Situationen" (KMK, 2004a, S. 8), untersuchen Unterschiede und interpretieren diese Darstellungen, wobei auch den „Beziehungen zwischen Darstellungsformen" (ebd., S. 8) besonderes Augenmerk gilt. Diese an Darstellungen orientierte Untersuchung mathematischer Objekte und Gedankengänge ist in der Regel von einem häufigen Wechsel zwischen den Darstellungsformen gekennzeichnet: Unterschiedliche Darstellungen können nämlich unterschiedliche Aspekte des jeweiligen Objekts oder Gedankengangs in den Vordergrund rücken und so für die Lösung von Problemstellungen nutzbar machen. Es geht also nicht nur für Grundschülerinnen und Grundschüler, sondern gerade auch bei Experten darum, „für das Bearbeiten mathematischer Probleme geeignete Darstellungen [zu] entwickeln, aus[zu]wählen und [zu] nutzen" (KMK, 2004b, S. 7f). Dafür werden Darstellungen im Arbeitsprozess miteinander verglichen und auch bewertet. Das dabei entstehende Metawissen über Darstellungen kann nicht nur das Begriffsverständnis zu den jeweiligen mathematischen Objekten stärken, sondern es dürfte auch eine Grundlage für Problemlösestrategien (z.B. Schoenfeld, 1992) bilden. Insofern betonen die Bildungsstandards auch die Relevanz des Nutzens von Darstellungen im metakognitiven Bereich (vgl. z.B. Cohors-Fresenborg & Kaune, 2001; Schoenfeld, 1992; Hattie, 2009).

Bevor diese Überlegungen auch anhand von Beispielen weiter vertieft werden, sollte das hier zugrunde gelegte Verständnis des Begriffs „Darstellung" (bzw. der synonym gebrauchten Termini „Repräsentation" und „Darstellungsform") präzisiert werden: Unter *Darstellungen* werden Objekte verstanden, die für etwas anderes stehen (Goldin & Shteingold, 2001), die diese anderen Objekte damit „repräsentieren“. Darstellungen können zum Gegenstand des interindividuellen Diskurses und damit von Aushandlungsprozessen (Klein & Oettinger, 2000; Reinmann-Rothmeier & Mandl, 2001) werden. Darstellungen können prinzipiell enaktiver, bildlicher oder symbolischer Natur sein (vgl. Bruner, 1966), wenn auf Objekte mit handlungsmäßigen, ikonischen oder sprachlichen, bzw. formalen oder abstrakten Mitteln Bezug genommen wird. Mit dem Ausdruck „Nutzen *vielfältiger* Darstellungen“ (vgl. in englischer Sprache „using multiple representations“, z.B. Kuntze et al., 2011) wird betont, dass nicht nur eine einzige Darstellung verwendet wird, sondern bewusst mehrere Darstellungsformen eines mathematischen Objekts in den Denkprozess einbezogen werden.

Vielfältige Darstellungen zu nutzen ist zentral für die Wissenschaft Mathematik und mathematisches Denken. Dies liegt einerseits daran, dass mathematische Begriffe aufgrund ihrer Abstraktheit letztlich „unsichtbar“ sind und jeweils Aspekte dieser Begriffe durch Darstellungen sichtbar gemacht werden können. Wenn etwa Hilbert in der ihm zugeschriebenen Äußerung, dass die Begriffe „Punkte, Geraden und Ebenen“ jederzeit auch „Tische, Stühle und Bierseidel“ genannt werden könnten (zum Ansatz der Formalisierung in der Darstellung mathematischer Begriffe vgl. Hilbert, 1903) die Austauschbarkeit der Bezeichnung von Begriffen fordert, so bedeutet dies gerade, dass die Begriffe in einer abstrahierenden Herangehensweise von kontextgebundenen Darstellungen abgelöst werden können. Dennoch verfügen Experten meist über intuitive Vorstellungen zu mathematischen Begriffen, die mit den jeweiligen Darstellungsformen korrespondieren, in denen die Begriffe in Erscheinung treten können. So bekennt Thom (1973, S. 203f.): „Meines Erachtens hat man aus der Hilbertschen Axiomatik nicht die wahre Lektion gelernt, die folgendermaßen lautet: Man gelangt zur absoluten Strenge nur durch die völlige Elimination von Bedeutung. [...] Aber wenn man zwischen Strenge und inhaltlicher Bedeutung wählen muss, wähle ich ohne Zögern letztere. Dies hat man in der Mathematik immer getan, wo man fast immer in einer halb-formalistischen Form arbeitet, mit der nicht formalisierten Umgangssprache als Metasprache. Der ganze Berufsstand ist zufrieden und verlangt nach keiner Verbesserung“.

Dem Wechsel zwischen Darstellungen kommt über diese Gesichtspunkte hinaus eine Schlüsselrolle zu, etwa wenn unterschiedliche Aspekte mathematischer Objekte sichtbar gemacht werden sollen, Probleme mit Hilfe von Darstellungswechseln gelöst oder Verknüpfungen zwischen unterschiedlichen mathematischen Wissensbereichen hergestellt werden. So brachte beispielsweise die Vernetzung von Algebra und Geometrie der Fachwissenschaft den Vorteil, dass geometrische Probleme algebraisch dargestellt und damit mit den mathematischen Mitteln der Algebra gelöst werden konnten. Umgekehrt wurden Probleme aus der Algebra geometrisch dargestellt und mit Mitteln dieser Teildisziplin gedeutet und bearbeitet.

Bereits grundlegende mathematische Begriffe erlauben aufgrund von unterschiedlichen Darstellungsmöglichkeiten eine Vielfalt an Perspektiven, Auffassungsmöglichkeiten und Verknüpfungen zu anderen Begriffen:

Beispielsweise zeigt Abbildung 2 unterschiedliche Darstellungen eines bestimmten Integrals – als Grenzwert einer unendlichen Summe, als formal-algebraischer Integralausdruck, als unter dem Graph eingeschlossener Flächeninhalt (hierbei ist eine graphische Darstellung oder die Darstellung als Zahlenwert zu unterscheiden), oder als Differenz zweier Werte der Stammfunktion. Alle diese Darstellungen sollten einer in diesem Bereich kompetenten Person nicht nur bekannt sein, sondern die Person sollte Bezüge zwischen den unterschiedlichen Darstellungen herstellen und zwischen ihnen wechseln können. Die unterschiedlichen Darstellungen betonen jeweils unterschiedliche Aspekte des Integralbegriffs.

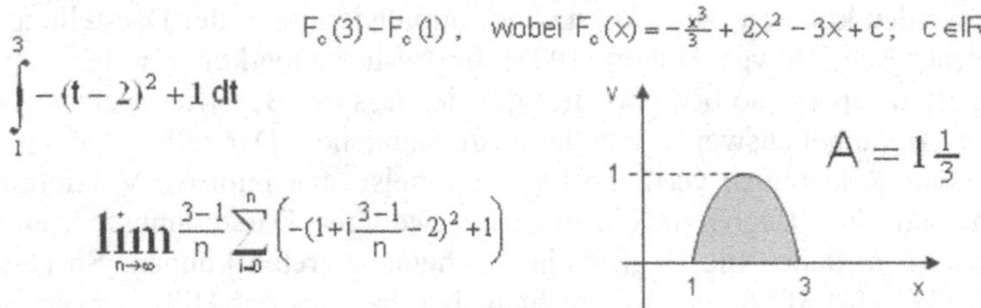

Abbildung 2: Unterschiedliche Darstellungen eines bestimmten Integrals

Diese Überlegungen treffen in ähnlicher Weise auch auf Elementarwissen zu. So zeigt Abbildung 3 unterschiedliche Darstellungen der Zahl 8. Auch hier ist für ein tragfähiges Begriffsverständnis und mathematischen Erkenntnisgewinn wesentlich, dass Bezüge zwischen den Darstellungen hergestellt werden können. Nebenbei können Darstellungsmöglichkeiten auch mit Zahlaspekten, d.h. Auffassungsmöglichkeiten des Zahlbegriffs, korrespondieren.

Mathematischer Erkenntnisgewinn beruht auch bei diesen Beispielen nicht selten auf dem gezielten Wechseln zwischen Darstellungen, mithin der bewussten Nutzung vielfältiger Darstellungen. Beispielsweise beruhen grundlegende mathematische Strategien häufig auf Darstellungswechseln:

Das Zurückführen von Problemen auf Bekanntes bzw. auf bereits gelöste Probleme geschieht oft durch ein Wechseln der Darstellung; die Strategie des Analogisierens nutzt oft die Gegenüberstellung von Darstellungen; das Reformulieren von Problemen kann als Darstellungswechsel interpretiert werden – um nur einige wenige Beispiele für solche Strategien zu nennen (vgl. auch Polya, 1954; 1969). Insbesondere ist die Strategie des Verschiebens von Problemen zwischen mathematischen Teilgebieten mit dem Wechseln von Darstellungen verknüpft: Dass z. B. das Bestimmen des Schnittpunkts zweier Geraden mit Mitteln der Gleichungslehre erfolgen kann, beruht darauf, dass das Problem algebraisiert und in dieser anderen Darstellung gelöst werden kann. Das algebraische Ergebnis kann dann wieder geometrisch gedeutet werden, in der Regel ist damit ein weiterer Darstellungswechsel verbunden.

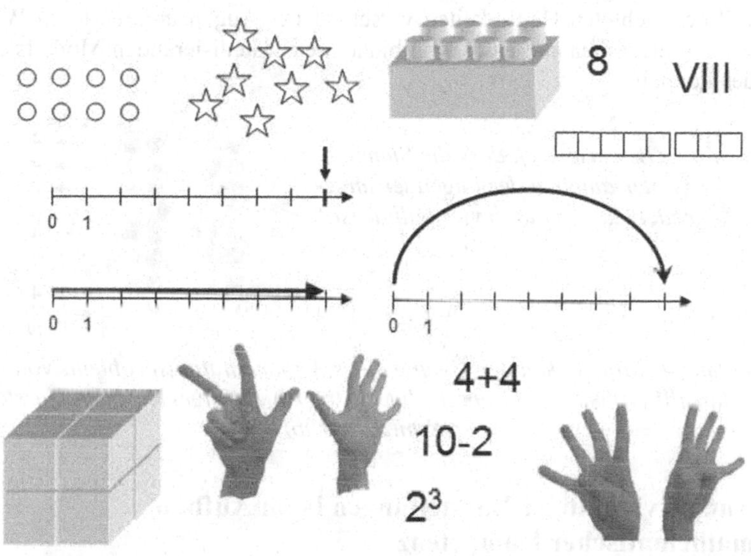

Abbildung 3: Einige unterschiedliche Darstellungen der Zahl 8

Die Relevanz des Nutzens vielfältiger Darstellungen für elementare mathematische Strategien trägt auch dazu bei, dass sich viele Beweise und Argumentationen eines Darstellungswechsels bedienen. Ein einfaches Beispiel dafür findet sich in Abbildung 4.

Das Nutzen vielfältiger Darstellungen spielt damit auch eine zentrale Rolle für das Problemlösen und Argumentieren. Boero und Morselli (2009) beschreiben die Bearbeitung des in Abbildung 4 wiedergegebenen Argumentationsproblems ferner unter der Perspektive des Modellierens (vgl. auch Kuntze, 2010b). In der

Tat vermitteln Übersetzungsschritte, wie sie für das Modellieren typisch sind (vgl. Blum, 2007), meist auch zwischen verschiedenen Darstellungsformen.

Der Wert von Darstellungen im Sinne der Modellierung von Strukturen, die einer Problemsituation zugrunde liegen, spielt beispielsweise auch in der Stochastik eine zentrale Rolle. Nicht selten stellt hier die Modellierung, d.h. die Darstellung im Rahmen eines stochastischen Modells den anspruchsvollsten Schritt bei Problemlösungen dar. Geeignete Darstellungen können in diesem Inhaltsbereich nicht nur bei Experten, sondern bereits bei Kindern in Grundschule oder Kindergarten Erkenntnisgewinne ermöglichen: Beispielsweise zeigen Martignon und Wassner (2005) auf, wie die unterschiedlichen, von Kindern zunächst experimentell beobachteten Häufigkeiten verschiedener Augensummen beim Würfeln mit zwei Würfeln anhand eines Kombinationen visualisierenden Modells erklärt werden können.

„Beweise [...], dass die Summe zweier aufeinander folgender ungerader Zahlen durch vier teilbar ist."

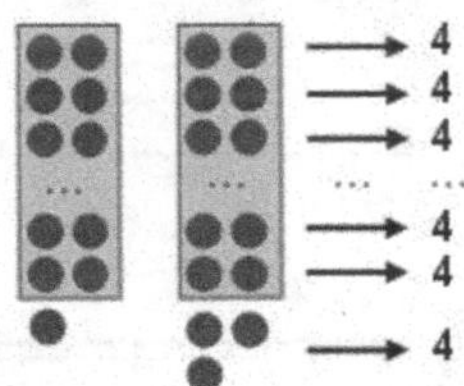

Abbildung 4: Möglichkeit der Lösung eines Argumentationsproblems von Boero und Morselli (2009, S. 187) durch Nutzen einer nicht-algebraischen Darstellung (Kuntze, 2010b)

3 Nutzen vielfältiger Darstellungen beim Aufbau mathematischer Kompetenz

Wie auch bereits am Beispiel in Abbildung 3 deutlich werden kann, kommt es beim Aufbau von Begriffswissen meist wesentlich auf das Nutzen vielfältiger Darstellungen an: Verschiedene Darstellungen können in diesem Beispiel verschiedene Zahlaspekte betonen, Einsichten in die Struktur der Zahl ermöglichen, Querbezüge zu anderen Zahlen aufbauen, Verknüpfungen mit Vorerfahrungen der Lernenden fördern, aber auch kognitive Konflikte herausfordern, die im Idealfall lernproduktiv genutzt werden können.

Dabei können Darstellungen systematisch variiert werden, um den Aufbau mathematischer Kompetenz zu fördern. Beispielsweise schlagen Kaufmann und Wessolowski (2009) vor, Kinder am Rechenschiffchen Zahlen und Rechnungen legen zu lassen, diese von den Kindern erzeugten Zahldarstellungen dann im Gespräch zu analysieren, durch Umlegen oder Farbwechsel zu verändern und Verknüpfungen, die sich durch diese Veränderungen ergeben haben, wiederum zu thematisieren. Auf diese Weise legen unterschiedliche Darstellungen einer Aufgabe am Rechenschiffchen auch unterschiedliche Strategien nahe, die Aufgabe zu lösen (vgl. Abbildung 5). Mathematische Kompetenz dürfte hier einerseits dadurch gefördert werden können, dass die Darstellungen Zugänge zum Verständnis von Zahlen und Operationen mit diesen Zahlen in Aufgaben eröffnen, andererseits dürfte das relativ leicht durchführbare Verändern der Darstellung den Aufbau eines flexibel einsetzbaren Grundbestands an Strategien fördern. Analysiert man vielfältige Darstellungen wie etwa die in Abbildung 5 gegebenen genauer, so besteht das Lernpotential des Umgangs mit vielfältigen Darstellungen insbesondere auch darin, dass zu den verschiedenen Darstellungen im Rahmen abstrahierender Gedankenschritte sukzessive Wissen zu dahinter stehenden mathematischen Begriffen aufgebaut werden kann. Dabei zeigen unterschiedliche Darstellungen unterschiedliche Aspekte der beteiligten Konzepte, beispielsweise die Zerlegung der 7 beim Zehnerübergang oder etwa die Nicht-Geradzahligkeit des Ergebnisses aufgrund der Eigenschaften der Summanden.

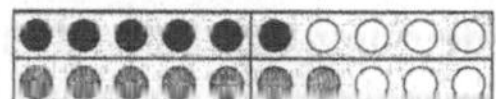

6 + 7

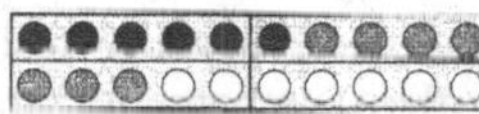

Doppel-6 plus 1 oder
Doppel-7 minus 1 („Fast-Verdoppeln") oder
Doppel-5 plus 1 plus 2

6 plus 4 plus 3

Abbildung 5: Darstellungen von Rechnungen systematisch variieren am Rechenschiffchen am Beispiel der Addition mit Zehnerübergang (entnommen aus Kaufmann & Wessolowski, 2009, S. 89)

An dieser Stelle sollte klärend hinzugefügt werden, dass Arbeitsmittel oder Medien im Mathematikunterricht für sich selbst genommen noch nicht als mathematische Darstellungen betrachtet werden – mit Hilfe dieser Arbeitsmittel und Medien können aber Darstellungen mathematischer Objekte generiert werden. Nicht selten wird die Qualität von Arbeitsmitteln und Medien daher anhand der Möglichkeiten der mit ihrer Hilfe erzeugbaren Darstellungen und deren Verknüpfungs- und Beziehungsreichtum eingeschätzt. Dies bezieht sich auch auf Kategorisierungen, z. B. in strukturierte und unstrukturierte Materialien sowie Mischformen – diese Kategorisierungen beruhen ganz offensichtlich auf Charakteristika der mit den Materialien erzeugbaren oder von ihnen nahe gelegten Darstellungen.

Nicht selten können Materialien für Darstellungen in ganz verschiedenen mathematischen Inhaltsbereichen genutzt werden, wie auch anhand von Darstellungen verschiedene Inhaltsbereiche verknüpft werden können. Martignon und Krauss (2007, 2009) geben einen Überblick über Materialien, anhand derer in der Grundschule Darstellungen erzeugt werden können, die zentrale stochastische Einsichten von Kindern in Jahrgangsstufe 1 bis 4 unterstützen können. Hierbei werden Bezüge zu Darstellungen und Materialien, die den Kindern bereits bekannt sind, hergestellt. Eine Gemeinsamkeit mit dem vorangegangenen Beispiel besteht hier offenbar in der Stoßrichtung, dass gewissermaßen „optimale“ Zugänge zum Lernen und zum Begriffswissensaufbau geschaffen werden, die insbesondere auch von jungen Lernenden genutzt werden können. Im Vordergrund steht bei beiden Ansätzen damit die Nutzung nicht-symbolischer Darstellungen mit dem Ziel der Ermöglichung enaktiver Zugänge, der Reduktion von Komplexität und der Vermeidung von Hürden, wie sie formalsprachlich-symbolische Darstellungsformen mit sich bringen. Bei beiden Ansätzen, die stellvertretend für viele andere unterrichtspraktische Vorschläge gesehen werden können, werden materialienbasierte Darstellungen als Anker für den Begriffswissensaufbau der Schülerinnen und Schüler genutzt.

Anhand dieser Beispiele wird damit einerseits die Bedeutung von Darstellungen beim Aufbau mathematischen Wissens deutlich, andererseits wird sichtbar, dass das Nutzen vielfältiger Darstellungen durchaus auch im Spektrum zwischen handelnden, bildlichen und symbolischen Darstellungsformen zum Ausdruck kommen kann – hierbei spielen Medien bzw. Arbeitsmittel und deren Möglichkeiten eine wichtige Rolle. Ganz wesentlich ist das Reflektieren über die jeweilige Darstellung im Begriffswissensaufbauprozess.

4 Schwierigkeiten von Lernenden beim Begriffswissensaufbau in Verbindung mit dem Nutzen von Darstellungen

Viele Schwierigkeiten von Lernenden beim mathematikbezogenen Begriffswissensaufbau hängen mit dem Nutzen von Darstellungen zusammen oder können anhand eines auf Darstellungen bezogenen theoretischen Hintergrunds beschrieben werden. Gerade auch Ergebnisse semiotisch orientierter Überlegungen haben hier Impulse für die fachdidaktische Diskussion gegeben, von denen im Folgenden auch für die Erörterung von Beispielen ausgegangen wird.

Mit dem Nutzen von Darstellungen sind viele Schwierigkeiten von Lernenden verbunden. Dies liegt daran, dass das Wechseln zwischen Darstellungen meist mit einem vergleichsweise erhöhten Anforderungsniveau assoziiert ist. Duval (2006) unterscheidet beim Wechseln zwischen Darstellungen so genannte „Treatments“ und „Conversions“. Während Treatments Veränderungen von Darstellungen innerhalb einer bestimmten Darstellungsart sind (z.B. Äquivalenzumformungen einer Gleichung), bestehen Conversions in einer Übersetzungsleistung zwischen verschiedenen Darstellungsarten, z.B. der Übersetzung einer algebraischen Gleichung in zwei Funktionsgraphen, für die nach Schnittpunkten gesucht wird. Eine teilweise ähnliche, damit jedoch nicht identische Unterscheidung, die insbesondere in der grundschulbezogenen fachdidaktischen Diskussion benutzt wird, ist die Differenzierung zwischen dem sog. *intramodalen* vs. dem *intermodalen Transfer*. Jene Unterscheidung ist jedoch an das EIS-Prinzip nach Bruner (1966) gebunden: ein intermodaler Transfer liegt erst bei dem Wechsel zwischen Darstellungsebenen, also beispielsweise zwischen einer enaktiven und einer ikonischen Darstellung vor. Demgegenüber gilt der Wechsel etwa zwischen Tabelle und Diagramm als intramodaler Transfer, da beide dieser Darstellungsformen der symbolischen Darstellungsebene zugerechnet werden. Dennoch handelt es sich nach dem Ansatz von Duval (2006) hierbei klar um eine Conversion, in diesem Ansatz ist damit gewissermaßen eine feinere Unterscheidungsmöglichkeit gegeben.

Duval (2006) stellt fest, dass Treatments meist ein geringeres Anforderungsniveau aufweisen als Conversions (vgl. auch Gagatsis & Shiakalli, 2004; Gagatsis, Elia & Mousoulides, 2006). Während Treatments oft algorithmisch abgearbeitet werden können, beziehen sich Conversions auf darstellungsbezogene Aspekte von Begriffswissen, über das Lernende verfügen müssen, um Conversions erfolgreich ausführen zu können. Daher treten beim Nutzen vielfältiger Darstellungen häufig Schwächen von Lernenden im Begriffswissensbereich zu Tage. Insofern stellen Darstellungswechsel zwischen verschiedenen Darstellungsarten oft nicht nur besondere Hürden dar, sondern sie sind auch dazu geeignet, um Fehlvorstellungen von Lernenden zu beschreiben.

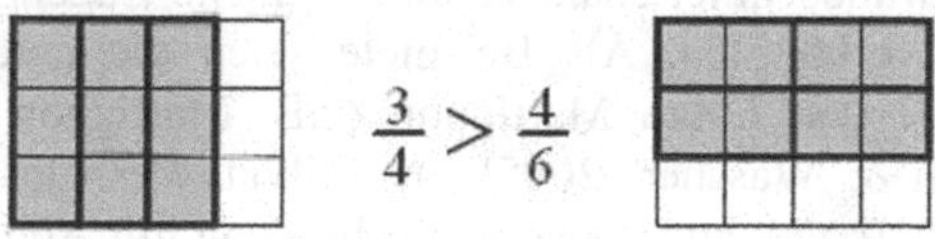

Abbildung 6: Vergleich zweier Brüche mit Hilfe einer graphischen Darstellung

Dies trifft auch auf viele in der Literatur dokumentierte Fehlermuster oder Fehlvorstellungen zu. Beispielsweise ist fehlendes Wissen zum Kardinalzahlaspekt (Wessolowski, 2011b; Rümmer & Wessolowski, 2011) damit assoziiert, dass Zahldarstellungen wie „7“ oder „eins-zwei-drei-vier-fünf-sechs-sieben“ kaum mit einer mengenauffassungsmäßigen Darstellung wie „OOOOO OO“ in Zusammenhang gebracht werden können, d. h. dass der diesbezügliche Darstellungswechsel nicht gelingt.

In ähnlicher Weise können Fehlvorstellungen aus der Bruchrechnung (vgl. Padberg, 2009) anhand der Idee des Nutzens von Darstellungen beschrieben werden. Beispielsweise die Fehlvorstellung, dass $\frac{4}{6} > \frac{3}{4}$ ist (analog zu $\frac{3}{4} > \frac{2}{3}$, entsprechend der jeweils größeren Zahlen in Zähler und ggf. im Nenner), kann nicht nur als Fehlverständnis der Bruchschreibweise, sondern auch im Sinne von Defiziten bei der Verknüpfung mit anderen Darstellungsformen beschrieben werden. In Verbindung etwa mit graphischen Darstellungen kann beispielsweise eingesehen werden, dass die Größe der jeweiligen Anteile bei Zunahme des Nenners abnimmt (vgl. Abb. 6).

5 Nutzen vielfältiger Darstellungen als Lernhilfe

Vielfältige Darstellungen nutzen zu können ist ein Bestandteil mathematischer Kompetenz und ein Zeichen für ein flexibel einsetzbares Begriffswissen. Um solches Begriffswissen zu fördern, sollten daher gezielt vielfältige Darstellungen genutzt werden und Lernanregungen zu Darstellungswechseln gegeben werden. Insofern stellt das Nutzen vielfältiger Darstellungen bereits auf einer allgemeinen Ebene eine Hilfe zum Aufbau eines reichhaltigen mathematischen Begriffswissens dar. Darüber hinaus können mit Hilfe des Nutzens vielfältiger Darstellungen auch speziell konzipierte, fokussierte Lernhilfen gegeben werden.

Dabei ist es wesentlich

1. *Anregungen zum Nutzen vielfältiger Darstellungen zielgruppengerecht zu gestalten*: Zielgruppengerecht bedeutet beispielsweise für Kindergarten und Grundschule, enaktive und bildliche Zugänge anzubieten, und diese zu verknüpfen. Als Beispiele seien die unterrichtspraktischen Vorschläge von Laura Martignon (z.B. Martignon & Krauss, 2007; Martignon & Wassner, 2005) und Silvia Wessolowski (z.B. Wessolowski, 2010, vgl. auch oben in Verbindung mit Abbildung 5 diskutiertes Beispiel) genannt, die sich auch am EIS-Prinzip von Bruner (1966) orientieren und dieses durch intensive Lernanregungen zur Verbindung zwischen den Repräsentationsebenen exemplarisch umsetzen. In den Sekundarstufen, beispielsweise im Gymnasialunterricht bedeutet eine zielgruppengerechte Ausrichtung in erster Linie auch, dass Aufgaben so gestellt werden, dass Lernende als aktive Wissenskonstrukteure ernst genommen werden. So zeichnet sich die Fragestellung in Murphy (2011, s. Abb. 7) dadurch aus, dass altersgruppengerecht auch über die Rolle des Darstellungswechsels reflektiert werden soll.

2. *Verknüpfungen zu Vorerfahrungen, Vorwissen und Vorstellungen der Schülerinnen und Schüler anzuregen*: Beim Nutzen von für die Lernenden neuen Darstellungen und diesbezüglichen Darstellungswechseln kommt es darauf an, dass diese von den Lernenden integriert werden können. Es ist daher wichtig, die Lernvoraussetzungen der Schülerinnen und Schüler dadurch zu berücksichtigen, dass mit den verwendeten Darstellungen an Vorerfahrungen angeknüpft werden kann. Dies können Vorerfahrungen mit situativen Kontexten sein, die dargestellt werden können, oder auch Vorerfahrungen mit bestimmten Darstellungsformen, zu denen bereits Wissen aufgebaut wurde.
3. *Darstellungswechsel als explizite Anregung zum Schließen auf das dahinter stehende abstraktere mathematische Konzept auffassen*: Wird dies nicht berücksichtigt, so besteht die Gefahr, dass aus Sicht der Lernenden verschiedene Darstellungen unverbunden nebeneinander stehen und dass Darstellungswechsel in der Wahrnehmung der Lernenden rezeptähnliche Züge annehmen könnten, die nicht als Sinn tragend gesehen werden. Das Aufgabenbeispiel von Murphy (2011) in Abbildung 7 gibt Impulse in die Richtung einer Reflexion über mit dem Darstellungswechsel verbundenen Überlegungen, so dass der Blick auch auf hinter den Darstellungen stehende mathematische Konzepte gelenkt werden kann.

Wie könnten diese Darstellungen Schüler(inne)n dabei helfen, die algebraische Idee der Differenz zweier Quadratzahlen zu verstehen?

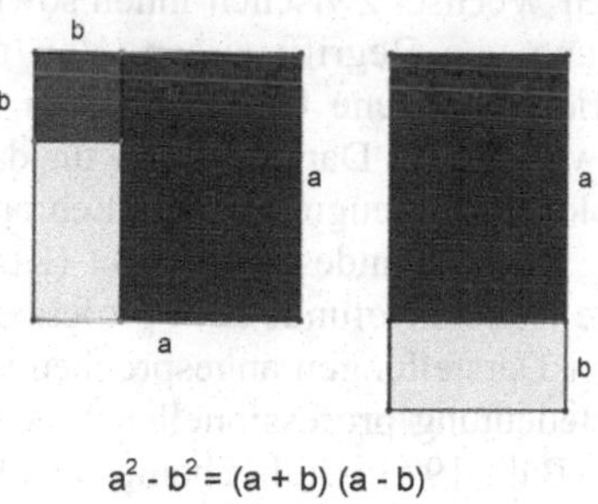

Können Sie bildliche Darstellungen finden, die andere Gleichungen veranschaulichen?

Abbildung 7: Aufgabenstellung zum Nutzen vielfältiger Darstellungen von Murphy (2011, Übersetzung durch den Verfasser)

Das Nutzen vielfältiger Darstellungen ist damit eine Hilfe zum Aufbau mathematischer Kompetenz, durch die besonders auch Aspekte von mathematischem Begriffswissen gestärkt werden können.

Damit Lernanregungen in diesem Bereich genutzt werden können und Darstellungswechsel aufgrund ihres Anforderungsniveaus nicht umgekehrt Lernprozesse behindern, kommt es darauf an, Darstellungen bewusst zu wechseln, den jeweiligen Darstellungswechsel explizit zu machen und den Umgang mit Darstellungen auch aus der individuellen Perspektive der Lernenden heraus zu reflektieren.

6 Ausblick: Implikationen für die Ausbildung von Lehramtsstudierenden

Zusammenfassend ist festzuhalten, dass das Nutzen vielfältiger Darstellungen aufgrund seiner Bedeutung für mathematisches Denken und für Kompetenzaufbau bei Schülerinnen und Schülern zentrale Bedeutung für das Gestalten von Lerngelegenheiten im Mathematikunterricht hat. Das heißt vor allem auch, dass die Rolle des Nutzens vielfältiger Darstellungen für mathematischen Kompetenzaufbau nicht nur aus der Mathematik als Fachwissenschaft herrührt, sondern dass spezifische fachdidaktische Überlegungen eine wesentliche Grundlage für die Qualität von Lerngelegenheiten sind. Dementsprechend brauchen Lehrkräfte nicht nur Fachwissen zum Nutzen vielfältiger Darstellungen, das die Ebene fachbezogenen Metawissens einschließt, sondern auch fachdidaktisches Wissen über Darstellungen, den Wechsel zwischen ihnen sowie über deren Potential für Diagnose und Förderung von Begriffswissen. Von großer Bedeutung dürften auch fach- und unterrichtsbezogene Überzeugungen sein, etwa zur Bedeutung der Idee des Nutzens vielfältiger Darstellungen für das Gestalten qualitätvoller Lerngelegenheiten. Solche Überzeugungen von Lehramtsstudierenden werden in einem anderen Beitrag dieses Bandes untersucht (Kuntze, in diesem Band), in dem auch verschiedene weitere Befunde zum professionellen Wissen im Bereich des Nutzens vielfältiger Darstellungen angesprochen werden. Dass auch die Expertiseforschung die Bedeutung professionellen Wissens zum Nutzen von Darstellungen hervorhebt (Ball, 1993; Ball, Thames & Phelps, 2008; Kunter et al., 2011), spricht für die fokussierte empirische Untersuchung solchen professionellen Wissens, seiner Entwicklung, sowie selbstverständlich für seine Förderung in der Lehrer(innen)bildung.

Der Blickwinkel auf Lernende und ihren Umgang mit Darstellungen (z.B. Wessolowski, 2011a; Kaufmann & Wessolowski, 2009) sowie auf optimale, am Nutzen vielfältiger Darstellungen orientierte Lernumgebungen (z.B. Martignon & Wassner, 2005) bilden für solche Studien und für die Ausbildung von Lehramtsstudierenden eine wichtige Grundlage. Anhand dieser Ansätze können angehende Mathematiklehrkräfte insbesondere die Bedeutung des Nutzens vielfältiger Darstellungen für vielfältige Unterrichtsinhalte und Unterrichtssituationen erkennen. Lernangeboten im Zusammenhang mit dem Nutzen von Darstellungen kommt gerade in der Lehramtsausbildung ein großer Stellenwert im Professionalisierungsprozess zu, und zwar gleichermaßen im Rahmen theorieorientierter Lehrveranstaltungen in Mathematik und Mathematikdidaktik, wie auch im Rahmen von Praxiserfahrungen wie etwa dem Förderunterricht mit Grundschülerinnen und Grundschülern. Fernziel ist dabei die Entwicklung fachdidaktischen Fingerspitzengefühls, diagnostischer Aufmerksamkeit und Analysefähigkeit, denn das Gestalten von Lerngelegenheiten im Zusammenhang mit dem Nutzen vielfältiger Darstellungen gleicht nicht selten einer Gratwanderung zwischen kognitiver Hürde für die Lernenden einerseits und Hilfe für die Schülerinnen und Schüler beim Wechseln von Darstellungen andererseits. Aus diesem Grunde ist in diesem Bereich spezifisches Wissen von Lehrkräften über Darstellungen notwendig, das fachliche und fachdidaktische Komponenten umfasst und verknüpft.

7 Literatur

Ball, D. L. (1993). Halves, pieces, and twoths: Constructing representational contexts in teaching fractions. In T. Carpenter, E. Fennema, & T. Romberg, (Hrsg.), *Rational numbers: An integration of research* (pp. 157-196). Hillsdale, NJ: Erlbaum.

Ball, D.L., Thames, M.H., & Phelps, G. (2008). Content knowledge for teaching: What makes it special?. *Journal of Teacher Education, 59*(5), 389-407.

Blum, W. (2007). Mathematisches Modellieren – zu schwer für Schüler und Lehrer? In *Beiträge zum Mathematikunterricht 2007* (S. 3–12). Hildesheim: Franzbecker.

Boero, P. & Morselli, F. (2009). Towards a comprehensive frame for the use of algebraic language in mathematical modelling and proving. In Tzekaki, M., Kaldrimidou, M. & Sakonidis, C. (Hrsg.), *Proceedings of the 33rd Conf. of the IGPME, Vol. 2* (pp. 185-192). Thessaloniki, Greece: PME.

Bruner, J. (1966): *The Process of Education.* Cambridge: Harvard Univ. Press.

Cohors-Fresenborg, E. & Kaune, C. (2001). Mechanisms of the Taking Effect of Metacognition in Understanding Processes in Mathematics Teaching. In G. Törner et al. (Hrsg.), *Developments in Mathematics Education in German-speaking Countries.* (S. 29-38). Göttingen: Staats- und Universitätsbibliothek. http://webdoc.sub.gwdg.de/ebook/e/gdm/2001/index.html.

Duval, R. (2006). A cognitive analysis of problems of comprehension in a learning of mathematics. *Educational studies in mathematics, 61*, S.103-131.

Gagatsis, A., & Shiakalli, M. (2004). Translation ability from one representation of the concept of function to another and mathe-matical problem solving. Educational Psychology, *An International Journal of Experimental Educational Psychology, 24*(5), 645-657.

Gagatsis, A., Elia, I., Mousoulides, N. (2006). Are registers of representations and problem solving processes on functions compartmentalized in students' thinking?. *Relime, Número Especial, 2006*, S.197-224.

Goldin, G., & Shteingold, N. (2001). Systems of representation and the development of mathematical concepts. In A. Cuoco & F. Curcio (Hrsg.), *The role of representation in school mathematics* (S.1-23). Boston: NCTM.

Hattie, J. (2009). *Visible learning. A synthesis of 800 meta-analysis relating to achievement.* New York: Routledge.

Heintz, B. (2000). *Die Innenwelt der Mathematik. Zur Kultur und Praxis einer beweisenden Disziplin.* Wien: Springer.

Hilbert, D. (1903). *Grundlagen der Geometrie*. Leipzig: Teubner.

Kaufmann, S. & Wessolowski, S. (2009). *Rechenstörungen. Diagnose und Förderbausteine.* [2. Aufl.]. Seelze: Kallmeyer/Klett.

Klein, K. & Oettinger, U. (2000). *Konstruktivismus. Die neue Perspektive im (Sach-) Unterricht.* Hohengehren: Schneider.

Kultusministerkonferenz (KMK). (2004a). *Bildungsstandards im Fach Mathematik für den Mittleren Schulabschluss.* Neuwied: Wolters Kluwer..

Kultusministerkonferenz (KMK). (2004b). *Bildungsstandards im Fach Mathematik für den Primarbereich.* www.kmk.org [Zugriff am 25.03.2012].

Kunter, M., Baumert, J., Blum, W., Klusmann, U., Krauss, S. & Neubrand, M. (Hrsg.) (2011). *Professionelle Kompetenz von Lehr-kräften. Ergebnisse des Forschungsprogramms COACTIV.* Münster: Waxmann.

Kuntze, S. (2010a). Sichtweisen von Studierenden zum Lehren und Lernen im Mathematikunterricht – „Rich pictures" und Multiple-Choice: Gegenüberstellung zweier Erhebungsformate. In A. Lindmeier & S. Ufer (Hrsg.), *Beiträge zum Mathematikunterricht 2010* (S. 521-524). Münster: WTM-Verlag.

Kuntze, S. (2010b). Zur Beschreibung von Kompetenzen des mathematischen Modellierens konkretisiert an inhaltlichen Leitideen. *MU, 56*(4), 4-19.

Kuntze, S., Lerman, S., Murphy, B., Kurz-Milcke, E., Siller, H.-S. Winbourne, P. (2011). Professional knowledge related to big ideas in mathematics – An empirical study with preservice teachers. In M. Pytlak, T. Rowland, & E. Swoboda (Eds.), *Proceedings of CERME 7* (S.2717-2726). Rzeszow, Poland: University.

Martignon, L. & Krauss, S. (2007). Gezinkte und ungezinkte Würfel, Magnetplättchen und Tinkercubes: Materialien für eine Grundschulstochastik zum Anfassen. *Stochastik in der Schule, 27*(3), 16-27.

Martignon, L. & Krauss, S. (2009) Hands on activities with fourth-graders: a tool box of heuristics for decision making and reckoning with risk. International Electronic *Journal for Mathematics Education, 4*(3), 117-148.

Martignon, L. & Wassner, C. (2005). Schulung frühen stochastischen Denkens von Kindern. *Zeitschrift für Erziehungswissenschaft, 8*(2), 202-222.

Murphy, B. (2011). *The difference of two squares.* www.abcmaths.de/resources/Differenz zweierQuadratzahlen.pdf [Zugriff am 31.03.2012].

Padberg, F. (2009). *Didaktik der Bruchrechnung*. Heidelberg: Spektrum.

Polya, G. (1954). *Mathematik und plausibles Schließen. Typen und Strukturen plausibler Folgerung*. Basel: Birkhäuser.

Polya, G. (1969). *Mathematik und plausibles Schließen. Induktion und Analogie in der Mathematik*. Basel: Birkhäuser.

Reinmann-Rothmeier, G. & Mandl, H. (2001). Unterrichten und Lernumgebungen gestalten. In A. Krapp & B. Weidenmann (Hrsg.), *Pädagogische Psychologie*. (S. 601-646). Weinheim: Beltz.

Rümmer, P. & Wessolowski, S. (2011). *Mengen bilden, zählen, Zahlen kennen*. https://www.bibernetz.de/wws/ [Zugriff am 31.03.2012].

Schoenfeld, A. H. (1992). Learning to think mathematically: Problem solving, metacognition, and sense making in mathematics. In D. A. Grouws (Hrsg.), *Handbook of research on mathematics teaching and learning* (S. 334-370). New York: Macmillan.

Thom, René (1973): Modern Mathematics. Does it Exist? In: Geoffrey Howson (Hrsg.), *Developments in Mathematical Education*. Cambridge: University Press, 194-212.

Wessolowski, S. (2010). Zahlen in der Stellentafel. Substanzielle Aufgabenformate mit Stellentafel und Plättchen. *GRUNDSCHULmagazin 5*, 23-26.

Wessolowski, S. (2011a). Halbschriftlich multiplizieren. Mit Punktefeldern Lösungswege finden und verstehen. *GRUNDSCHULmagazin 1*, 31-34.

Wessolowski, S. (2011b). Lernschwierigkeiten frühzeitig erkennen - aber wie? *GRUNDSCHULmagazin 4*, 12-15.

Frühkindliche Bildung

Kleine Kinder spielen und lernen mit bunten Perlen

Einblicke in das Potenzial von Perlen für die frühe mathematische Bildung

Elisabeth Rathgeb-Schnierer
Pädagogische Hochschule Weingarten

Kurzfassung: Im nachfolgenden Artikel wird eine Thematik aufgegriffen, an der Silvia Wessolowski und ich seit 2005 gemeinsam gearbeitet haben: die frühe mathematische Bildung. Herausgefordert von der Forderung nach domänenspezifischen Bildungsangeboten in der Kita, setzten wir uns mit der Frage auseinander, wie mathematische Lernprozesse in der Kita angeregt werden können. Wir verfolgten einen Ansatz der integrativen mathematischen Bildung in der Kita und diskutierten viel über den Einsatz von Alltags-Materialen für mathematische Lernprozesse. Im Artikel werden unsere damals entstandenen Ideen am Alltags-Material „Perlen" weiterentwickelt und konkretisiert. Im ersten Teil des Beitrags wird erörtert, welche Möglichkeiten das Material „bunte Perlen" für mathematische Lernprozesse impliziert. Der theoretischen Analyse schließt sich die Darstellung der Beobachtungen aus einer praktischen Erprobung an, die in drei verschiedenen Kitas mit je sechs Kindern im Alter von fünf bis sechs Jahren stattgefunden hat.

1 Mathematische Lernprozesse mit Perlen – theoretisch betrachtet

Mit Beginn des 21. Jahrhunderts wurde der frühkindlichen Bildung immer mehr Aufmerksamkeit geschenkt und dabei gewannen auch Bereiche an Bedeutung, denen zuvor innerhalb der Frühpädagogik kaum welche beigemessen wurde: einer davon ist der der mathematischen Bildung (Roux 2008). Inzwischen gibt es eine ganze Reihe von Ansätzen zur frühen mathematischen Bildung, die sich von lehrgangsorientierten Trainingsprogrammen über punktuell einsetzbare Materialien bis hin zu integrativen Ansätzen erstrecken (Gasteiger 2010, Schuler 2008/ 2012, Rathgeb-Schnierer 2012).

Den nachfolgend erörterten Aspekten liegt der Gedanke der Integration mathematischer Bildung in den Kita-Alltag zugrunde. Kennzeichnend für solche integrativen Ansätze ist, dass sie einen festen Bestandteil der gesamten Kita-Zeit darstellen und in den Alltagsablauf eingebunden sind. Diese Integration kann durch den Einsatz von Spielen und geeigneten Materialien im Rahmen des Freispiels oder mathematischer (Lern-) Angebote erfolgen. Die Auswahl von geeignetem Material setzt verschiedene theoretische Überlegungen voraus. Um die Eignung eines Materials (oder Spiels) in vielfältiger Weise einschätzen zu können, sind folgende Fragen zur Orientierung hilfreich:

- Welche mathematischen Lernprozesse sind mit dem Material – aufgrund seiner Charakteristik – theoretisch möglich?
- Welche Möglichkeiten bietet das Material für konkrete Angebote, die Kinder zum Forschen und Entdecken anregen?
- Welche Möglichkeiten bietet das Material, um im Rahmen eines Angebots Kinder zur Kommunikation und Dokumentation anzuregen?

Da die letzten beiden Fragen schon an anderer Stelle diskutiert wurden (Rathgeb-Schnierer 2008, Rathgeb-Schnierer 2012 a/b), gehe ich nachfolgend ausschließlich auf die erste Frage ein.

Für die detaillierte theoretische Analyse des mathematischen Potenzials eines Materials bieten sich zwei verschiedene Perspektiven an: Zum einen der Blick auf die mathematischen Denk- und Handlungsweisen, die im Umgang mit dem Material ermöglicht werden, zum anderen der Blick auf mögliche Aktivitäten in verschiedenen Inhaltsbereichen.

In der Literatur zur frühen mathematischen Bildung wird vielfach nicht zwischen diesen beiden Perspektiven unterschieden (z.B. Fthenakis u.a. 2009). Dies führt zu dem Problem, dass mathematische Denk- und Handlungsweisen gemeinsam mit Inhaltsbereichen aufgezählt werden und sie dadurch wie trennscharfe Gesichtspunkte wirken. Durch eine Differenzierung wird deutlich gemacht, dass grundlegende mathematische Denk- und Handlungsweisen, wie z. B. Klassifizieren und Strukturieren, sich durch alle Inhaltsbereiche ziehen. Wenn ein Kind beispielsweise bei einem bunten Turm alle grünen Bauklötze zählt, dann ist die Zählaktivität dem Inhaltsbereich Zahlen und Operationen zuzuordnen; der Auswahl aller grünen Bauklötze liegt die mathematische Denk- und Handlungsweise des Klassifizierens zugrunde.

Ausgehend von Holzperlen (vgl. Abb. 1), die sich in vielfältiger Weise in Farbe und Form unterscheiden, werden nachfolgend mögliche mathematische Denk- und Handlungsweisen sowie Aktivitäten in Inhaltsbereichen aufgezeigt.

Abbildung 1: Perlen

Farbe	Form
Gelb	Zylinder mit drei Einkerbungen
	Doppelter Kegelstumpf
	Kugel
Grün	Zylinder groß
	Zylinder klein
	Zylinder mit Ausbuchtung
Rot	Zylinder mit zwei Einkerbungen
	Kegelstumpf
	Kugel
Violett	Zylinder groß
	Kugel mit zwei gegenüberliegenden abgeflachten Flächen
Blau	Zylinder mit abgerundeten Kanten
	Kugel
Orange	Zylinder mit kleiner Höhe (Scheibe)
	Zylinder mit kleiner Höhe und abgerundeten Kanten

Tabelle 1: Beschreibung der Perlen (v. links n. rechts)

1.1 Mathematische Denk- und Handlungsweisen

Mathematische Denk- und Handlungsweisen sind für das mathematische Arbeiten relevant, geradezu unverzichtbar und machen dieses sozusagen im Wesen aus. Das Herstellen von Ordnung ist eine solche mathematische Denk- und Handlungsweise (Heintz 2000, 148), die auch schon im Alltag von jungen Kindern eine Rolle spielt. Ordnung kann geschaffen werden durch Klassifizieren, Seriieren und Strukturieren.

Klassifizieren mit Perlen: Klassifizieren bedeutet generell, dass eine Menge konkreter Dinge oder mentaler Objekte nach einem (oder mehreren) ganz bestimmten Merkmal(en) zusammengefasst wird. Damit ein Kind klassifizieren kann, muss es das entscheidende Merkmal in einem Gegenstand erkennen, auf dieses fokussieren und alle anderen Merkmale außen vor lassen.

Bietet man Kindern eine große Menge von bunten Perlen an, können dadurch verschiedene Aktivitäten zum Klassifizieren angeregt werden:

- Perlen werden ohne konkrete Vorgabe sortiert und die Kinder bilden eigene Kategorien, die von den anderen Kindern dann herausgefunden werden können.
- Perlen werden nach konkreten Vorgaben sortiert: Farbe, Form und Größe.

Klassifikationshandlungen mit Perlen können explizit oder auch implizit erfolgen: Explizit beispielsweise, wenn die Perlen nach dem Merkmal *Farbe* in Kisten geräumt werden. Implizit, wenn beim Bauen eines Turms immer drei grüne und drei rote Bauklötze abwechselnd benutzt werden. Je nachdem, welche Klassifikationshandlungen vorgenommen werden, lassen sich diese verschiedenen Inhaltsbereichen zuordnen.

Seriieren mit Perlen: Auch durch Seriation wird Ordnung geschaffen, indem konkrete oder mentale Objekte in eine bestimmte Reihenfolge gebracht werden. Wie beim Klassifizieren wird auch bei der Seriation ein gewisses Abstraktionsvermögen bei den Kindern vorausgesetzt. Für das Bilden von Reihen ist das Perlenmaterial nur eingeschränkt geeignet. Perlen könnten zwar der Größe nach angeordnet werden, allerdings bietet sich hierfür anderes Material (wie z.B. Bauklötze oder Knöpfe) weitaus besser an.

Strukturieren mit Perlen: Für das Strukturieren, im Sinne von Muster finden, erfinden und nutzen, sind Perlen geradezu hervorragend geeignet. Aufgrund ihrer Vielfalt in Form und Farbe eröffnen sie viele Möglichkeiten. Mit Perlen können

- Muster in der Reihe oder als Fläche gelegt und dann untersucht werden,
- begonnene Muster fortgesetzt werden,
- fertige Muster nachgelegt werden.

Auch beim Muster erfinden, fortsetzen, nachlegen oder untersuchen werden je nach Art des Musters verschiedene Inhaltsbereiche angesprochen: Der Inhaltsbereich Zahlen, wenn sich das Muster an Anzahlen orientiert, z.B. zwei rote Perlen, zwei grüne, dann zwei blaue Perlen. Der Inhaltsbereich Raum und Form, wenn sich das Muster an den Formen der Perlen orientiert.

1.2 Aktivitäten in verschiedenen Inhaltsbereichen

Bei der Frage nach den Aktivitäten, die mit Perlen in verschiedenen Inhaltsbereichen möglich sind, betrachte ich die Bereiche Zahlen und Operationen, Raum und Form sowie Größen und Messen. Mit dieser Auswahl lehne ich mich an Müller und Wittmann (2004, 2006) an, die die Förderung von „numerischer Bewusstheit" und „Formbewusstheit" als Schwerpunkte der mathematischen Bildung im Elementarbereich beschreiben.

Zahlen und Operationen: Das Perlenmaterial bietet in diesem Inhaltsbereich vielfältige Anlässe zum Vergleichen von Mengen, zum Zählen sowie zur Menge-Zahl-Zuordnung.

Mengenvergleich findet statt, wenn

- die Kinder eine beliebige Anzahl von Perlen aus der Kiste nehmen und überprüfen, wer mehr bzw. weniger Perlen hat. Dabei können sie sowohl zählend vorgehen oder sich auf Eins-zu-Eins-Zuordnung stützen.
- die Kinder gelegte Muster, gebaute Türme oder aufgefädelte Ketten untersuchen und dabei bestimmte Fragestellungen in den Blick nehmen, wie: Welcher Turm hat die meisten roten Perlen? Welche Kette hat mehr grüne als gelbe Perlen? In welchem Muster sind die wenigsten Kugeln?

Dort, wo Kinder angeregt werden, Mengen zu vergleichen, werden sie gelegentlich auch zum Zählen herausgefordert, allerdings erfordert das Vergleichen nicht zwangsläufig das Zählen.

Konkrete Zählanlässe können beispielsweise mit Perlen geschaffen werden, wenn

- die Kinder herausgefordert werden, eine Kette mit genau fünf (sieben, zehn…) roten (blauen, grünen…) Perlen zu suchen.
- die Kinder einen Turm mit fünf roten, fünf gelben und fünf blauen Perlen bauen sollen. Diese Aufgabenstellung ist deshalb so ergiebig, da man anschließend Fragen aufgreifen kann, wie: Sehen alle Türme gleich aus? Warum – warum nicht?

Die Arbeit mit Perlen bietet zudem Anlässe zur Menge-Zahlzuordnung, wenn

- die Kinder die Perlen eines Turmes abzählen und die entsprechende Zahlenkarte dazu legen.
- passende Perlenketten zu den Zahlen von 1 bis 10 von den Kindern hergestellt werden.

Raum und Form: Aufgrund ihrer Formenvielfalt ermöglichen die Perlen auch Erfahrungen in diesem Inhaltsbereich. Die Kinder können angeregt werden

- Perlen zu ertasten und deren Form zu beschreiben.
- Perlenketten (Türme oder Muster) zu beschreiben und zu suchen: Ich sehe eine Kette, die hat an einer Seite eine rote, runde Perle und an der anderen Seite eine grüne, runde Perle.
- Perlenketten nach verbaler Vorschrift aufzufädeln: Zuerst eine blaue, runde Perle, dann eine Perle, die aussieht wie eine lila Walze, dann eine gelbe Perle, die aussieht wie ein Fass, dann…

Messen und Größen: Auch in diesem Inhaltsbereich ermöglichen Perlen und hergestellte Objekte mit Perlen vielfältige Aktivitäten und somit reichhaltige Grunderfahrungen. Kinder können aufgefordert werden

- Perlenketten der Länge nach anzuordnen und zu vergleichen. Dabei kann möglicherweise entdeckt werden, dass die Kette von Anna kürzer ist als die von Felix, aber dennoch gleich viele Perlen hat. Dies kann eine für den Lernprozess entscheidende Entdeckung sein, da Kinder oftmals die subjektive Theorie haben: Je länger die Kette, umso mehr Perlen sind aufgefädelt.
- die Höhe der gebauten Türme mit unterschiedlichen Messwerkzeugen zu ermitteln und auszuprobieren, welches Werkzeug genau hierfür am besten geeignet ist.
- Perlenketten selbst als Messwerkzeug zu verwenden: Der Tisch ist so lang wie 10 Ketten. Ich bin so groß wie… Hier bietet es sich an, mit den Kindern darüber nachzudenken, wie das sein kann, dass der Tische einmal 10 und einmal 12 Ketten lang ist.

In der vorausgegangenen Analyse wird deutlich, dass in bunten Perlen, die in großer Anzahl vorhanden sind, theoretisch betrachtet ein reichhaltiges Potenzial für mathematische Aktivitäten und somit auch Lernprozesse steckt. Doch zeigt sich dieses Potenzial auch im praktischen Einsatz in der Kita?

2 Bunte Perlen in der Praxis

Um zu untersuchen, inwiefern sich bunte Perlen zur Anregung mathematischer Aktivitäten und Lernprozesse in der Kita eignen, führten wir Fallstudien in drei verschieden Kitas durch. In jeder Kita nahm eine Gruppe von sechs Kindern im Alter von 5 bis 6 Jahren an der Erprobung teil. Die Altersgruppe wurde jeweils von der pädagogischen Fachkraft vorgeschlagen, die einzelnen Kinder haben sich – das Einsverständnis ihrer Eltern vorausgesetzt – eigenständig dafür entschieden, an einem Perlenprojekt teilzunehmen und waren dementsprechend motiviert. Durchgeführt wurden die Fallstudien von drei Studierenden, denen ich für die zur Verfügung gestellten Daten besonders danke.

Die Erprobung erfolgte an zwei aufeinanderfolgenden Tagen: Am ersten Tag wurde der freie Umgang der Kinder mit den Perlen beobachtet, am zweiten ein konkretes Angebot mit den Perlen gemacht. Beide Erprobungen wurden videographiert und deskriptiv ausgewertet. Die in der theoretischen Analyse des Materials herausgearbeiteten potenziellen Denk- und Handlungsweisen sowie Aktivitäten in den Inhaltsbereichen wurden hierbei als Kriterien herangezogen.

2.1 Freier Umgang mit Perlen

Im Zentrum der ersten Erprobungsphase stand der freie Umgang mit dem Perlenmaterial, das den Kindern der ausgewählten Kleingruppe ohne Kommentar zur Verfügung gestellt wurde. Die Situation war jeweils so organisiert, dass die Kinder um einen passenden Gruppentisch saßen und die Kiste mit den Perlen in die Mitte gestellt wurde. Erst dann, wenn sich in der einzelnen Gruppe zeigte, dass die Aufmerksamkeit für die Beschäftigung deutlich nachließ, wurden bunte Schnüre oder Pfeifenputzer auf den Tisch gelegt. Die Studierenden saßen als teilnehmende Beobachter mit am Tisch, hielten sich zunächst weitgehend aus dem Geschehen heraus. Wurden sie von Kindern angesprochen, war ihre Reaktion so kurz wie möglich, inhaltliche Impulse wurden vermieden. Erst wenn ein Kind den Eindruck machte, dass es seine Aktivität abgeschlossen hatte, wurde die Frage gestellt: Was hast du gemacht?

In allen drei Gruppen begannen die Kinder unmittelbar damit, die Perlen zum Bauen von Türmen zu benutzen. Ein Kind ging von Anfang an systematisch vor und baute verschiedene Türme nach bestimmten Mustern, die gezielt gruppiert wurden (vgl. Abb. 2).

Alle anderen Kinder bauten ihre Türme zunächst mit ganz beliebigen Perlen, wobei die Höhe der Türme immer wieder eine wichtige Rolle spielte. Im Laufe des Bauprozesses wurde dann zunehmend deutlich, dass sich der Fokus von einer eher zufälligen auf eine gezielte Perlenwahl richtete. Es entstanden einfarbige Türme, Türme mit Mustern und Turmgruppen. Im gesamten Bauprozess ließ sich das beobachten, was Hülswitt „Ideenwanderung" (Hülswitt 2007, S. 154) nennt: Die Kinder beobachteten sich wechselseitig, ahmten Ideen nach und variierten sie. Dabei wurden die individuellen Grundideen weiterentwickelt und im sozialen Austausch optimiert. Die Kinder verglichen die Höhe ihrer Türme, die Perlenanzahl und die Art des Musters. Sie haben sich wechselseitig etwas über ihre Türme und deren Bedeutung erzählt, so wie beispielsweise:

- Lena (5): „Ich mach' überall Lila, mach' die gleichen Farben."
- Nelli (5): „Ich habe fünf Türme gebaut."

Abbildung 2: Perlentürme von Enny

Diese erste Phase dauerte in allen drei Gruppen unterschiedlich lang und erstreckte sich über acht bis zwanzig Minuten. Als jeweils der Eindruck entstand, dass die Aufmerksamkeit für die Perlen nachließ, wurden die Schnüre oder Pfeifenputzer kommentarlos auf den Tisch gelegt. Ohne Ausnahme begannen die Kinder damit, Ketten herzustellen.

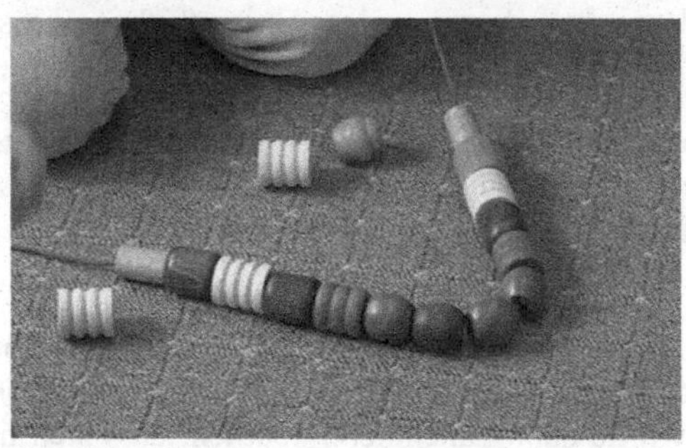

Abbildung 3: Annis symmetrische Kette

In diesem Herstellungsprozess zeigte sich nicht dieselbe Tendenz wie beim vorangegangenen Bauen von Türmen, das zunächst willkürlich und dann strukturiert vorgenommen wurde. Vielmehr begannen manche Kinder sofort damit, Ketten mit Mustern herzustellen (vgl. Abb. 3); andere gingen erst mit der Zeit dazu über. Auch beim Auffädeln der Ketten kamen die Kinder von sich aus miteinander ins Gespräch, betrachteten wechselseitig ihre Eigenproduktionen und verglichen sie. Es wurden Perlen gezählt, Formen verglichen, Muster entdeckt und in die eigene Kette übernommen. Im kommunikativen Miteinander verwendeten die Kinder relationale Begriffe, wie *länger*, *kürzer*, *kleiner* und *größer* sowie einfache Lagebeziehungen, wie *davor*, *dahinter*, *neben* und *dazwischen*.

2.2 Angebote mit Perlen

Für die zweite Erprobungsphase war jeweils ein konkretes Angebot im Zeitrahmen von 45-60 Minuten vorgesehen. Inhaltlich gab es keine detaillierten Vorgaben; aber jedes Angebot sollte so geplant werden, dass die Kinder ausreichend Zeit hatten, sich individuell mit einer Problemstellung auseinanderzusetzen sowie die Dokumentation der Lösungsideen und die Kommunikation angeregt werden. Alle drei Studierenden entschieden sich unabhängig voneinander für ein Angebot mit Perlenketten, da die Kinder bereits in der freien Erprobungsphase sehr ausdauernd und motiviert Ketten hergestellt hatten.

2.2.1 Beschreibung der Angebote

Angebot 1 (Bolay, F. 2009): Die Kinder bekamen zu Beginn die Aufgabe, eine Perlenkette herzustellen. Durch die offene Aufgabenstellung entstanden unregelmäßige Ketten, gleichfarbige Ketten und solche, in denen ein Muster zu erkennen war. Im anschließenden Austausch sollten die Kinder erzählen, was ihnen an ihrer Kette besonders gefällt, dann wurde das Vergleichen der Ketten durch gezielte Impulse angeregt. Die weitere Aufgabe lautete: „Tauscht eure Perlenketten mit einem Partner aus und baut die des Partners nach. Wiederum schloss sich eine Austauschphase an, in der alle Ketten auf dem Boden lagen und die Kinder aufgefordert wurden, die beiden zusammengehörigen zu suchen. Hierbei war die Frage „Warum gehören die Ketten zusammen?“ der Motor der Kommunikation. Das Angebot wurde mit der Dokumentation der Perlenketten abgeschlossen.

Angebot 2 (Neudert, J. 2009): Hier bekamen die Kinder zunächst angefangene Perlenketten, deren Muster sie fortsetzen sollten. Direkt daran anschließend wurden sie aufgefordert, selbst eine besondere Kette herzustellen und diese nach Fertigstellung zu zeichnen. Das Betrachten, Beschreiben und Untersuchen der entstandenen Perlenketten erfolgte als letzte Phase des Angebots.

Angebot 3 (Schindler, V. 2009): Die Kinder der dritten Gruppe bekamen zu Beginn ebenfalls die Aufgabe, eine Perlenkette zu gestalten, an der man etwas Besonderes entdecken kann. Dieser Arbeitsphase schloss sich ein Austausch über die Perlenketten an, bei dem nach dem freien Erzählen über die Ketten durch gezielte Impulse Anlässe zum Zählen und Vergleichen geschaffen wurden. Danach hatten die Kinder die Aufgabe, ihre Kette so zu zeichnen, dass sie von einem anderen Kind nachgebaut werden kann. Zum Schluss tauschten die Kinder ihre Zeichnungen aus und bauten die Kette auf der Zeichnung nach. Wenn die Kinder den Bauplan der Kette nicht richtig verstanden, konnten sie jederzeit auf „die Erfinderin/den Erfinder" zugehen und nachfragen.

In allen drei Angeboten waren vielfältige mathematische Aktivitäten aus unterschiedlichen Inhaltsbereichen zu beobachten, die alle theoretisch angenommene mathematische Denk- und Handlungsweisen implizierten. Sie alle an dieser Stelle zu beschreiben, würde den Rahmen des Beitrags sprengen. Deshalb beschränke ich mich nachfolgend gezielt auf die Beobachtungen, die wir beim Dokumentieren der Perlenketten machen konnten.

2.2.2 Beobachtungen beim Dokumentieren

Beim Dokumentieren der Perlenketten zeigten sich zwischen den Gruppen deutliche Unterschiede bezüglich des Grads der Genauigkeit der Darstellung. Es ist zu vermuten, dass diese nicht nur auf die motorischen Fähigkeiten zurückzuführen sind, sondern auch mit der Aufgabenstellung zusammenhängen: In den beiden Gruppen, in denen die Dokumentation am Ende des Angebots stattfand (Bolay 2009, Neudert 2009), fielen die Zeichnungen sichtbar unpräziser aus als in der dritten Gruppe. In dieser war die Dokumentation zweckgebunden in das Angebot eingebaut (Schindler 2009). Die Kinder wussten, dass die gezeichneten Perlenketten als Vorlage zum Weiterbauen dienen, sozusagen einen Bauplan für Ketten darstellen. Es ist zu vermuten, dass genau darin die Motivation zum präzisen Zeichnen steckte.

Abgesehen von den Unterschieden in der Präzision der Darstellung, sind in den Dokumenten der Kinder konkrete Umsetzungsmerkmale zu beobachten, die sich durch alle Zeichnungen ziehen. Nachfolgend werden diese Merkmale an Beispielen der Gruppe veranschaulicht, bei der die Zeichnungen zum Nachbauen genutzt wurden[1].

[1] Um die Beschreibungen besser nachvollziehen zu können, kann ein farbiger Ausdruck der Abbildungen bei der Autorin angefordert werden: rathgeb-schnierer@ph-weingarten.de

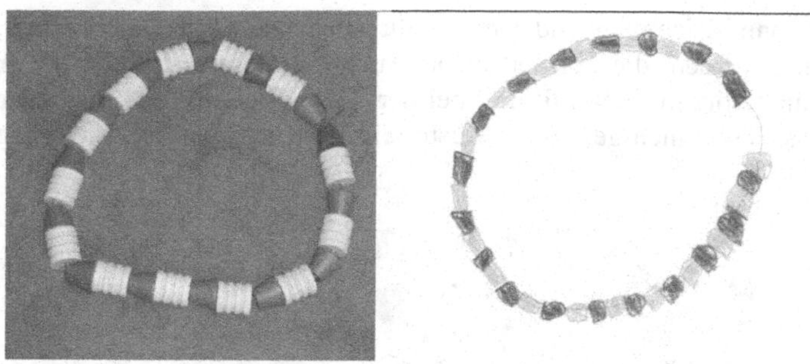

Abbildung 4: Manuels Kette und Zeichnung

Manuel hat für seine Kette zwei unterschiedliche Perlen benutzt, die er abwechselnd anordnet: den roten Kegelstumpf und den gelben Zylinder mit drei Einkerbungen. Es gelingt ihm dadurch eine Kette, die absolut regelmäßig erscheint, und erst beim zweiten Blick fällt auf, dass an der Verschlussstelle das Muster unterbrochen wird. Betrachten wir seine Zeichnung, so beinhaltet sie Besonderheiten, die in vielen Ketten zu erkennen waren: Die Anzahl der Perlen in Original und Zeichnung stimmen nicht überein und die Formen sind nicht wie im Original dargestellt.

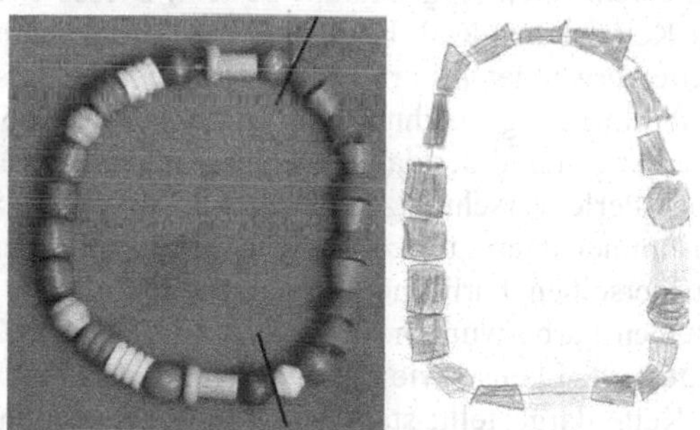

Abbildung 5: Tims Kette und Zeichnung

In Tims Kette zeigt sich eine ganz spannende Sache, wenn man zunächst die zehn roten Kegelstümpfe, die rote Kugel und den gelben doppelten Kegelstumpf (vgl. Abb. 5 zwischen den beiden Markierungen) ausblendet: Ohne diese Perlen ist die Kette symmetrisch aufgebaut. Warum er das begonnene Muster nicht zu Ende bringt, ist schwierig zu sagen: Liegt es daran, dass er den Überblick verloren hat und nicht mehr weiß, wie es weiter geht? Dauert es ihm zu lange, die Kette herzustellen und er füllt sie deshalb mit roten Perlen auf?

Vergleicht man Zeichnung und Kette, fällt wieder auf, dass die Farben exakt übernommen wurden, die Formen nicht. Auch die Gesamtanzahl der Perlen in der Zeichnung stimmt nicht mit der, bei der Kette überein. Eine neue Beobachtung ist, dass Tim einen gesamten Musterteil der Kette bei der Zeichnung weggelassen hat.

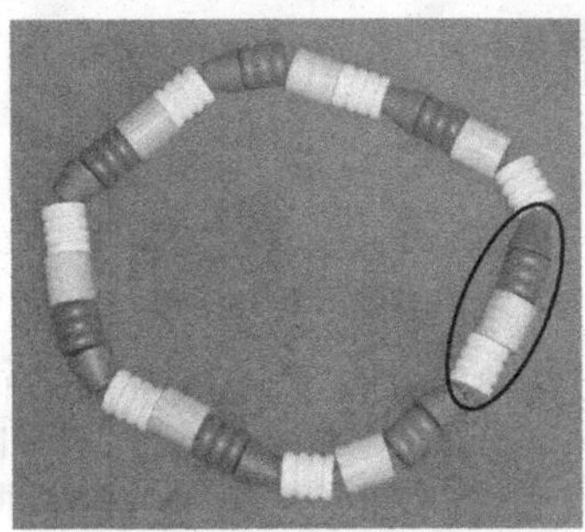

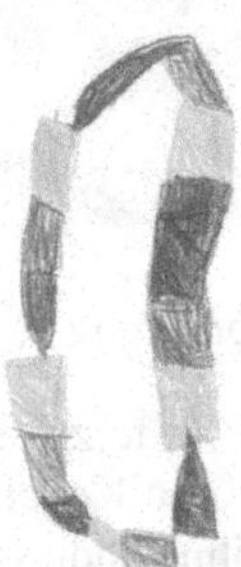

Abbildung 6: Jakobs Kette und Zeichnung

In Jakobs Kette ist deutlich ein Grundelement zu erkennen, das aus einem gelben Zylinder mit Einkerbungen, einem grünen Zylinder, einem roten Zylinder mit Einkerbungen und einem roten Kegelstumpf besteht. Dieses Grundelement wiederholt sich in der Kette sieben Mal. Betrachtet man die Zeichnung im Hinblick auf die bei der Kette verwendeten Formen, so wird deutlich, dass Jakob diese in ihren markanten Merkmalen gezeichnet hat. Interessant ist dabei, dass der rote Zylinder mit Einkerbungen und der daran anschließende rote Kegelstumpf in der Zeichnung zu einer Perle verschmelzen. Dies war an vielen Stellen von verschiedenen Ketten immer dann zu beobachten, wenn zwei oder mehrere zylinderförmige Perlen derselben Farbe nebeneinander aufgefädelt waren. Mehrere runde Perlen derselben Farbe wurden in den uns vorliegenden Zeichnungen nie als eine Perle dargestellt. Ebenso wie die anderen Kinder, hat Jakob auch nicht alle Perlen seiner Kette dargestellt; statt sieben Grundelementen hat er nur fünf gezeichnet.

Die beschriebenen Umsetzungsmerkmale beim Zeichnen der Ketten, stellen keine einmaligen Erscheinungen dar, sie zogen sich vielmehr als grundlegende Tendenz durch alle Dokumente der Kinder:

- Eine exakte Umsetzung von Farbe und Form fanden wir nur dann, wenn die Ketten entweder nur aus gleichfarbigen und gleichförmigen Perlen bestanden oder nur Kugeln, die durchaus verschiedenfarbig sein konnten, als Form auftauchten.

- Die exakte Perlenanzahl wurde dann gezeichnet, wenn eine Kette aus sehr wenigen Perlen bestand oder aus verschiedenen einfarbigen Grundelementen, die in einem bestimmten Muster aufeinander folgten, wie: vier rote Kugeln, vier blaue Kugeln, vier gelbe Kugeln, usw.

Aufgrund aller genannten Beobachtungen liegen folgende Annahmen bezüglich der Musterauffassung und Musterdarstellung nahe, deren Gültigkeit aber im Rahmen einer größeren Stichprobe überprüft werden müsste: Für Kinder im Kindergartenalter scheint im Kontext der Perlen,

- das Merkmal Farbe prägnanter zu sein, als das Merkmal Form.
- die Kugel als Form prägnanter als zylinderförmige Formen und kann in ihren Grundzügen besser dargestellt werden.
- die Anzahl der Elemente in einem Muster nachrangig zu sein.

3 Fazit

Im Rahmen der Fallstudien zeigte sich, dass in einem so scheinbar einfachen Alltagsmaterial wie Perlen ein großes Potenzial für mathematische Aktivitäten und Lernprozesse steckt. Schon im freien Umgang mit den Perlen – also beim Bauen der Türme – waren verschiedene mathematische Denk- und Handlungsweisen zu beobachten, die sich unterschiedlichen mathematischen Inhaltsbereichen zuordnen ließen. Auch in den einzelnen konkreten Angeboten war zu beobachten, wie durch die Arbeit mit Perlen vielfältig allgemeine und inhaltliche mathematische Kompetenzen gefördert werden können.

Insgesamt haben sich unsere theoretischen Überlegungen zum Potenzial von Perlen für frühe mathematische Lernprozesse in der praktischen Erprobung voll und ganz bestätigt. Allerdings darf dabei nicht übersehen werden, dass zu gelingenden Lernprozessen die pädagogischen Fachkräfte – in diesem Fall waren es die Studierenden, die die Erprobung durchführten – entscheidend beitragen. Ein integrativer Ansatz früher mathematischer Bildung setzt verschiedene Kompetenzen bei den pädagogischen Fachkräften voraus. Eine ganz zentrale Kompetenz liegt darin, das mathematische Potenzial einer Situation oder eines Materials zu erfassen, um durch Impulse während des freien Umgangs oder gezielte Angebote, die individuellen Lernprozesse der Kinder anzuregen.

4 Literatur

Bolay, E. (2009). *Steckt in Perlen Mathematik? Eine Untersuchung zum Einsatz von Alltagsmaterial beim Mathematiklernen im Kindergarten.* Wissenschaftliche Hausarbeit zur Zulassung zur ersten Staatsprüfung an Grund- und Hauptschulen Baden-Württemberg nach GHPO I 2003. PH Weingarten: Unveröffentlichtes Manuskript.

Gasteiger, H. (2010). *Elementare mathematische Bildung im Alltag der Kindertagesstätte. Empirische Studien zur Didaktik der Mathematik*, Band 3. Münster: Waxmann.

Hülswitt, K. L. (2007). Freie mathematische Eigenproduktionen: Die Entfaltung entdeckender Lernprozesse durch Phantasie, Ideenwanderung und den Reiz unordentlicher Ordnungen. In U. Graf u. E. Moser Opitz (Hrsg.): *Diagnostik und Förderung im Elementarbereich und Grundschulunterricht. Lernprozesse wahrnehmen, deuten und begleiten. Entwicklungslinien der Grundschulpädagogik*, Band 4 (S. 150 – 164). Hohengehren: Schneider Verlag.

Müller, G. N./Wittmann E. Ch. (2004). *Das kleine Zahlenbuch für 5- bis 7-jährige Kinder –* Teil 1: Spielen und Zählen – programm mathe 2000. 2. Auflage. Seelze-Velber: Kallmeyer Lernspiele.

Müller, G. N./Wittmann E. Ch. (2006). *Das kleine Formenbuch für 5- bis 7-jährige Kinder –* Teil 1: Legen, Bauen, Spiegeln – programm mathe 2000. 1. Auflage. Seelze-Velber: Kallmeyer Lernspiele, Friedrich.

Neudert, J. (2009). *Mathematisches Denken und Handeln anhand von Holzperlen beobachten, anregen und reflektieren – Eine Fallstudie im Kindergarten.* Wissenschaftliche Hausarbeit zur Zulassung zur ersten Staatsprüfung an Grund- und Hauptschulen Baden-Württemberg nach GHPO I 2003. PH Weingarten: Unveröffentlichtes Manuskript.

Rathgeb-Schnierer, E. (2008). Mathematik im Kindergartenalltag entdecken und erfinden – Konkretisierung eines Konzepts zur mathematischen Denkentwicklung am Beispiel von Perlen. In B. Daiber u. I. Weiland (Hrsg.), *Impulse der Elementardidaktik – Eine gemeinsame Ausbildung für Kindergarten und Grundschule* (S. 77-88). Baltmannsweiler: Schneider Verlag Hohengehren.

Rathgeb-Schnierer, E. (2012). Mathematische Bildung. In D. Kucharz (Hrsg.), *Elementarbildung. Reihe Bacholor / Master* (S. 50-86). Weinheim / Basel: Beltz.

Roux, S. (2008). Bildung im Elementarbereich – Zur gegenwärtigen Lage der Frühpädagogik in Deutschland. In F. Hellmich u. H. Köster (Hrsg.), *Vorschulische Bildungsprozesse in Mathematik und Naturwissenschaften* (S.13-25). Bad Heilbrunn: Klinkhardt.

Schindler, V. (2009). *Mit Perlen mathematisches Denken und Handeln im Kindergarten anregen – Eine Fallstudie.* Wissenschaftliche Hausarbeit zur Zulassung zur ersten Staatsprüfung an Grund- und Hauptschulen Baden-Württemberg nach GHPO I 2003. PH Weingarten: Unveröffentlichtes Manuskript.

Schuler, St. (2008). Was können Mathematikmaterialien im Kindergarten leisten? – Kriterien für eine gezielte Bewertung. In: *Beiträge zum Mathematikunterricht.* Hildesheim: Franzbecker (CD-ROM). http://www.mathematik.tu-dortmund.de/ieem/cms/media/BzMU/BzMU2008/BzMU2008/BzMU2008_SCHULER_Stephanie_CD.pdf [Abruf 14.4.2012].

Schuler, St. (2012). *Zur Gestaltung mathematischer Bildung im Kindergarten in formal offenen Situationen - Eine Untersuchung am Beispiel von Materialien und Spielen zum Erwerb des Zahlbegriffs* (in Vorbereitung).

5 Abbildungsnachweis

Abbildung 1: Rathgeb-Schnierer

Abbildung 2: Rathgeb-Schnierer

Abbildung 3: Schindler 2009, S. 51

Abbildung 4: Schindler 2009, S. 73

Abbildung 5: Schindler 2009, S. 65

Abbildung 6: Schindler 2009, S. 68

Von Kindergärten, Kindheitspädagoginnen und der Mathematik mit Bauklötzen

Esther Henschen; Martina Teschner
Pädagogische Hochschule Ludwigsburg

Kurzfassung: Warum gibt es in Kindergärten Bauklötze? Gehört Mathematik in den Kindergarten? Wie kann das Bauen der Kinder auf dessen mathematischen Gehalt untersucht werden? Zur Beantwortung dieser Fragen begibt sich der Text auf die Spuren der Entwicklung des Kindergartens seit Fröbel und stellt ausgehend von einer Praxisforschung einen Ansatz zur systematischen Analyse des mathematischen Gehalts von Spielsituationen mit Bauklötzen vor.

1 Anregungen von Fröbel aus der Gründungszeit der Kindergärten

Kaufmann schreibt: „Der Gedanke, den Kindergärten eine Bildungsfunktion zuzuweisen, ist keine Idee des 21. Jahrhunderts; auch mathematische Bildung wurde bereits viel früher in den Blick genommen." (Kaufmann, 2010, S. 7) Sie bezieht sich damit auf Fröbel, den Gründer des ersten Kindergartens. Betreuungseinrichtungen, sogenannte Bewahranstalten gab es seit Anfang des 19. Jahrhunderts. Beschäftigt man sich mit der Bildungspraxis in Kindertagesstätten, so ist es reizvoll, vom Gründungsgedanken Fröbels ausgehend auf die heutige Situation zu sehen.

1.1 Fröbels Pädagogik als Anregung für 2012

Fröbel gründete zunächst Mütterschulen mit dem Ziel, dadurch die familiäre frühkindliche Bildung zu verbessern. (Dies ist wieder eine aktuelle soziale Forderung, man bemerke die politisch unterstützte Wandlungsbewegung von Kindertagesstätten zu Familienzentren seit ca. zehn Jahren.) Sein Aufruf galt auch Vätern zur Gründung von Vätervereinen, um auch deren Erziehungskompetenz zu stärken; das setzte sich gesellschaftlich allerdings nicht durch. Ebenfalls engagierte sich Fröbel, um junge Männer für die Arbeit in Kindergärten zu gewinnen. Leider ist auch dies in heutiger Zeit keinesfalls erreicht, wenn auch in den letzten Jahren verstärkt Männer angeworben wurden. „Bundesweit liegt der Anteil männlicher Mitarbeiter im pädagogischen Bereich der Kindertagesstätten derzeit bei gerade einmal 3 %, und hier sind männliche Praktikanten, Absolventen eines freiwilligen sozialen Jahres sowie Zivildienstleistende und ABM--Kräfte mit einem Anteil von insgesamt 0,6 % bereits mitgezählt.“ (Bundesministerium für Familie, Senioren, Frauen und Jugend, 2011, S. 15).

1840 eröffnete Fröbel eng miteinander verbunden den ersten Kindergarten und die erste Ausbildungsstelle für die dann bald „Kindergärtnerinnen“ und „Kinderpflegerinnen“ genannten jungen Frauen; damit schuf Fröbel einen der ersten Ausbildungsberufe für bürgerliche Frauen. Die Verbindung von Ausbildungs- und Praxisstelle begründet Fröbel mit einer gegenseitigen Wechselwirkung. Aus heutiger Perspektive könnte man sagen, Fröbel sieht die Notwendigkeit zur Praxisforschung zum Erhalt und zur Steigerung der Qualität in Ausbildung sowie in den Einrichtungen.

Die Fröbelschen Kindergärten fanden weite Verbreitung. Jedoch verschwand schon früh das Ziel der Bildung junger Kinder hinter dem dringlichen gesellschaftlichen Bedarf, Kinder zu betreuen. Auch das ist wieder eine aktuelle Frage: Brauchen wir Kindertagesstätten (und Ganztagsschulen) in erster Linie zur Betreuung der Kinder, um die Berufstätigkeit von Müttern (und Vätern) zu sichern oder verstehen wir sie als erste Bildungseinheit wie Fröbel es sah?

Als Ende des 19. Jahrhunderts die Schulpflicht eingeführt wurde und 1888 der Besuch der Schule kostenlos wurde, gab es zwar Überlegungen, den Kindergarten als erste institutionelle Bildungsstufe, wie Fröbel es gesehen hatte, ebenfalls zu unterstützen, das wurde aus familienpolitischen und finanziellen Erwägungen aber abgelehnt. 1922 beschloss die Reichsschulkonferenz die Kindergärten der Jugendhilfe zuzuordnen. Damit wurde Fröbels Idee des Kindergartens für alle, weder nur für die Bedürftigen, noch ausschließlich für die Privilegierten, in Deutschland zunächst zurückgedrängt (Inzwischen liegt in den meisten Bundesländern die Zuständigkeit beim Kultusministerium). Dieses Ziel ist erst 1992, mit einem gesetzlich gesicherten Anspruch auf einen Kindergartenplatz für jedes Kind ab drei Jahren, politisch angestrebt worden.. Dort wo Kindern einkommensschwacher Eltern kostenlose (Halbtags-)Plätze zur Verfügung gestellt werden und/oder z.B. ein Kindergartenjahr für alle Kinder kostenfrei angeboten wird, ist es in erreichbare Nähe gerückt. 2010 gingen immerhin über 90% aller drei- bis sechsjährigen Kinder in eine Kindertagesstätte.

Was für die Rahmenbedingungen gilt, ist auch im inhaltlichen Auftrag erkennbar: Die Fragen und Themen Fröbels sind aktuell. Betrachtet man den Fröbelschen Ansatz, so entsteht der Eindruck, dass Fröbel sich genau der Spannungsfelder bewusst war, die heute diskutiert werden, z. B. Kompetenz- oder Defizitorientierung, Lernen zwischen Instruktion und Konstruktion, Kitas als Lernorte des Lebens. Dazu Heiland über Fröbel:

> *„Der Kindergarten soll, so Fröbel 1839/40, „bewahren", sozial integrieren und kognitiv fördern. Dabei schließt die „leitende" Spielpflege die „autodidaktische" Erziehung, die „Selbstbelehrung" und die „heuristische" (erkenntnisfindende) Methode des Unterrichtens, ferner kindliche Selbstaktivität sowie belehrende und bewahrende-disziplinäre Momente ein." (Heiland, zitiert nach Lost, 2004, S. 23, Hervorhebungen übernommen).*

Auch scheinbar moderne Forderung, wie z. B. individuelle Bildungsprozesse der Kinder in Portfolien oder Kindertagebüchern zu dokumentieren, finden wir in Fröbels Schriften. Er regt an, ein „Lebensbuch" für jedes Kind zu schreiben. „Es würde den Eltern immer mehr klar machen über ihre Kinder, sie würden sich spätere Erscheinungen aus früheren Äußerungen, Ereignissen und Lebensumständen erklären, und so würden sie ihre Kinder immer mehr dem Inneren, der Anlage und dem Charakter, der Eigentümlichkeit desselben angemessen behandeln können." (Fröbel, 1984a, S. 85) So überrascht es, dass erst seit ca. 20 Jahren in Deutschland die persönliche Dokumentation der Entwicklungsgeschichte jedes Kindes in die Praxis von Kindertagesstätten Einzug gefunden hat.

Auch in Bezug auf Materialauswahl, Lernumgebungen und Interaktion zwischen Kind und Pädagogen können bei Fröbel Anregungen gefunden werden. Die Materialien und Spielideen wählte Fröbel so, dass sie der natürlichen Neigung des Kindes zu diesen entsprachen, darin war er ein genauer Beobachter. Ebenfalls sollte aber eine Hinführung zu weiteren Kenntnissen und Fähigkeiten vorbereitet werden, eine „allseitige Bildung", eine umfassende Förderung der geistigen und leiblichen Kräfte. „Heute wird der Vorwurf der Verschulung, der Verdidaktisierung, der Bevormundung von Kindern oftmals mit dem Namen Fröbel verbunden, was seinem Anliegen so nicht entspricht." (Sebastian, 2004, S. 29) Die Begeisterung des Kindes ist sein Ausgangspunkt und die erziehenden Erwachsenen sollen durch die Beobachtung des Kindes jeweils seine nächste Freude erahnen und ihm entsprechende Beschäftigungen und Denkanregungen bieten. Fröbel beschreibt Kinder als an ihrer eigenen Entwicklung beharrlich arbeitend und leistungswillig, die erfreut auf die erfahrene Unterstützung ihres Lernens reagieren.

1.2 Anregungen zur mathematischen Bildung, zwei Beispiele

Im Folgenden soll beispielhaft gezeigt werden, wie sich Fröbel Anregungen für Kinder vorstellte und wie er Mütter und Kindergärtnerinnen auf den mathematischen Gehalt solcher Spiele hinwies.

Fingerspiele sind allgemeines Kulturgut, sie sind weltweit typische Anregungen für Kleinkinder. Das ausgewählte Fingerspiel ist ein, dem noch heute bekannten „Backe, backe Kuchen" vergleichbares, Gestenspiel. Bei beiden werden Tätigkeiten der Erwachsenen aus dem Alltag beschrieben. Von „Längweis – kreuzweis" berichtet Fröbel, dass er es in verschiedenen Gegenden gefunden hatte und es den Kindern Freude machte (Fröbel, 1984c, S. 131).

Zu dem offensichtlich damals bekannten Spruch, in dem mit Hilfe der Finger und Hände von Mutter und Kind der Bau einer Holzscheibe nachgeahmt und dann zum Verkauf gebracht wird, erklärt Fröbel den inhaltlichen Gehalt als „erste Spur des Kindes auf Lage und Form". Er erläutert die Linienführung in Waagrechte und Senkrechte, weist auf die vier rechten Winkel hin im - durch eine Geste hervorgehobenen - Kreuzungspunkt der Linien, und nimmt dann den Einwand der Mutter vorweg: „Nun aber davon verstehe ich auch kein Wort, sagst Du, wie soll mein Kind davon etwas verstehen". Fröbel führt nun aus, dass das Kind nicht die Wörter verstehen wird, aber „von der Sache muss es irgendeine Ahnung haben, sonst würde das Spiel es nicht erfreuen" (Fröbel, 1984c, S. 132).

Fröbel nimmt hier zugleich das Kind ernst in seinem Kindsein, wie auch in seinem Lernen und Werden. Die Aufgabe des Lernens bleibt aber nicht nur beim Kind, eben auch der das Kind erziehende, pflegende Erwachsene soll von ihm Lernen. „Es ist heilsam und geistesstärkend für das auch noch so junge, noch so kleine Kind, wenn es einen Gegenstand, eine Vorstellungsreihe in sich fest hält; das Geistes- und Seelenbedürfnis des Kindes leitet es selbst dahin, daher oft das so lange Beschäftigen desselben mit einem oft ganz einfachen Gegenstande; darum sollten wir seinen Blick nicht so schnell von einem Gegenstande zum anderen führen; wir sollten darum weder das Kind für gleich eigensinnig halten, wenn es von einem Gegenstand sich nicht leicht entfernen, sich nicht leicht trennen kann, als ebenso wenig für zerstörend, wenn es ein anderes Mal alle Gegenstände schnell von sich entfernt. Von diesem und allen übrigen Erscheinungen des Kindestreibens und Kindestuns sollten wir stets bei sonst gesunden Kindern auf notwendige innere geistige Ursachen und Gründe schließen und diese aufzufinden uns bemühen; wir sollten dieser erkannten notwendigen inneren Geistestätigkeit nachzugehen, d.h. ihr die zweckdienlichsten Entwicklungs- und Bekräftigungsmittel vorzuführen streben." (Fröbel, 1984a, S. 83).

Ein zweites Beispiel ist aus seiner Anleitung zu einer der sogenannten Spielgaben. (Fröbel, 1984b, S. 83) Diese ersetzen nicht das weitere Spielzeug, sondern sind zusätzliches Material zur „geistigen Anregung". Mit Hilfe der von Fröbel entwickelten gestuften Abfolge von „Spielgaben" entdecken die Kinder nach und nach die Eigenschaften der geometrischen Körper. So ist die erste Gabe der Ball, die zweite die Kugel, die dritte der Würfel, die vierte dann acht Bauklötzchen, die gemeinsam wiederum einen Würfel ergeben. Am Beispiel der vierten

Spielgabe, dem aus acht gleichen kleinen Quadern bestehenden Würfel, soll deutlich werden, wie intensiv sich Fröbel mit der Konstruktion und Analyse der Spielgaben beschäftigt hatte.

In seiner Schrift dazu findet man zunächst den Unterschied zu den bisherigen, nämlich kompakten, Körpern erläutert: Mittels der acht kleinen Quader hat das Kind neue Möglichkeiten, insbesondere zur Flächenbildung, zur Höhenbildung und zur Umfassung von Raum.

Außerdem entdeckt das Kind nun Schwerkraft und Gleichgewicht, sowie die Beziehung von Teilen und Ganzem. Die drei Kanten (Länge, Breite, Tiefe) stehen im Verhältnis 4 : 2 : 1, das ermöglicht eine große Vielfalt von Spielen.

Den zunächst zufällig entstehenden Gebilden wird ein assoziierter Name gegeben, so entstehen Bänke, Häuser u.ä. Es wird ausdrücklich betont, wie wichtig es ist, das Denken des Kindes durch solche Bezeichnungen zu wecken. In seiner Anleitung weist Fröbel daraufhin, dass stets alle Quader verbaut werden sollen, dies fordere das Kind auf, eine Beziehung herzustellen, z.B. in dem es ein verbliebenes Klötzchen neben den Tisch als Stuhl stellt. Diese Aufgabenstellung rege das Vorstellungsvermögen des Kindes an.

Neben diesem vom Kind ausgehenden freien Spiel, steht für Fröbel auch das Spiel für und mit dem Kind. Dabei stellt die Mutter kleine Szenen dar mit Hilfe der Bauklötze, die vom Herd zum Tisch und Bänken umgestaltet werden, kleine Geschichten dazu erzählend. Nach Fröbel ist auch hier die Vorstellungskraft des Kindes zu aktivieren, dass es schon in dem einen Gebilde das andere wahrnehmen lernt. Das soll auch in anderen Spielgelegenheiten (Erkenntnis – oder Lernformen) mit Versen unterstützt werden, wie in diesem zur Umgestaltung des Würfels:

„Als Würfel steh ich jetzt vor Dir;
Als Tafel (Fläche) nun erschein ich hier;
Doch bleib ich stets gleich viel,
Schön dünkt mich dieses Spiel.
Doch auch ohn Verweilen
Kannst du leicht mich teilen,
Mit einem Schnitte
Durch die Mitte
In zwei gleiche Halbe." *(Fröbel, 1984d, S.100)*

Das Zerlegen und Zusammensetzen und damit das Erkennen erster arithmetischer Verhältnisse wird z.B. auch mit folgendem Spiel geübt: Zwei Klötzchen bilden eine Kuh, ein einzelnes Klötzchen ein Kalb, nun können Kühe und Kälber in verschiedenen Anzahlen hergestellt werden.

Auch die Herstellung von sogenannten Schönheits- oder Einklangsformen ist eine mathematisch sowohl in der Raumlage als auch im Verständnis von Mustern förderliche Tätigkeit. Die Klötzchen können z.B. zu verschiedenen symmetrischen Bildern angeordnet werden, auf deren Vielgestaltigkeit Fröbel hinweist und die er detailliert beschreibt. So kann das Kind, noch ohne es zu wissen rechte Winkel, „ganzschiefe" halbierte rechte Winkel, Parallelen und andere Beziehungen in der Lage der Formen bemerken.

1.3 Mathematik im Kindergarten heute?

Über lange Zeit ist Fröbel in Vergessenheit geraten, die Landschaft der Kindertagesstättenkonzepte ist unüberschaubar vielfältig und ebenso die der Ausbildungswege. Kindergärtnerinnen gibt es nicht mehr; seit 1967 ist in den alten Bundesländern die Bezeichnung „Erzieher und Erzieherin" eingeführt und damit haben auch erstmals Männer zu diesem Beruf Zugang bekommen. Den Kindergärtnerinnen, Hortnerinnen und Absolventinnen ähnlicher Ausbildungen der neuen Bundesländer wurde nach der Wiedervereinigung eine Nachqualifikation abverlangt. Ebenfalls wurde das westliche Ausbildungssystem übernommen, das als Zugangsvoraussetzung zur Fachschule seit 1982 nicht nur den Realschulabschluss, sondern in der Regel auch eine abgeschlossene Berufsausbildung oder eine mehrjährige Berufstätigkeit voraussetzt. (Baden-Württemberg geht einen Sonderweg: Hier genügt auch der erfolgreiche Abschluss eines einjährigen Berufskollegs als Voraussetzung zur Aufnahme an die Fachschule.) Die Ausbildungsdauer von meist drei Jahren schließt ein einjähriges Berufspraktikum mit ein.

Uneinheitlich ist auch die konzeptionelle Ausrichtung der Praxis: Die Impulse von Montessori, Steiner und Schörl wurden vielgestaltig bei der Rezeption verändert, andere Anregungen bekam man vom Situationsansatz, durch die Offene Arbeit und seit den 90er Jahren des vergangenen Jahrhunderts aus Reggio Emilia.

Die Bildungsbewegung nach dem Sputnik-Schock Anfang der 1970er führte zu einer großen Menge didaktischer Spiele und Arbeitsblätter für die Vorschulerziehung, auch davon finden sich heute noch Spuren, besonders im Bereich der mathematischen Anregungen und der ihr zugerechneten kognitiven Entwicklung (z.B. zur Klassifikation und Seriation).

Dabei hatte man mehr die Kinder als Objekte pädagogischen Handelns und zukünftige Forscher und Wissenschaftler fokussiert und verlor beinah die Gegenwart (und die von Fröbel als so wichtig betonte Zufriedenheit) des Kindes aus dem Blick. Dieser Gefahr der Instrumentalisierung des Kindes zum Zwecke der Gesellschaftsveränderung waren auch die Kinderläden (oft antiautoritäre Kindergärten der Elterninitiativen der 68er-Bewegung) ausgesetzt (Hoffmann, 2004). Eine gesellschaftliche Akzeptanz der frühkindlichen Bildung auf diese Weise war nicht gegeben und so geriet der Bildungsaspekt in den Hintergrund, trotz des Wunsches nach gleichen Bildungschancen für alle Kinder.

In der Ausbildung waren fachdidaktische Aspekte bis zur Einführung der Bildungs- oder Orientierungspläne (spätestens 2002 in allen Bundesländern) kaum zu finden, allenfalls im Bereich Sprachförderung und Musikerziehung. In der DDR war Mathematik durch die Zuordnung der Kindertagesstätten zum Bildungswesen ein Pflichtbestandteil der Ausbildung (ebd.), diese Erfahrungen sind scheinbar durch die Wiedervereinigung verloren gegangen. Auch in den Bildungs- bzw. Orientierungsplänen wird die Mathematik nicht immer eigenständig ausgewiesen, so ist sie z.B. im für Baden-Württemberg im Bildungs- und Entwicklungsfeld Denken verortet. Eine genaue Analyse findet man bei Royar (ebd.), der an allen Plänen mangelnde Fachsystematik bemängelt.

Nun gibt es aber inzwischen über 60 Studiengänge für angehende Kindheitspädagogen und Kindheitspädagoginnen (so die empfohlene einheitliche Bezeichnung seit 2011). Sind dort mathematikdidaktische Anregungen für die Arbeit mit Kindern vor der Einschulung zu finden? Auch hier ließe sich nur mit großer Mühe die vielfältige Gesamtsituation erfassen und darstellen. Einige Hochschulen weisen die Mathematik explizit in ihren Modulhandbüchern aus, bei anderen versteckt sie sich z.B. unter Naturwissenschaften und Technik. In Ludwigsburg gehört Mathematik zum Pflichtteil des Bachelorstudiums mit derzeit insgesamt 6 SWS und der Möglichkeit einer Vertiefung mit weiteren 3 SWS.

2 Von Bauklötzen und der Mathematik im Kindergarten – Versuch einer Systematik

Erfreulich ist, dass die empirische Forschung sich in den letzten zehn Jahren frühkindlichen mathematischen Bildungsprozessen gewidmet hat. So ist zu hoffen, dass es, wie schon von Fröbel für wesentlich erachtet, zur gegenseitigen Bereicherung von Praxis und Ausbildung durch gute Praxisforschung kommt. Ein aktuelles Forschungsprojekt wird im Folgenden dargestellt.

Will man einen Beitrag dazu leisten, klischeehafte Vorstellungen, die in Mathematik in erster Linie Zahlen und Rechnen sehen sowie Mathematik für etwas halten, das man „beigebracht" bekommen muss und das einem erklärt werden muss, abzubauen, ist es unumgänglich die mathematischen Lerngelegenheiten, die sich in „alltäglichen" (Spiel)Situationen bieten, aufzugreifen. Folgendes Beispiel soll verdeutlichen, an welche Art von Situationen hier gedacht ist:

Vier Kinder, Lena, Jan, Nils und Ellen sind in der Bauecke. Dort stehen ihnen quaderförmige Holzbauklötze in großer Anzahl zur Verfügung. Sie nehmen sich eine Kiste und einigen sich darauf, einen Turm zu bauen. Zunächst wird der Grundriss des Turmes entwickelt, dazu sagt Lena: „Es muss klein sein, sonst können wir nicht die Leiter nehmen" und „nicht zu dick". Jan meint: „So sieht's doch wie ein Viereck aus" und ordnet die fünf Steine wie ein Fünfeck an. Nachdem der Grundriss feststeht, wird die zweite Reihe immer versetzt zur ersten darüber gelegt und schließlich die dritte Reihe usw. Jan und Nils überlassen das Turmbauen in der Folge Lena und Ellen, die gemeinsam Steinreihe um Steinreihe setzen. Inzwischen gehen Jan und Nils zu den Bauklotzkisten und suchen sich die mit den langen Bauklötzen heraus. Daraus nehmen sie einige Klötze und suchen Steine für ein Dach heraus. Sie halten die Steine jeweils über den angefangenen Turm. Auf die Beschwerden von Lena und Ellen, dass das beim Bauen stört, äußert Nils: „Wir versuchen doch nur mal, wie lang die sein müssen"...

Sollen solche Situationen auf deren mathematischen Gehalt hin beschrieben und analysiert werden, ist es eine entscheidende Aufgabe, Inhalte und Arbeitsweisen vorschulischer Mathematik systematisch darzustellen. Bereits zu Beginn des Kontaktstudiums „Frühe Bildung" (ein Fortbildungsangebot der Akademie für wissenschaftliche Weiterbildung an der Pädagogischen Hochschule Ludwigsburg), hatte das beteiligte Dozententeam des Faches Mathematik das im Blick, wie bei Rathgeb-Schnierer (2008) und Vogel (2008) dokumentiert ist. Dort werden anhand der vier Leitideen „Muster und Strukturen", „Zahl", „Maße und Messen" sowie „Raum und Form" folgende Fragen erörtert: „Steckt in dem Material Mathematik? Welche Aktivitäten können mit dem Material angeregt werden? Welche Entdeckungen sind dabei möglich?" (ebd. S. 78). In der Frage „Wie kann das Tun dokumentiert und kommuniziert werden?" verdeutlicht sich die Idee, dass vorschulisches Mathematiklernen sich nicht auf das „Durchführen von Handlungen beschränken sollte" (ebd. S. 81).

Bleibt die Frage, ob und warum genau diese vier benannten Leitideen, die so ähnlich auch im Bildungsplan für die Grundschule (Baden-Württemberg) wiederzufinden sind, Mathematik im Kindergarten ausmachen.

2.1 Zentrale Mathematische Inhalte im Kindergarten

Bei einem Blick in einige bekannte Praxishandreichungen aus dem Feld der frühen mathematischen Bildung findet man weitere Vorschläge, welche Bereiche zu mathematischem Lernen im Kindergarten gehören könnten. Im Buch „Mathekings – Junge Kinder fassen Mathematik an" werden folgende sechs Pfeiler verwendet: Sortieren und Klassifizieren, das Muster, die Zahl, Wiegen, Messen und Vergleichen sowie grafische Darstellung und Statistik, diese stellen laut der Autorinnen die mathematischen Konzepte dar, die Kindergartenkinder erwerben sollen (vgl. Hoenisch & Niggemeyer, 2007). In der Handreichung „Frühe mathematische Bildung" werden folgende Zielkategorien benannt: „Sortieren und Klassifizieren, Muster und Reihenfolgen, Zeit, Raum und Form sowie Mengen, Zahlen, Ziffern" (Fthenakis, 2009, S.16). Diesen beiden und weiteren Praxishandreichungen ist gemeinsam, dass das Feld der Mathematik aus mathematikdidaktischer Sicht nicht systematisch betrachtet wird. Exemplarisch kann das an den oben genannten Zielkategorien aufgezeigt werden. Ganz deutlich vermischen sich hier Ebenen, entsprechen doch einige den für die Primarstufe beschriebenen mathematischen Inhaltsbereichen (s.u.), z.B. Raum und Form oder Muster, andere stehen eher für mathematische Arbeitsweisen, z.B. Sortieren und Klassifizieren und wieder andere stellen ganz konkrete Inhalte eines Mathematikbereichs dar, wie z.B. Zeit oder Mengen und Ziffern. Soll das mathematische Potenzial von Alltagssituationen systematisch beschrieben werden, ist diese Vermischung von Beschreibungsebenen problematisch. Bönig (2010) umgeht das Problem im „Bildungsjournal Frühe Kindheit: Mathematik, Naturwissenschaft & Technik", indem sie als zentrale Inhaltsbereiche dieselben verwendet, nach denen auch die inhaltlichen Kompetenzen in den „Bildungsstandards im Fach Mathematik für den Primarbereich" geordnet sind. Aber ist es sinnvoll sich für den Vorschulbereich an Inhalten der Schule zu orientieren?

Um diese Frage zu beantworten ist es naheliegend zunächst einen Blick in die verschiedenen bundeslandspezifischen Pläne für den Vorschulbereich zu werfen. Die Zielkategorien aus dem Buch „Frühe mathematische Bildung" stellen laut den Autoren die Essenz aus diesen dar (vgl. Fthenakis, 2009). Dies nachzuvollziehen ist einigermaßen schwierig, sind die meisten Pläne nach einer eigenen Systematik aufgebaut, die nicht der „Fachlogik" der jeweiligen Bildungsbereiche wie z.B. Mathematik folgt. Eine interessante Ausnahme bildet hier der „Rahmenplan für die zielgerichtete Vorbereitung von Kindern in Kindertageseinrichtungen auf die Schule" aus Mecklenburg-Vorpommern in welchem sogenannte „fundamentale Ideen der Mathematik" beschrieben werden. Als fundamentale Ideen werden darin genannt: „Idee der räumlichen Strukturierung", „Idee der Beziehung zwischen Teil und Ganzem", „Idee der Zahl", „Idee der Form", „Idee der Gesetzmäßigkeiten und Muster" und „die Idee der Symmetrie". Da die hier aufgelisteten Ideen aber weder dem Anspruch auf Konsens noch auf Vollständigkeit gerecht werden können, bleibt festzustellen, dass der Ausflug in die „Bildungsplanlandschaft" keine befriedigende Antwort auf obige Frage geben kann.

An dieser Stelle hilft ein Blick über unsere nationalen Grenzen weiter. Eine Orientierung an den NCTM-Standards (2005) ist eine naheliegende Möglichkeit, wenn man bedenkt, dass diese Standards als Leitlinien für das Mathematiklernen vom Kindergarten bis zur zwölften Klasse konzipiert sind. Darin gibt es fünf „Content Standards": „Number and Operations", „Algebra", „Geometry", „Measurement", „Data Analysis and Probability" (NCTM, 2005). Bei einem Vergleich dieser Begriffe mit den fünf Leitideen: „Zahlen und Operationen", „Raum und Form", „Muster und Strukturen", „Messen und Größen", „Daten, Häufigkeit und Wahrscheinlichkeit" (KMK 2004), an denen sich die „Standards für inhaltsbezogene mathematische Kompetenzen" (ebd.) orientieren, werden viele Gemeinsamkeiten deutlich. Die Idee des Mathematiklernens vom Kindergarten bis zum Schulabschluss an denselben Inhaltsbereichen spiegelt sich in unseren nationalen Standards zwar nicht in vergleichbarer Weise wie in den Standards der NCTM wieder, dennoch ist es möglich und sinnvoll - auch im Sinne einer guten Vernetzung von Elementar- und Primarstufe - die fünf Leitideen als die zentralen Inhaltsbereiche für den Kindergarten heranzuziehen. (vgl. Henschen 2011).

2.2 Die fünf Inhaltsbereiche in Spielsituationen mit Bauklötzen

Sarama und Clements (2009) thematisieren in ihren Ausführungen zu „Mathematics in earlychildhood", dass es zwischen den Inhaltsbereichen vielfach Verbindungen gibt. Das lässt sich mit Hilfe der zu Beginn des Kapitels beschriebenen Beobachtung gut nachvollziehen. Nach erstem Ermessen könnte man die beschriebene Situation, in der es ja darum geht einen Turm zu bauen, dem Inhaltsbereich „Raum und Form" zuordnen, aber in der Situation spielt genauso der Inhaltsbereich „Muster und Strukturen" eine Rolle, wenn man bedenkt, dass der Turm nach einem wiederkehrenden Muster gebaut wird. Der Inhaltsbereich „Größen" kommt vor, wenn Höhe und Dicke des Turmes thematisiert werden und es darum geht Steine mit geeigneter Länge für das Dach zu finden. Auch der Inhaltsbereich Zahl spielt eine Rolle, wenn die Begriffe Viereck und Fünfeck ins Spiel kommen, die an der Anzahl der Steine des Grundrisses festgemacht werden.

Hieran wird deutlich, dass das immer wieder zu beobachtende Vorgehen, ausgehend von einem der mathematischen Inhaltsbereiche Situationen und Beispiele aus der Praxis zu beschreiben, zumindest fragwürdig ist. Es scheint viel naheliegender, ausgehend von Situationen und Beispielen aus der Praxis mithilfe der Inhaltsbereiche deren mathematisches Potenzial zu beschreiben. Zusätzlich ist zu bedenken, dass die Art und Weise der mathematischen Auseinandersetzung sich deutlich unterscheidet je nachdem, ob es darum geht, eine bekannte ebene Figur z.B. die Rahmung eines Vierecks mit Bauklötzen zu legen oder zu begründen, dass eine bestimmte Form und Größe des Grundrisses nötig ist, um die Leiter beim Turmbau verwenden zu können. Der mathematische Gehalt einer Situation hängt also nicht nur von den mathematischen Inhalten, denen das Kind im Spiel begegnet, ab, sondern auch davon, wie diese Inhalte verfolgt werden. Für eine umfassende Beschreibung und Analyse des mathematischen Potenzials von Spielsituationen reichen demnach die fünf Inhaltsbereiche nicht aus.

2.3 Allgemeine mathematische Kompetenzen im Kindergarten

In den „Bildungsstandards im Fach Mathematik für den Primarbereich" (KMK, 2004) werden neben den in den Leitideen formulierten inhaltsbezogenen Kompetenzen allgemeine mathematische Kompetenzen beschrieben, nämlich: Kommunizieren, Argumentieren, Problemlösen, Modellieren und Darstellen. Können diese Begriffe als Dimensionen für die Beschreibung vorschulischer Spielsituationen herangezogen werden? Hier steht man zunächst vor dem Problem, dass sich deren Definitionen auf das Mathematiklernen in der Schule beziehen. Wenn man versucht, die Definitionen auf den Vorschulbereich anzuwenden, steht man vor verschiedenen Schwierigkeiten. Für den Begriff Problemlösen lässt sich feststellen, dass Situationen, in denen Probleme und Anforderungen mithilfe der Mathematik gelöst werden, durchaus einen wichtigen Aspekt mathematischen Lernens im Kindergarten darstellen. Andererseits könnte jede Situation, in der Mathematik verwendet wird, in diesem Sinne verstanden werden, was bedeutet, dass mit diesem Begriff eine differenzierte Beschreibung verschiedener Situationen kaum möglich ist.

Eng verbunden mit dem Problemlösen ist das Modellieren. Grüßing und Peter-Koop (2007, S.172) äußern sich folgendermaßen zum Modellieren: „Mathematisches Modellieren hingegen ist eindeutig eine Kompetenz, die in der Regel erst in der Grundschule angebahnt und im Mathematikunterricht der weiterführenden Schulen weiter ausgebaut wird." Modellieren ist damit als Teil formaler Mathematik keine sinnvolle mathematische Beschreibungsdimension für den vorschulischen Bereich.

Die Kompetenzen Kommunizieren, Argumentieren und Darstellen spielen im Vorschulalter fraglos eine wichtige Rolle. Versteht man Darstellen allerdings, als „jegliche Art der Veräußerung des Denkens." (Krauthausen & Scherer 2010, S. 154), wäre Kommunizieren letztlich Teil von Darstellen, was auch für das Argumentieren als besondere Ausprägung der Ausdrucksfähigkeit gelten müsste. Für den vorschulischen Bereich ist eine Differenzierung zwischen diesen dreien darüber hinaus besonders schwierig, da Kinder häufig nonverbal kommunizieren und argumentieren.

Diese fünf allgemeinen mathematischen Kompetenzen eignen sich demnach kaum dafür, die Art und Weise vorschulischer mathematischer Begegnungen zu beschreiben. Abgesehen davon lässt sich eine konsensuelle Liste mathematischer

Prozesse oder Arbeitsweisen für den Vorschulbereich weder mithilfe der verschiedenen Bildungspläne noch in der Literatur ausfindig machen.

2.4 Zentrale mathematische Arbeitsweisen im Spiel mit Bauklötzen

Eine Möglichkeit, dennoch zu zentralen Arbeitsweisen zu gelangen, kann die Analyse von beobachteten Spielsituationen sein. In der beschriebenen Beobachtungssituation lassen sich Anhaltspunkte finden, die eine Verwendung der Begriffe Erkunden, Anwenden und Verdeutlichen nahelegen. Eine Situation in der Kinder ausprobieren, welche Länge ein Bauklotz haben muss, um als Dach für ein Gebäude zu dienen, ließe sich als „Erkunden" beschreiben. Die Situation, in der Kinder mit Baumaterialien nach einem ganz bestimmten Schema einen Turm entstehen lassen, könnte man als „Anwenden" im Sinne des Fortsetzens eines erkannten/ bekannten Musters bezeichnen. Im Prozess der Entwicklung des Grundrisses findet ein Verdeutlichen der erkannten Zusammenhänge statt, wenn die Höhe und der Umfang des Turmes zueinander in Beziehung gesetzt werden oder die Form des Grundrisses festgestellt wird.

Ausgehend von diesen drei Begriffen kann man bei einem zweiten Blick in die Literatur dann doch wieder interessante Zusammenhänge entdecken. So beschreibt z.B. Lee (2010) folgende drei Phasen der Ideenentwicklung: Kreieren, Durcharbeiten und Entdecken. Dabei gibt es Gemeinsamkeiten hinsichtlich ihres Verständnisses der Begriffe und den oben vorgeschlagenen Arbeitsweisen. Kreieren wird als Abbilden und Re-Produzieren bereits verinnerlichter Strukturen verstanden und weist damit Überschnitte zum Verdeutlichen auf. Durcharbeiten bedeutet für Lee, dass ein Frageaspekt oder eine noch nicht erschlossene Struktur für den einzelnen Menschen in den Vordergrund rückt, die wiederholte Reproduktion eines bestimmten Themas oder Problems ist dafür kennzeichnend. Beides sind Aspekte die auch dem Begriff Anwenden zugeschrieben werden könnten. Entdecken zeichnet sich laut Lee dadurch aus, dass eine neue Struktur durch Optimieren oder Modifizieren erschlossen wird. Erkunden kann ganz ähnlich verstanden werden, auch dabei geht es um das Erschließen einer neuen Struktur.

Geht man weiter zurück in der mathematikdidaktischen Literatur, findet man bei Winter (1975) die Formulierung von vier allgemeinen Lernzielen. Der Unterricht soll dem Schüler Möglichkeiten geben…

- …schöpferisch tätig zu sein.
- … rationale Argumente zu üben.
- … die praktische Nutzbarkeit der Mathematik zu erfahren.

- … formale Fertigkeiten zu erwerben.

Jedem dieser Lernziele schreibt Winter mathematische Aktivitäten auf unterschiedlichen Niveaus zu. Zumindest was die ersten drei Lernziele betrifft, gibt es Überschneidungen zu den Aktivitäten, die nach erstem Ermessen Teil von Erkunden, Verdeutlichen und Anwenden sein können. Ob diese drei Bezeichnungen die zentralen mathematischen Arbeitsweisen darstellen und damit als Oberbegriffe für jeweils bestimmte mathematische Aktivitäten tragfähig sind, wird erst die Analyse weiterer Videodokumente zeigen.

3 Fazit

Im Licht der Fröbelschen Gründungsgedanken erscheint die Hinwendung der Fachkräfte zur mathematischen Bildung keinesfalls zu einer Verschulung der Kindergärten führen zu müssen. Die genaue Beobachtung der Interessen der Kinder, wie sie Fröbel selbst schildert, und eine fundierte Kenntnis der mathematischen Inhalte ermöglicht eine Begleitung der Kinder, bei der sie sowohl in ihrem jetzigen Sein als auch in ihrem Werden und Lernenwollen ernst genommen werden; dies wurde am Beispiel von Bauklötzen sichtbar gemacht. Diese sind seit Fröbel zum selbstverständlichen Spielmaterial für Kinder geworden. Auch wenn seine didaktischen Absichten zum Teil in den Hintergrund getreten sind, zeigt sich bei der Analyse von Spielsituationen, dass Kinder mit Bauklötzen mathematische Zusammenhänge erkunden, und erkannte Strukturen sowohl anwenden als auch verdeutlichen.

Die schon von Fröbel begonnene Praxisforschung kann die Qualität von Ausbildung und Einrichtungen steigern. Der dazugehörige Theorierahmen wird heute an den Hochschulen entwickelt, wie in Kapitel 2 exemplarisch dargestellt ist. Dabei zeigt sich unter anderem, dass eine umfassende Darstellung des mathematischen Potenzials, das sich in Spielsituationen ergeben kann, nur unter Berücksichtigung von sowohl inhaltlich mathematischen Aspekten als auch allgemeinen mathematischen Arbeitsweisen möglich ist.

4 Literatur

Bönig, D. (Hrsg.) (2010). *Mathematik, Naturwissenschaft & Technik.* Berlin: Cornelsen Scriptor.

Bundesministerium für Familie, Senioren, Frauen und Jugend (Hrsg.) (2011). *Männliche Fachkräfte in Kindertagesstätten: Eine Studie zur Situation von Männern in Kindertagesstätten und in der Ausbildung zum Erzieher.* Berlin: Publikationsversand der Bundesregierung.

Clements, D. H. & Sarama, Julie (2009). *Learning and teaching early math. The learning trajectories approach.* New York: Routledge.

Fröbel, F. (1984a). Das kleine Kind oder die Bedeutsamkeit des allerersten Kindestuns. In E. Hoffmann, E. (Hrsg.), *Kleine Schriften und Briefe von 1809 - 1851*. Stuttgart: Klett-Cotta.

Fröbel, F. (1984b). Drei Erstdrucke. In E. Hoffmann (Hrsg.), *Die Spielgaben*. Stuttgart: Klett-Cotta.

Fröbel, F. (1984c). Drei Spiele aus den „Mutter- und Koseliedern". In E. Hoffmann (Hrsg.), *Kleine Schriften und Briefe von 1809 - 1851*. Stuttgart: Klett-Cotta.

Fröbel, F. (1984d). Einführung der vierten Gabe. Das vierte Spiel des Kindes. In E. Hoffmann (Hrsg.), *Die Spielgaben*. Stuttgart: Klett-Cotta.

Fthenakis, W. E (2009). *Frühe mathematische Bildung*. Troisdorf: Bildunsgverlag EINS.

Henschen, E. (2011). Mathematisches Potenzial von Spielsituationen im Kindergarten, beispielhaft dargestellt an Aktivitäten in einer "Bauecke". In R. Haug, & L. Holzäpfel (Hrsg.), *Beiträge zum Mathematikunterricht*. Vorträge auf der 45. Tagung für Didaktik der Mathematik vom 21.02.2011 bis 25.02.2011 in Freiburg. http://www.mathematik.tu-dortmund.de/ieem/bzmu2011/BzMU11_Gesamtdatei.pdf [18.03.2012].

Hoenisch, N. & Niggemeyer, E. (2007). *Mathe-Kings. Junge Kinder fassen Mathematik an*. 2., vollst. überarb. Aufl. Weimar: Verl. das Netz.

Hoffmann, D. (2004). Frühkindliche Bildung – ein neues Konzept? Zur Entwicklung frühpädagogischer Einrichtungen in Ost- und Westdeutschland vom Zweiten Weltkrieg bis heute. In D. Kirchhöfer, K. Neumann, G. Neuner & C. Uhlig (Hrsg.), *Bewahranstalt oder Kreativschule? Bildung in der frühen Kindheit in Deutschland im 20. Jahrhundert – Empirie, Theorie, Utopie*. Berlin: trafo-Verlag.

Janssen, R. (2010): *Die Ausbildung Frühpädagogischer Fachkräfte an Berufsfachschulen und Fachschulen: Eine Analyse im Ländervergleich*. http://www.weiterbildungsinitiative.de/uploads/media/Janssen.pdf [12.09.2012].

Kaufmann, S. (2010): *Handbuch für die frühe mathematische Bildung*. Braunschweig: Schroedel.

Konferenz der Kultusminister (KMK) (2004). Beschlüsse der Kultusministerkonferenz. Bildungsstandards im Fach Mathematik für den Primarbereich. (Jahrgangsstufe 4). http://www.kmk.org/fileadmin/veroeffentlichungen_beschluesse/2004/2004_10_15-Bildungsstandards-Mathe-Primar.pdf [03.08.2010].

Krauthausen, G. & Scherer, P. (2010). *Einführung in die Mathematikdidaktik*. 3. Aufl., Nachdr. Heidelberg: Spektrum Akad. Verl.

Lee, K. (2010). *Betrifft Kinder - Kinder erfinden Mathematik. Gestaltendes Tätigsein mit gleichem Material in großer Menge*. Weimar: Verl. das Netz.

Lost, Ch. (2004). Bildung nach Fröbel. In D. Kirchhöfer, K. Neumann, G. Neuner & C. Uhlig (Hrsg.), *Bewahranstalt oder Kreativschule? Bildung in der frühen Kindheit in Deutschland im 20. Jahrhundert – Empirie, Theorie, Utopie*. Berlin: trafo-Verlag.

National Council of Teachers of Mathematics (2005). *Principles and standards for school mathematics*.4. print. Reston, Va.: National Council of Teachers of Mathematics.

Peter-Koop, A. & Grüßing, M. (2007). Bedeutung und Erwerb mathematischer Vorläuferfähigkeiten. In C. Brokmann-Nooren, I. Gereke, H. Kiper & W. Renneberg (Hrsg.), *Bildung und Lernen der Drei- bis Achtjährigen*. Bad Heilbrunn: Klinkhardt.

Rathgeb-Schnierer, E. (2008): Mathematik im Kindergarten entdecken und erfinden - Konkretisierung eines Konzepts zur mathematischen Denkentwicklung am Beispiel von Perlen. In B. Daiber, I. Weiland (Hrsg.), *Impulse der Elementardidaktik. Eine gemeinsame Ausbildung für Kindergarten und Grundschule*. Baltmannsweiler: Schneider Verl. Hohengehren.

Royar, Th. (2005). *Pläne zur mathematischen Bildung im Elementarbereich – Ein kritischer Vergleich des Entwicklungsstandes in einzelnen Bundesländern*. http://www.erato.fh-erfurt.de/so/homepages/wagner/Zuindex/Lehre/Baerz/Mathe%20Kiga.pdf [11.09.2012].

Sebastian, U. (2004). Fröbels Kindergarten - eine Alternative für heute?. In D. Kirchhöfer, K. Neumann, G. Neuner & C. Uhlig (Hrsg.), *Bewahranstalt oder Kreativschule? Bildung in der frühen Kindheit in Deutschland im 20. Jahrhundert – Empirie, Theorie, Utopie* (S. 31). Berlin: trafo-Verlag.

Vogel, R. (2008). Mathematik im Kindergartenalltag entdecken und erfinden - Konkretisierung eines Konzepts zur mathematischen Denkentwicklung am Beispiel von Bewegung und Raum. In B. Daiber, I. Weiland (Hrsg.), *Impulse der Elementardidaktik. Eine gemeinsame Ausbildung für Kindergarten und Grundschule*. Baltmannsweiler: Schneider Verl. Hohengehren .

Winter, H. (1975). Allgemeine Lernziele im Mathematikunterricht? (7). In: *Zentralblatt für Didaktik der Mathematik*, 3, S. 106–116.

Spielend Mathematik lernen?

Bedingungen für die Entstehung mathematischer Lerngelegenheiten im Kindergarten

Stephanie Schuler,
Pädagogische Hochschule Freiburg

Kurzfassung: Wie kann im Kindergarten spielend Mathematik gelernt werden? Im Folgenden soll am Beispiel eines Gesellschaftsspiels aufgezeigt werden, dass die Auswahl von Materialien mit mathematischem Potenzial eine zentrale Bedingung für die Entstehung mathematischer Lerngelegenheiten darstellt, dies aber im besonderen Kontext der formalen Offenheit nicht ausreicht. Anhand einer Spielsituation wird die Generierung weiterer Bedingungen exemplarisch aufgezeigt.

1 Besonderheiten des Lernorts Kindergarten

Mathematiklernen im Kindergarten ist durch die Besonderheiten des Lernorts beeinflusst. Dieser zeichnet sich im Unterschied zur Schule durch formale Offenheit auf verschiedenen Ebenen aus:

- In Bildungsplänen für den Kindergarten sind Ziele und nicht Standards formuliert.
- Der Kindergartenalltag wird durch das Freispiel und Angebote in verschiedenen Bildungsbereichen und nicht durch Unterricht in Fächern strukturiert.
- In offenen Räumen werden Materialien und nicht Aufgaben angeboten.

Im Alltag des Kindergartens zeigt sich formale Offenheit in einer Wahlfreiheit der Räume, der Materialien, der Spielpartner und der Verweildauer. In diesem Alltag treten mathematische Aktivitäten selten spontan auf, und wenn sie auftreten, werden sie von Erzieherinnen meist nicht mathematisch gedeutet und aufgegriffen (vgl. Stöckli & Stebler, 2011).

Während sich in der Schule insbesondere die Frage nach guten Aufgaben und Lernumgebungen (vgl. z. B. Hengartner u. a., 2006) sowie im Anfangsunterricht darüber hinaus nach geeigneten Arbeitsmitteln stellt (vgl. Radatz u. a., 1996), gilt es im Kindergarten geeignete Materialien für eine mathematische Bildung in formal offenen Kontexten auszuwählen.

Eine Möglichkeit, mathematische Aktivitäten im Kontext der formalen Offenheit anzuregen, ist der Ansatz *Spiele* bzw. *Spielen*. Dafür können mehrere Argumente ins Feld geführt werden:

- *Spiele* sind gängige Materialien im Kindergarten.
- *Spielsituationen* sind ein kindergartentypisches didaktisches Setting.
- (Gesellschafts-) *Spiele* weisen viele Bezüge zum Zahlbegriff, einem zentralen Bereich früher mathematischer Bildung, auf.
- *Spielerisches Lernen* kann als die Hauptform des Lernens im frühen Kindesalter bezeichnet werden (vgl. Oerter, 2006; Heinze, 2007; Mackowiak u. a., 2008; Ott, 2008).

Um den Spiel(e)ansatz zu präzisieren, wurden Spiele im Kindergarten eingesetzt, die zuvor auf ihr mathematisches Potenzial untersucht wurden.

2 Erkenntnisinteresse und Forschungsprozess

Dem Forschungsvorhaben liegt die Frage zugrunde, in welcher Form und unter welchen Voraussetzungen und Bedingungen mathematische Bildung in *alltäglichen* Zusammenhängen im Zuge einer ganzheitlichen frühen Bildung in *altersgemischten* Kindergartengruppen realisiert werden kann.

Um Bedingungen für die Realisierung mathematischer Bildung im Kindergartenalltag zu erforschen, musste im Rahmen des Forschungsvorhabens zunächst ein didaktisches Setting entwickelt werden. Bei der Entwicklung des Settings greifen die Analyse von Materialien und die Analyse von Spielsituationen mit diesen Materialien ineinander (vgl. Abb. 1). Im mehrmaligen Durchlaufen des Zirkels aufgrund verschiedener Erhebungsphasen und der kontinuierlichen Auswertung der Daten konnten darüber hinaus Kriterien zur Materialbewertung entwickelt werden. Dieser Kriterienkatalog wurde durch die empirische Studie zunehmend ausgeschärft (vgl. Schuler, 2008; Schuler, 2012 i.Vorb.).

Methodologisch und methodisch lehnt sich das Forschungsvorhaben aufgrund der kontinuierlichen Datenerhebung und Datenauswertung an die Grounded Theory an (vgl. Strauss & Corbin, 1996). Durch den Einsatz von Videotechnik bei der Datenerhebung und durch die Aufbereitung von Ton- und Bilddaten in Form von Verbaltranskripten, Paraphrasen, Standbildern und Skizzen, ergibt sich außerdem ein Bezug zur Videographie (vgl. Dinkelaker & Herrle, 2008).

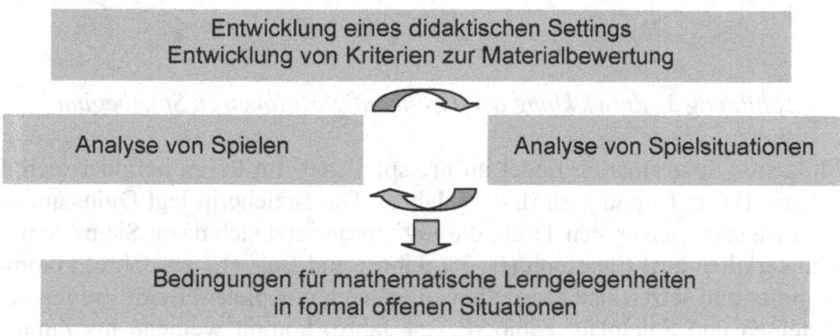

Abbildung 1: Zirkulärer Prozess der Erforschung mathematischer Lerngelegenheiten

Ergebnis des zirkulären Forschungsprozesses sind Bedingungen für die Entstehung mathematischer Lerngelegenheiten in formal offenen Situationen. Die Ergebnisse sollen im Folgenden exemplarisch anhand einer Spielsituation erläutert und illustriert werden.

3 Spielsituation Quips

Quips ist ein Anzahl-Legespiel, bei dem Anzahlen durch Zählen, Erfassen und das Wiedererkennen von Würfelbildern bestimmt werden können. Es ermöglicht den Vergleich von Mengen und die Zerlegung in Teilmengen (vgl. Abb. 2).

Quips (Ravensburger)
Spieler: 2 bis 4
Material: 4 Legetafeln, 90 Holzspielsteine in 6 Farben, 1 Farbwürfel, 1 Augenwürfel mit den Anzahlen eins bis drei.
Spielregeln: Jeder Spieler bekommt eine Legetafel. Es wird mit dem Augen- und dem Farbwürfel gleichzeitig gewürfelt. Die beiden Würfel bestimmen die Farbe und wie viele Steine dieser Farbe aus der Schachtel genommen werden dürfen. Diese werden in die farbgleichen Felder der eigenen Tafel gesetzt. Steine, für die kein Platz mehr frei ist, müssen zurück in die Schachtel gelegt oder können an einen anderen Spieler verschenkt werden. Es gewinnt, wer als Erster seine Tafel gefüllt hat.

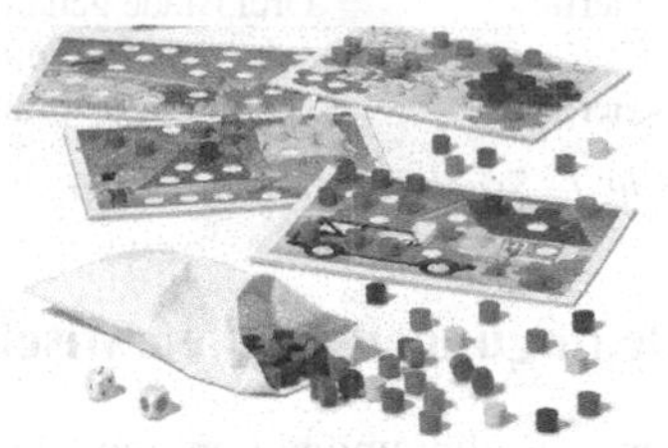

Abbildung 2: Spielregeln zu „Quips" (Bildquelle www.amazon.de)

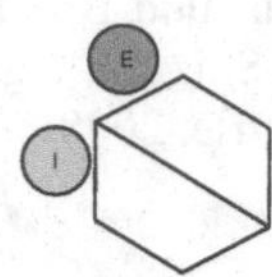

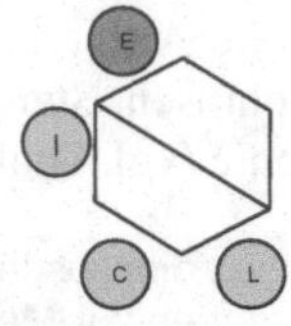

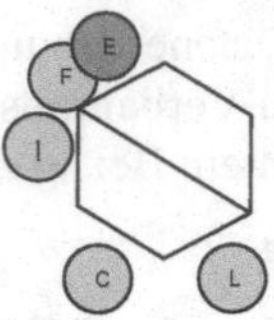

Abbildung 3: Entwicklung der Tischkonfigurationen zu Spielbeginn

Die folgende Spielsituation findet im Freispiel statt. Im Raum befinden sich die Erzieherin (kurz: E) und Lisa (l, 2;11 Jahre). Die Erzieherin legt Quips auf den Tisch. Lisa setzt sich an den Tisch, die Erzieherin setzt sich dazu. Sie packen die Spielmaterialien aus. Christoph (C, 3;1 Jahre) und Luis (L, 3;0 Jahre) kommen ins Zimmer und setzen sich dazu. Sie wollen auch mitspielen. Beide greifen nach Spielsteinen und Spielplan. Fabio (F, 2;4 Jahre) kommt weinend ins Zimmer. Die Erzieherin nimmt ihn auf den Schoß (vgl. Abb. 3).

In der zweiten Spielrunde ergibt sich folgende Situation:

Lisa	*würfelt*
Erzieherin:	Oi, was hast du da für ne Zahl?
Lisa:	Eins, drei, vier. *Lisa tippt auf jedes Auge*
Erzieherin:	Soll mer mal zusammen zählen, schau mal *hebt den Daumen* eins
Lisa:	Zw
Lisa und Erzieherin:	zwei, drei, vier. *Erzieherin klappt vier Finger auf*
Erzieherin:	Und jetzt zählen wir noch mal zusammen hier. *Zeigt auf den Augenwürfel, Fabio stapelt rosa Steine auf dem Spielplan*
Lisa und Erzieherin:	Eins, zwei, drei. *Lisa tippt auf jedes Auge.*
Erzieherin:	Und welche Farbe darfst du nehmen? *Fabio zeigt auf seinen Turm.*
Lisa:	Blau.
Erzieherin:	*Zu Fabio* Du sollst hier kein Turm bauen.
Lisa:	Blau.
Erzieherin:	Drei Blaue genau.
Lisa:	*schaut auf ihren Plan* Zwei blau.
Erzieherin:	O stimmt, du brauchst nur zwei.

Tabelle 1: Spielsituation mit Lisa

4 Bedingungen mathematischer Lerngelegenheiten beim Spielen

Folgende Bedingungen konnten aus den Daten in Verknüpfung mit der Literaturlage entwickelt werden (vgl. auch Abb. 5).

4.1 Mathematisches Potenzial

Das mathematische Potenzial eines Spiels stellt eine Grundvoraussetzung für die Entstehung mathematischer Lerngelegenheiten dar. Doch auch wenn ein Spiel mathematisches Potenzial aufweist, bedeutet dies nicht zwangsläufig, dass beim Spielen mathematische Lerngelegenheiten entstehen. In der obigen Spielsituation lassen sich sowohl inhaltsbezogene als auch allgemeine mathematische Aktivitäten beobachten (vgl. Abb. 4). So sagt Lisa nicht nur die *Zahlwortreihe* auf und bestimmt *Anzahlen*, sondern sie *vergleicht* ihre gewürfelte Anzahl mit der benötigten Anzahl blauer Steine auf ihrem Spielplan. Darüber hinaus *argumentiert* sie mit der Erzieherin, dass sie obwohl sie drei gewürfelt hat, trotzdem nur zwei Blaue benötigt.

Zahlbezogene mathematische Aktivitäten	Allgemeine mathematische Aktivitäten	
▪ Verbale Zählfertigkeiten ▪ Anzahlbestimmung durch Zählen ▪ Anzahlbestimmung durch Erfassen ▪ Mengen vergleichen ▪ Mengen zerlegen	▪ Vergleichen ▪ Ordnen ▪ Sortieren ▪ Strukturieren	▪ Beschreiben ▪ Vermuten ▪ Prüfen ▪ Begründen ▪ Argumentieren

Abbildung 4: Mathematisches Potenzial in Spielsituationen

4.2 Aufforderungscharakter

Der Anreiz, sich am Spiel zu beteiligen, kann sowohl vom Material als auch von der Situation ausgehen. Es kann zwischen einem *materialbezogenen* (Steine setzen, versetzen und stapeln) und einem sozialen *Aufforderungscharakter* (Vergrößerung der Spielgruppe, vgl. Abb. 3) unterschieden werden. Beide Arten können in der obigen Situation beobachtet werden. Die Handlungen aus denen auf den materialbezogenen Aufforderungscharakter geschlossen wird, wurzeln in der Beschaffenheit des Materials (vgl. Wygotski 1933/80). Beim gemeinsamen Spiel nach Regeln müssen diese Handlungen aufgeschoben bzw. in einer bestimmten Reihenfolge und Form ausgeführt werden.

4.3 Engagiertheit

Engagiertheit stellt eine wichtige Bedingung für die Aufrechterhaltung eines Spiels dar. Fehlende Engagiertheit kann hingegen zu Spielabbrüchen führen. In der obigen Szene lassen sich insbesondere handelnde und verbale Involviertheit beobachten (für Kategorien zur Erfassung von Engagiertheit vgl. Laevers 1997). Fabio stapelt Steine und zeigt dies der Erzieherin. Lisa befindet sich im verbalen Austausch mit der Erzieherin über den eigenen Spielzug. Jedoch verlassen Fabio, Christoph und Luis die Spielsituation, da ihr Zugang von der Erzieherin unterbunden wird.

4.4 Präsenz der Erzieherin

Erzieherinnen reagieren im Kontext der formalen Offenheit häufig mit geteilter Aufmerksamkeit, beispielsweise dann, wenn Kinder verschiedene Zugänge zum

Material finden. Lisa spielt das Spiel nach Regeln, wohingegen sich bei Fabio der Aufforderungscharakter des Materials auf andere Weise zeigt: Er stapelt Steine. Die Erzieherin wendet sich beiden Kindern gesondert zu: Mit Lisa findet eine *inhaltlich ausgerichtete Kommunikation* statt, in der sowohl inhaltsbezogene als auch allgemeine mathematische Lerngelegenheiten entstehen, während sie Fabio auffordert, das Turmbauen zu beenden. Für ihn können durch die fehlende inhaltliche Ausrichtung und dem Bestreben der Erzieherin nach einem gemeinsamen Spiel entsprechend der Regeln in dieser Situation keine mathematischen Lerngelegenheiten entstehen. Die Präsenz in geteilter Aufmerksamkeit ermöglicht nicht für alle Kinder gleichermaßen Lerngelegenheiten.

4.5 Integration verschiedener Rollendimensionen

Die Erzieherin hat in der Spielsituation unterschiedliche Interaktionsmöglichkeiten. Die verschiedenen Rollendimensionen spannen sich auf zwischen dem Beobachten und dem direktem Instruieren in Form von Vormachen oder Erklären (vgl. Textor 2000, Leuchter 2009). Verschiedene Rollendimensionen müssen von der Erzieherin integriert werden, da diese Dimensionen in der Lernbegleitung unterschiedliche Funktionen übernehmen. In der obigen Spielsituation interagiert bzw. kommuniziert die Erzieherin in der folgenden Weise:

- Sie macht vor und begleitet verbal: Schau mal *hebt den Daumen* eins, zwei, drei, vier. *Klappt vier Finger auf.*
- Sie stellt enge Fragen: Was hast du für ne Zahl?
- Sie fordert auf: Und jetzt zählen wir noch mal zusammen hier.
- Sie kommentiert Spielzüge: Drei Blaue genau.

Das Vormachen dient der Vermittlung von Konventionen bei Fehlern. Enge Fragen und Aufforderungen bedingen inhaltsbezogene Lerngelegenheiten wie die Anzahlbestimmung. Kommentare führen neben inhaltsbezogenen auch zu allgemeinen mathematischen Lerngelegenheiten, da sie eine Kommunikation der wechselseitigen Bezugnahme zulassen und begünstigen.

5 Fazit

Spielsituationen im Kindergarten sind bestimmt durch das Spielmaterial und die Spielregeln, die Mitspieler bzw. Zuschauer und die Erzieherin.

Diese Bestimmungsgrößen lassen sich im Kontext der formalen Offenheit entsprechend den Ausführungen in Abschnitt 4 ausdifferenzieren und präzisieren (vgl. Abb. 5). Während das mathematische Potenzial auf das Spielmaterial und die Regeln verweist, stehen der Aufforderungscharakter und die Engagiertheit vor allem in Bezug zu den mitspielenden oder auch zuschauenden Kindern. Die Präsenz und die Kommunikation fokussieren hingegen auf die Erzieherin. Die Erzieherin wählt jedoch auch die Materialien aus und führt die Regeln ein. Sie kreiert das soziale Setting *Spiel*, das Kinder zum Mitspielen oder Zuschauen anregen kann.

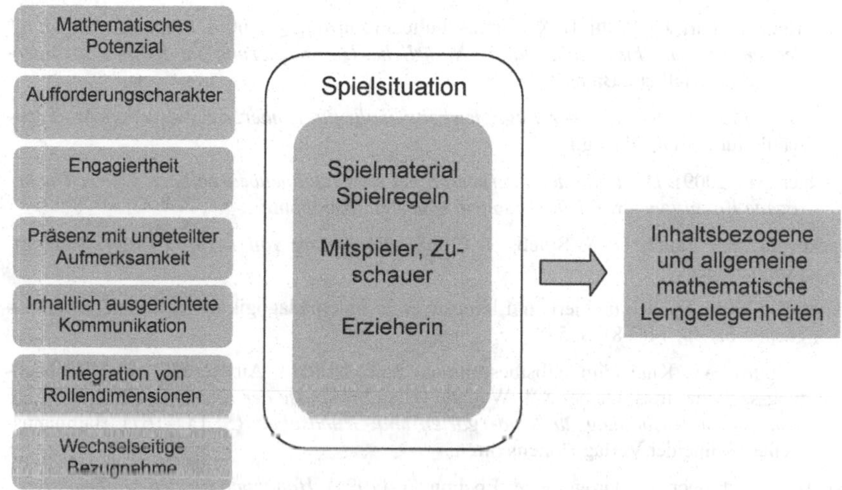

Abbildung 5: Bedingungen mathematischer Lerngelegenheiten

Für die Erzieherin ergeben sich in Spielsituationen im Kontext der formalen Offenheit zahlreiche Herausforderungen. Sie muss

- die Spiele begründet auswählen,
- die Spielaufnahme und die Spielaufrechterhaltung der Kinder anregen,
- sowie individuelle mathematische Herausforderungen für die Kinder schaffen.

Es wird deutlich, dass es entscheidend auf die Erzieherin ankommt, sie aber die Situation nicht steuern, sondern lediglich gemeinsam mit den Kindern gestalten kann. Das mathematische Potenzial stellt somit eine wichtige Bedingung für die Entstehung mathematischer Lerngelegenheiten dar, ist aber keineswegs hinreichend. Entscheidend ist die Beteiligung aller Kinder am Spielgeschehen. Insbesondere die verbale Involviertheit in einer auf das Material und die Spielzüge ausgerichteten Kommunikation ermöglicht die Entstehung vielfältiger mathematischer Lerngelegenheiten für alle Kinder.

6 Literatur

Dinkelaker, J. & Herrle, M. (2009). *Erziehungswissenschaftliche Videographie. Eine Einführung*. Wiesbaden: VS Verlag.

Heinze, S. (2007). Spielen und Lernen in Kindertagesstätte und Grundschule. In C. Brokman-Nooren, I. Gereke, H. Kiper & W. Renneberg (Hrsg.), *Bildung und Lernen der Drei- bis Achtjährigen* (S. 266–280). Bad Heilbrunn: Klinkhardt.

Hengartner, E., Hirt, U., Wälti, B. & Primarschulteam Lupsingen (2006). *Lernumgebungen für Rechenschwache bis Hochbegabte. Natürliche Differenzierung im Mathematikunterricht*. Zug: Klett und Balmer.

Laevers, F. (1997). *Die Leuvener Engagiertheits-Skala für Kinder. LES-K*. Erkelenz: Fachschule für Sozialpädagogik.

Leuchter, M. (2009). *Die Rolle der Lehrperson bei der Aufgabenbearbeitung. Unterrichtsbezogene Kognitionen von Lehrpersonen*. Münster: Waxmann.

Mackowiak, K., Lauth, G. & Spieß, R. (2008). *Förderung von Lernprozessen*. Stuttgart: Kohlhammer.

Oerter, R. (2006). Spielen und lernen. Elemente einer Spielpädagogik in der Schule. *Schulmagazin 5 bis 10,* 74(7-8), S. 5–8.

Ott, I. (2008). Wie Kinder im selbstbestimmten Spiel lernen – Auswertung einer Beobachtungssequenz. In B. Daiber & I. Weiland (Hrsg.), *Impulse der Elementardidaktik – Eine gemeinsame Ausbildung für Kindergarten und Grundschule* (S. 147–167). Baltmannsweiler: Schneider Verlag Hohengehren.

Radatz, H., Schipper, W., Dröge, R. & Ebeling, A. (1996). *Handbuch für den Mathematikunterricht. 1. Schuljahr*. Hannover: Schroedel.

Schuler, S. (2008). Was können Mathematikmaterialien im Kindergarten leisten? – Kriterien für eine gezielte Bewertung. *Beiträge zum Mathematikunterricht*. Hildesheim: Franzbecker. http://www.mathematik.tu-dortmund.de/ieem/cms/media/BzMU/BzMU2008/BzMU2008/BzMU2008_SCHULER_Stephanie.pdf [06.06.2008].

Schuler, S. (2012, i.Vorb.). *Zur Gestaltung mathematischer Bildung im Kindergarten in formal offenen Situationen – eine Untersuchung am Beispiel von Materialien und Spielen zum Erwerb des Zahlbegriffs*.

Stöckli, G. & Stebler, R. (2011). *Auf dem Weg zu einer neuen Schulform. Unterricht und Entwicklung in der Grundstufe*. Münster: Waxmann.

Strauss, A. L. & Corbin, J. (1996). *Grounded theory: Grundlagen qualitativer Sozialforschung*. Weinheim: Beltz.

Textor, M. R. (2000). Lew Wygotski – der ko-konstruktive Ansatz. In W. E. Fthenakis & M. R. Textor (Hrsg.), *Pädagogische Ansätze im Kindergarten* (S. 71–83). Weinheim, Basel: Beltz.

Wygotski, L. S. (1933/80): Das Spiel und seine Bedeutung in der psychischen Entwicklung des Kindes, In: E., Daniil (Hrsg.), *Psychologie des Spiels. Studien zur kritischen Psychologie* (S. 441–465). Köln: Pahl-Rugenstein Verlag.

Primarstufe

„Die gehören doch zur Fünf!"

Teil-Ganzes-Verständnis und seine Bedeutung für die Entwicklung mathematischen Verständnisses

Jutta Schäfer,
Pädagogische Hochschule Ludwigsburg

Kurzfassung: Im Rahmen dieses Beitrags werden zunächst Überlegungen zur Bedeutung von Teile-Ganzes-Vorstellungen als Brückenglied für den Erwerb einer sicheren Rechenfertigkeit angestellt. Anschließend wird anhand von Fallbeispielen aufgezeigt, warum ordinal geprägtes Anzahlverständnis und die Strategie des Weiterzählens in eine Sackgasse münden und den Erwerb von Teil-Ganzes-Verständnis blockieren können. Abschließend wird über die Bedeutung von Einzelfallanalysen für die Kompetenzentwicklung von Lehrkräften und die Theorieentwicklung nachgedacht und es werden zukünftige Forschungsinteressen formuliert.

1 Theorie des Teil-Ganzes-Konzepts

Ein Ganzes oder „das Ganze" bezeichnet diskrete Objekte oder Kollektionen (Sets) von Objekten bzw. Dingen, Lebewesen oder Personen, den „Teilen" des Ganzen. Das Ganze kann sich aus einer oder mehreren (Teil-) Ganzheiten zusammensetzen. Zum Beispiel können Wohnungen eines Wohnblocks als Ganzheit betrachtet werden. Eine Familie (das Ganze) besteht aus mehreren Familienmitgliedern (den Teilen) und ist als solche Teil eines größeren Familienverbands (eines übergeordneten Ganzen). Stets geht es darum, dass und wie „das Ganze" zu seinen (Bestand)-„Teilen" in Beziehung steht und es sind diese Beziehungen, durch die ein Ganzes sich konstituiert. Die Beziehung selbst ist nicht sinnlich wahrnehmbar, sondern muss vom Individuum, ob Betrachter oder Hörer, konstruiert werden.

Teile-Ganzes-Beziehungen existieren in zahllosen Feldern. Sie finden sich unter anderem in der bildenden Kunst, der Musik und der Schriftsprache – zum Beispiel im Zusammenhang von Buchstaben und Wörtern, aber auch wenn es um

Beziehungen zwischen Wörtern und Sätzen geht. In der Mathematik findet man Teil-Ganzes-Beziehungen beispielsweise im Bereich zusammengesetzter Flächen oder Körper sowie beim Bruch- und Prozentrechnen.

1.1 Entwicklung von mengen- und anzahlbezogenem Teil-Ganzes-Verständnis

Vorzahlige (protoquantitative) Teile-Ganzes-Vorstellungen, die sich auf das Verhältnis von Mengen und deren Teilen beziehen, erwerben Kinder bereits in der frühen Kindheit. Resnick (1989) bezeichnet die Fähigkeit zum einfachen Mengenvergleich als das erste von insgesamt drei protoquantitativen Schemata, mit deren Hilfe Kinder systematische Beziehungen zwischen Quantitäten entdecken und sie sprachlich beschreiben.

Vergleichsschema (compare-schema)

Kleinkinder verwenden bereits Begriffe wie „viel“ und „wenig“ zum Beurteilen von Quantitäten (Objektgruppen, Mengen). Greenspan und Shanker (2007) betonen, dass der Erwerb dieser Begriffe eng an emotional bedeutsame Situationen gekoppelt ist:

> *„‚Sehr viel' ist mehr, als ein Kind erwartet. ‚Sehr wenig' ist weniger als erwartet. ‚Mehr' ist ein Hinweis auf etwas Gutschmeckendes (...). ‚Nah' ist das Anschmiegen an die Mutter. ‚Später' meint ungeduldiges Wartenmüssen.“* (ebd., S. 63)

Resnick weist darauf hin, dass die Fähigkeit zum Vergleichen auf dieser frühen Stufe ausschließlich auf der Wahrnehmungstätigkeit beruht:

> *„It is useful to think of these judgments as based on a protoquantitative comparison schema, one that operates perceptually, without any measurement process“.* (Resnick1989, 163).

Kühnel unterschied bereits 1916 zwei Arten des Vergleichens beim kleinen Kind: *urteilendes* und *messendes* Vergleichen, beides in einer „rohen“ und präzisen Ausprägung (Kühnel 1966, 24). Das protoquantitative Schema des Vergleichs kann dem *urteilenden Vergleichen* zugeordnet werden. Kinder, die die Fähigkeit zum urteilenden Vergleichen erworben haben, können zunehmend Objekte oder Gegenstände gedanklich oder handelnd zusammenfassen, das heißt Klassen bilden.

Sie wissen in einfachen Kontexten schon: ‚Das gehört dazu und das da auch, aber das hier nicht.' Ein Kind, das gezielt in der entsprechenden Schublade oder im Regalfach nach etwas sucht, hat vermutlich dieses einfachste Mengenverständnis erworben und kann in der Vorstellung (gedanklich vorwegnehmend) *Ort* und zugehörigen *Gegenstand* miteinander verknüpfen (‚Bälle gehören in *die* Kiste.‘).

Krajewski (2009) verortet den Erwerb der Fähigkeit zur Mengenunterscheidung in ihrem Entwicklungsmodell auf der Ebene der Numerischen Basisfertigkeiten. Auf dieser ersten Kompetenzebene erwerben Kinder ein basales Verständnis für den Umgang mit Mengen. Das bedeutet, Kinder erwerben ein erstes Verständnis von Zugehörigkeit („Mengenbegriff“) und die Fähigkeit, Mengen zu vergleichen („Mengenvergleich“).

2 Mit dem Zahlwort ist nie und nimmer der Zahlbegriff gegeben[1]

Parallel zur Entwicklung des Mengenverständnisses und des einfachen (direkten) Mengenvergleichs, lernen Kinder in der Regel ab dem zweiten Lebensjahr Zahlwörter kennen, unterscheiden sie von anderen Wörtern und beginnen damit, die Zahlwortreihe auswendig zu reproduzieren. Mengen- und zahlbezogene Fertigkeiten entwickeln sich auf der ersten Ebene „Basisfertigkeiten“ zwar zeitlich parallel, aber inhaltlich relativ unverbunden nebeneinander, so dass Zahlworte und Zahlwortreihe noch nicht mit den dahinter stehenden Mengen (Anzahlen) in Verbindung gebracht werden. In der Praxis bedeutet dies, dass Kinder die Zahlwortreihe noch nicht als *Werkzeug* für die Anzahlerfassung oder den Mengenvergleich nutzen. Letzterer erfolgt beispielsweise über wahrnehmungsgebundene Mechanismen (vgl. Dornheim, 2008) oder einen Eins-zu-eins-Vergleich. Die Zahlenfolge wird nur manchmal benutzt, um Elemente in eine feste Reihenfolge zu bringen, aber noch nicht zum Ermitteln des ‚wie viele?‘

Auf der nächsten Ebene in Krajewskis Entwicklungsmodell, dem Anzahlkonzept, gehen Mengenbegriff und Zahlenfolge eine Synthese ein. Zunehmend versteht das Kind jetzt, dass Zahlen, vor allem Numerale, in der Regel *Anzahlen* repräsentieren. Durch die Verknüpfung mit dem Mengenkonzept bekommen Zahlwörter also *quantitative Bedeutung*. In einer ersten Phase (*unpräzises Anzahlkonzept*) werden Zahlwörter jedoch noch nicht mit exakten Anzahlen in Verbindung gebracht, sondern zunächst nur einem unbestimmten Mengenbegriff zugeordnet (z. B. „viel“). Zuerst werden größere Zahlen (z. B. dreizehn) mit dem Begriff „viel“ und kleinere mit dem Begriff „wenig“ verknüpft. Kinder können viel größere Zahlen (z. B. zwanzig) von viel kleineren Zahlen (z. B. drei) unterscheiden. Sie können jedoch innerhalb dieser groben Mengenkategorien – die

[1] Kühnel (1916); vgl. auch *Piagets* Aussage: Man darf nämlich nicht glauben, das Kind besitze die Zahl schon nur deshalb, weil es verbal zählen gelernt hat.“ (Piaget und Inhelder, 1975, S. 106, zit. nach Krajewski et al. 2009, S. 18).

jeweils ein Kontinuum von Anzahlen repräsentieren – genaue und eng beieinander liegende Anzahlen (wie zehn und elf) noch nicht differenzieren. Aber sie wissen, dass 1000 im kindlichen Denken ‚richtig viel' ist, ‚weil man da ganz lange zählen muss' und 2 nur ‚wenig'.

Etwas später verstehen Kinder, dass „viel" nicht nur bedeutet ‚ziemlich viel (lange) zählen müssen' oder ‚länger sein', sondern dass die Anzahl exakt mit der ausgezählten Menge korrespondiert, dass dieser Menge die zuletzt genannte Zählzahl zugewiesen wird (last word rule) und daraus eine exakte quantitative Ordnung resultiert. Die Zahlenfolge wird damit als *exakte Anzahlfolge* erkannt, es entwickelt sich ein präzises *Anzahlkonzept*. Zahlen stellen jedoch noch keine Abstrakta dar, sondern sind „lediglich Maßmerkmale der es (das Kind) interessierenden Dinge." (Kühnel, 1966, S. 24; Hervorheb. im Orig.).

Mengen und (An-)Zahlen können nun auch mit Hilfe des Zählens nach ihrer „Größe" verglichen werden (vgl. Krajewski, 2006; 2008). Resnick (1989) betrachtet zwar das Zählen als ersten Schritt zum exakten Mengenvergleich, dem Bestimmen quantitativer Urteile. Damit lässt sie aber die Möglichkeit des Eins-zu-Eins-Vergleichs außer Acht, der unabhängig von der Zahlwortreihe ein exaktes Vergleichen von Mengen ermöglicht.

Parallel zum Anzahlkonzept entwickelt sich ein Verständnis von *Mengenrelationen* (dazu gehören auch Beziehungen wie ‚ist größer als' oder ‚ist [ein] Teil von'). Auf der ersten Ebene der numerischen Basisfertigkeiten haben Kinder bereits die erste Stufe eines protonumerischen Mengenverständnisses erworben, in dem sie erfahren haben, dass man Mengen direkt miteinander vergleichen kann. Nun bauen sie dieses Mengenverständnis aus, indem sie zwei weitere protoquantitative Schemata erwerben, welche wesentlich sind für den Aufbau von Zahlverständnis (Resnick, 2009). Bei diesen beiden Schemata handelt es sich um das *Zunahme-Abnahme-Schema*, bei dem Kinder ein Verständnis dafür aufbauen, dass sich Quantitäten nur verändern, wenn etwas zu einer Menge hinzugefügt oder weggenommen wird und um das mengenbezogene Teil-Ganzes-Schema.

Zunahme-/Abnahme-Schema (increase/decrease schema)

Neben der Fähigkeit zum Mengenvergleich interpretieren 3- bis 4-jährige Kinder *Veränderungen an Mengen* (Hinzufügen, Wegnehmen, Umgruppieren). Das Kind auf dieser Stufe seines Mengenverständnisses weiß, ohne dies in Zahlen ausdrücken zu können: Eine Menge wird größer (‚mehr'), wenn ihr etwas hinzugefügt wird, sie wird kleiner (‚weniger'), wenn etwas aus ihr entnommen wird. Kinder verstehen grundsätzlich auch, dass eine Menge gleich bleibt, wenn nichts hinzugefügt oder entfernt wird, lassen sich aber durch sprachliche Formulierungen oder wahrnehmungsgebundene Täuschungen verwirren:

„They can be fooled by perceptual cues or language that distracts them from quantity, but they possess a basic understanding for addition, subtraction and conservation." (Resnick 1989, S. 163).

Teil-Ganzes-Schema (part-whole schema)

Schließlich verstehen Kinder, dass man Ganzheiten („Mengen") zerlegen und neu zusammensetzen oder einzelne Elemente verschieben kann, ohne dass sich am Ganzen etwas ändert. Das protoquantitative Teil-Ganzes-Schema gewinnen Kinder anhand von Alltagserfahrungen des Zusammensetzens und Zerlegens von Ganzheiten. Resnick (ebd.) beschreibt weiter, dass Kinder bereits wissen, dass beispielsweise ein ganzer Kuchen mehr ist als ein Stück davon. Vordergründig widerspricht dies älteren Annahmen zur Klasseninklusion von Piaget. Laut Resnick konnten jedoch mehrere Studien bestätigen, dass schon 4- bis 5-jährige Kinder korrekte Aussagen zur Klasseninklusion formulieren können, wenn man sie explizit darauf hinweist, ihre Aufmerksamkeit auf das Ganze („the whole collection") zu richten und ein dem Kind bekannter Begriff für das Ganze verwendet wird:

„speaking of a forest instead of pine trees plus oak trees" (ebd.).

Alle drei protoquantitativen Schemata haben zumindest anfangs ein urteilendes Vergleichen zur Grundlage:

„It is true, that preschoolers' protoquantitative knowledge lacks certain basic measurement rules. Preschoolers do not typically know, for example, that to compare the lengths of two sticks it is necessary to align them at one of the ends." (ebd.).

Die Fähigkeit zum urteilenden Vergleichen geht damit dem messenden Vergleichen voraus. *Urteilendes Vergleichen* ist eine *synthetische* Tätigkeit, die die Grundlage des Zusammenfassens im Sinne eines Klassifizierens bildet. Dabei handelt es sich um ein willentliches „Zusammenfassen einer begrenzten Menge: Indem wir uns nämlich der Abgrenzung bewusst werden, sondern wir die Menge des Zusammengefassten von allen übrigen Eindrücken." (Kühnel 1966, S. 29)[2]. Die Anzahl der Elemente einer Menge ist ein besonderes Merkmal eben dieser Menge, mit dem ihre Quantität ausgedrückt werden kann. Nur wenn ein Kind bereits bestimmte konkrete (sinnlich erfassbare) Merkmale von Objekten oder Dingen erkennen und zeigen oder benennen kann, ist es vermutlich auch in der

2 Kühnels Werk „Neubau des Rechenunterrichts", aus dem obige Zitate stammen, erschien in erster Auflage im Jahr 1916. Kühnel kannte Piagets Überlegungen zum Klassifizieren und zur Seriation demnach nicht, sondern nahm sie in ihrer Bedeutung für den Aufbau von Zahlverständnis gewissermaßen vorweg.

Lage, abstrakte Merkmale, die der sinnlichen Wahrnehmung nur indirekt zugänglich sind, wie das Konzept der „Anzahl" zu verstehen (Jakob, 2004). Das heißt, die Fähigkeit zum urteilenden Vergleichen und zu wissen, was zusammen gehört und was nicht, ist eine Grundbedingung, um das Anzahlkonzept zu verstehen.

Messendes Vergleichen hingegen ist eine *analytische* Tätigkeit und befähigt Kinder zur Seriation[3]. Die Fähigkeit zum messenden, d.h. exakten Vergleichen ist neben den Fähigkeiten zum urteilenden Vergleichen, inklusive dem Klassifizieren, eine wesentliche Komponente für den Erwerb von Zahlverständnis.

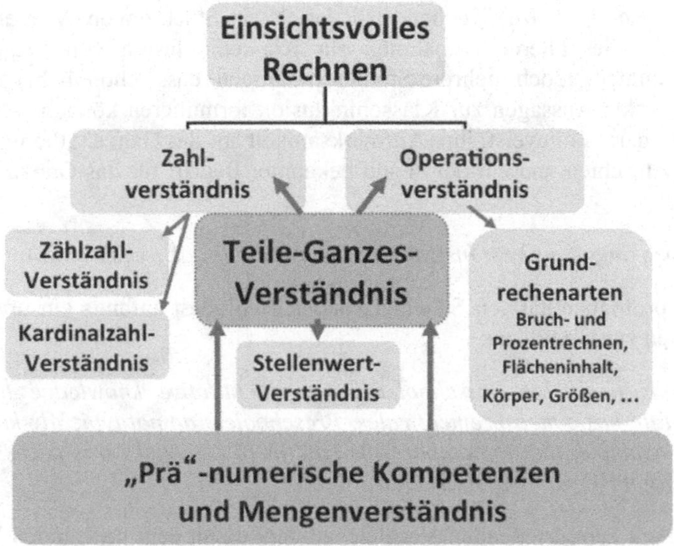

Abbildung 1: Teil-Ganzes-Verständnis als Brückenglied zwischen Zahlverständnis und Operationsverständnis

Beides, sowohl Zunahme-Abnahme-Verständnis wie auch Teile-Ganzes-Verständnis werden beim Rechnen benötigt, zum Beispiel wenn es darum geht, komplexe Aufgabenstellungen in einfachere zu überführen und dadurch vorteilhaft zu rechnen[4]. Im Lauf des Erstrechnens erweitern die meisten Kinder ihr Zahlverständnis dahingehend, dass sie ihre vorzahligen mengenbezogenen Teil-Ganzes-Vorstellungen nun auch auf Anzahlen beziehen. Das heißt, sie verstehen,

[3] *Seriation* ist allgemein die Fähigkeit, Objekte in einer Reihenfolge entsprechend der Größe, dem Aussehen oder einem anderen Merkmal (z.B. einem Muster) anzuordnen.

[4] Beispiel: „7 + 9" ist genau so viel wie „6 + 10".

dass auch (An-) Zahlen Teile anderer Anzahlen sind (8 ist ein Teil von 10) und selbst wieder in Teilanzahlen zerlegt werden können (8 ist 3 und 5).

Dieser Schritt vom pränumerischen zum numerischen Teil-Ganzes-Verständnis scheint nach allem, was wir heute wissen, fundamental für den Erwerb mathematischer Kompetenzen zu sein.

Ein wichtiges Ziel des Mathematikunterrichts der ersten Schuljahre ist neben anderen der Aufbau sicherer Rechenfertigkeiten[5] innerhalb der vier Grundrechenarten und im Bereich der Natürlichen Zahlen, bis zum achten Schuljahr dann auch im Bereich der Ganzen und der Rationalen Zahlen. Rechenfertigkeit umschließt dabei zwei grundlegende Bereiche. Sie basiert zum einen auf sicheren Zahlvorstellungen und zum anderen auf einem ausreichenden Operationsverständnis der Grundrechenarten. Beide Bereiche verbindet das Verständnis von Teile-Ganzes-Beziehungen (Abbildung 1).

3 Teile-Ganzes-Verständnis als Brückenglied zwischen Mengen- und (An-) Zahlverständnis

Einsichtsvolles Rechnen anhand nichtzählender Strategien scheint auf der Stufe des präzisen Anzahlkonzepts noch nicht möglich zu sein. Dazu muss das kindliche Zahlverständnis nochmals erweitert werden. Neben die an die Zahlwortreihe gebundenen Abschnitte muss eine echte, mengenbezogene *Anzahlvorstellung* treten. Das heißt, Kinder begreifen Anzahlen als Ganzheiten und können sich „Zweier“, „Dreier“, „Fünfer“ und „Zehner“ vorstellen. Ein Kind, das beim materialunterstützten Rechnen einer Aufgabe mit „+ 5“ zu einer Fünferstange greift, statt sukzessive fünf Einerwürfel zu legen, hat aller Wahrscheinlichkeit nach dieses Anzahlverständnis erworben.

Schließlich wird das Zahlverständnis noch ausdifferenzierter und flexibler, indem Kinder verstehen, dass nicht nur unspezifische „Mengen-Ganzheiten“ in Mengen-Teile (Teilmengen), sondern auch „Anzahl-Ganzheiten“ in „Anzahl-Teile“ (beispielsweise Summanden) zerlegt und wieder neu zusammengesetzt werden können, aber auch selbst Teil-Anzahlen von anderen Anzahl-Ganzheiten sind. „Acht“ zum Beispiel ist sowohl „fünf-und-drei“ als auch „vier-und-vier“ usw. „Acht“ ist aber auch „eins-mehr-als-sieben“ oder „zwei-weniger-als-zehn“.

[5] Hier soll es in erster Linie um die Performanz gehen, im Sinne eines einsichtsvollen und strategiegeleiteten Rechnens. Darum wird von „Rechenfertigkeit“ gesprochen. Zahlvorstellungen und Operationsverständnis können gewissermaßen als „Fähigkeiten“, im Sinne von Grundlagen oder Voraussetzungen betrachtet werden.

Das heißt, auf dieser Stufe des Zahlverständnisses im Sinne eines numerischen, anzahlbezogenen Teile-Ganzes-Verständnisses bauen Kinder ein beziehungsreiches Wissen über (An-) Zahlen auf.

4 Teil-Ganzes-Verständnis als Brückenglied zwischen Zahl- und Operationsverständnis

Das konzeptuelle Wissen über Beziehungen zwischen Teilmengen und Mengen (Teil-Ganzes-Verständnis) kann in seiner essentiellen Bedeutung für die Entwicklung mathematischen Verständnisses nicht hoch genug eingeschätzt werden (Resnick 1983; Gerster & Schultz 2000). Es erschöpft sich bei weitem nicht im Verständnis von „Zahlzerlegungen", sondern hat überdies fundamentale Auswirkungen auf die Entwicklung von Operationsverständnis und trägt in der Sekundarstufe maßgeblich zum Verständnis von Zahlen und Operationen in neuen Zahlbereichen bei (ganze und rationale Zahlen, reelle Zahlen), wirkt sich beim bürgerlichen Rechnen aus (Bruch-, Dezimal- und Prozentrechnen), aber auch beim Aufbau von Verständnis für Flächeninhaltsberechnungen und anderen Inhaltsbereichen. Das Teil-Ganzes-Verständnis kann somit als *Brückenglied* zwischen Zahl- und Operationsverständnis begriffen werden. Ein Versuch, diese Beziehung darzustellen, findet sich in Abbildung 1. Mit dem Erwerb anzahlbezogener Teil-Ganzes-Vorstellungen wird einsichtsvolles, vorteilhaftes und strategiegeleitetes Rechnen möglich.

Auf der Grundlage des Teile-Ganzes-Konzeptes werden die vier Grundrechenarten folgendermaßen gedeutet: Addieren bedeutet ein Zusammenfügen von (mindestens zwei) Teilen zu einem Ganzen (der Summe). Subtrahieren heißt, dass das Ganze (der Minuend) und (mindestens) eines seiner Teile bekannt sind. Gesucht ist der unbekannte Teil (die Differenz). Beim Multiplizieren wird das Ganze (das Produkt) aus mehreren gleichgroßen Teilen (den Multiplikanden) zusammengesetzt, deren Anzahl durch den Multiplikator vorgegeben wird, während das Ganze (der Dividend) beim Dividieren bereits bekannt ist und in Abhängigkeit vom Divisor in gleichgroße Teile geteilt wird. Gesucht wird – entsprechend der beiden Grundvorstellungen des Dividierens – entweder die Anzahl der Teile, was dem Konzept des Aufteilens entspricht, oder aber ihre Größe; dies entspricht dem Konzept des Verteilens (Van de Walle, 2004).

Zähler und Nenner von Bruchzahlen können auf der Grundlage des Teil-Ganzes-Konzepts folgendermaßen gedeutet werden: Der Nenner gibt an, in wie viele gleichgroße Teile das Ganze zerlegt wird, der Zähler sagt, wie viele Teile davon betrachtet werden. Die Grundvorstellung vom Bruch als Teil eines Ganzen ist in der fachdidaktischen Literatur z.B. bei Van de Walle (2004), Padberg (2002), Malle (2004) und Besuden (2004) geläufig. Van de Walle versteht jedoch Teil-

Ganzes-Beziehungen umfassender und unterscheidet nicht wie Padberg diesbezüglich zwischen unterschiedlichen Feinabstufungen, z.B. „Bruch als Teil eines Ganzen", „Bruch als Teil mehrerer Ganzer" und „Bruch als Teil eines Teils vom Ganzen" (Padberg 2002, S. 41ff)[6].

5 Ordinal gebundenes Anzahlverständnis

Manche Kinder verharren jahrelang auf der Stufe des *präzisen Anzahlkonzepts*. Sie haben ihr protoquantitatives Teil-Ganzes-Schema noch nicht zu einem auf Anzahlen bezogenen *numerischen Teile-Ganzes-Konzept* erweitert. Dazu muss im ersten Schritt das „präzise" Zahlverständnis, das auf Basis eines inneren Zahlenstrahls gründet („Nummern"- oder „Tastaturverständnis") durch ein (kardinales) Anzahlverständnis erweitert werden. Dieses ist vordergründig daran erkennbar, dass Kinder auf die Frage „wie viele?" die vollständige Anzahl der Objekte einer Menge, nachdem sie diese gezählt haben, nennen, ohne sie ein zweites Mal zählen zu müssen (count-to-cardinal-transition). Außerdem kommen sie der Bitte nach, eine bestimmte Anzahl von Objekten aus einer unsortierten größeren Menge auszuzählen, z.B. sechs Spielzeugautos aus einer Schachtel (cardinal-to-count-transition) (vgl. Fritz & Ricken, 2008)[7]. Viele Kinder verfügen demnach zwar über eine einfache Form der Kardinalität, indem sie einer gezählten Anzahl von Punkten oder Objekten das richtige Zahlwort zuordnen können und umgekehrt. Sie scheinen sich aber dabei noch immer an einem imaginierten Zahlenstrahl zu orientieren (Gerster & Schultz, 2000). Diese Vor- oder Zwischenform einer voll entwickelten Anzahlvorstellung kann man darum als *ordinal gebundene Kardinalität* bezeichnen. Das bedeutet folgendes: Auf dieser Stufe bedeutet „Vier" noch keine gedankliche Entität – ein von Zahlwortreihe bzw. von konkreten Objekten losgelöst zu denkender „Vierer" – sondern ist gebunden an den Abschnitt der Zahlwortreihe, der mit „eins" beginnt und bei „vier" endet, oder an vier konkrete Objekte, die – von 1 an – gezählt werden. Mit diesem höchst einseitigen Anzahlverständnis werden die anhaltenden Schwierigkeiten vieler Kinder beim Rechnen leichter verständlich. Kinder, die unter „drei" den Abschnitt „1-2-3" der Zahlwortreihe verstehen und unter „vier" den Abschnitt „1-2-3-4", haben vermutlich Mühe damit, diese Vorstellungen mit „sieben", das heißt dem Abschnitt „1-2-3-4-5-6-7" in Verbindung zu bringen (Gerster, 2003). Auf dieser Stufe des Verständnisses wird „7" nicht als Zusammensetzung aus 4 und 3 erkannt, denn dazu muss der Abschnitt „5-6-7" als „Dreier" gedacht werden, was

[6] Weitere Grundvorstellungen wie Bruch als „Quasikardinalzahl", Bruchzahl als Verhältnis oder als Ergebnis einer Division werden an dieser Stelle nicht thematisiert. Hierzu vgl. Malle (2004) oder Padberg (2002).

[7] Ähnlich verwendet werden manchmal die Bezeichnungen „resultatives Zählen" oder „reproduction counting" im Gegensatz zum „rote counting", womit das bloße Aufsagen der Zahlwortreihe gemeint ist.

in Widerspruch zur ordinal gebundenen Zahlvorstellung steht, bei der jede Zahl mit „1" beginnt (Abbildung 2).

Am Beispiel von Lukas und Markus[8] soll deutlich werden, wie sich ein ordinal gebundenes Kardinalverständnis auf den Erwerb von Zahlvorstellungen auswirken kann.

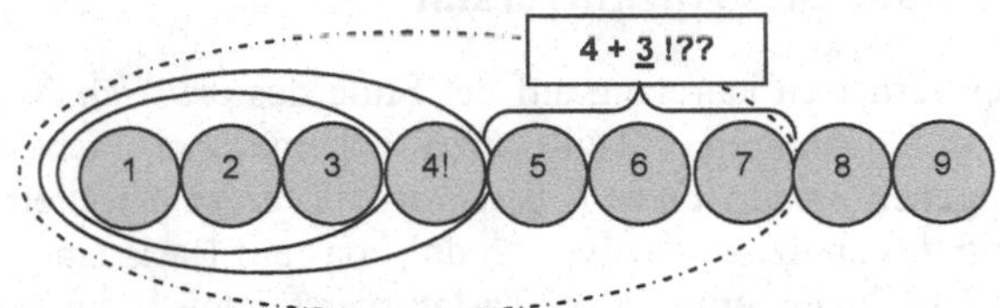

Abbildung 2: Ordinal gebundene Kardinalität und ihre Auswirkungen auf das Addieren

Lukas, ein Erstklässler, der im Frühjahr 2011 von einer Studierenden der Sonderpädagogik im Fach Mathematik gefördert wird, soll die Anzahl „drei" mit seinen Fingern zeigen. Dieser Bitte kommt der Junge nach, indem er nacheinander Daumen, Zeige- und Mittelfinger seiner rechten Hand ausstreckt. Die Studierende fragt ihn angesichts seines Fingerbilds, ob man „drei" auch anders zeigen könne, zum Beispiel so und streckt Mittelfinger, Ringfinger und den kleinen Finger ihrer rechten Hand aus. Überzeugt verneint Lukas mit den Worten: „Das geht nicht – die gehören doch zur Fünf!"

Lukas argumentiert damit auf der Ebene des präzisen Anzahlkonzepts. Er begreift „drei" als den Abschnitt der Zahlenfolge, der mit „eins" beginnt und mit „drei" endet. Dieses Verständnis lässt es noch nicht zu, Anzahlen flexibel, das heißt unabhängig von ihrer Anordnung zu handhaben. Seine Zahlenvorstellung beginnt mit dem Daumen, der die „eins" innehat. Ringfinger und kleiner Finger kommen in seiner „drei" nicht vor, wohl aber in vier oder fünf.

Auch der 14-jährige Markus, ein Hauptschüler mit gravierenden Schwierigkeiten im Bereich der elementaren Mathematik, hat seit langem die Stufe des präzisen Anzahlverständnisses gemeistert. Er kann Anzahlen von bis zu zehn Punkten im Zehnerfeld schnell und korrekt erkennen und nennen (count-to-cardinal-transition). Ebenso kann er eine Anzahl von Objekten aus einer Schale entnehmen, wenn er darum gebeten wird (cardinal-to-count-transition). Markus muss jedoch selbst bei Basisaufgaben zum Addieren und Subtrahieren im Zahlenraum bis 20 noch auf zählende Strategien zurückgreifen. Seine „vier" besteht aus der

[8] Alle im Text erwähnten Namen wurden geändert.

geöffneten rechten Hand, von der er den kleinen Finger etwas ungelenk nach unten wegklappen möchte, während er die restlichen Finger der Hand ausstreckt – feinmotorisch keine einfache Aufgabe. Deshalb wird er auf eine Alternative hingewiesen: „Du kannst auch den Daumen einklappen und die anderen vier Finger strecken, dann ist es einfacher, ‚vier' zu zeigen“. Diesen Hinweis lässt Markus jedoch nicht gelten. Ungehalten widerspricht er: „Der Daumen ist doch die ‚Eins', die darf man nicht einfach wegklappen!“

Lukas und Markus können Anzahlen auszählen und Anzahlen erkennen, sie meistern damit einfache Formen von Zahldarstellung und -auffassung. Beim Rechnen sind beide jedoch auf zählende Strategien angewiesen. Während Lukas noch „Alles-Zähler“ [9] ist, hat Markus diese Strategie bereits überwunden und ist ein „Weiterzähler“ geworden.

6 Sackgasse Weiterzählen

Allgemein besteht Konsens darüber, dass das Verharren beim zählenden Rechnen eines der Hauptmerkmale von Schülern mit gravierenden Schwierigkeiten beim Rechnenlernen darstellt. Die Ablösung vom zählenden Rechnen wird deshalb in der Förderung vorrangig angestrebt. Jedoch wird das Weiterzählen gegenüber der bei Schulanfängern verbreiteten Strategie des Alles-Zählens häufig als „fortgeschrittener“ oder „ökonomischer“ bezeichnet, vor allem, wenn es durch die „Min-Strategie“[10] perfektioniert wird (z.B. Fritz & Ricken, 2005; 2008; Krajewski, 2002; Schulz, 2003)[11]. Diese optimistische Einschätzung ist fragwürdig.[12] Eine kritische Haltung gegenüber der Funktionalität des Weiterzählens im Hinblick auf den Erwerb von elementaren Grundvorstellungen und die Ablösung vom zählenden Rechnen soll aus der Sache heraus begründet werden.

Die Abneigung gegen die bei Schulanfängern häufig vorherrschende Strategie des Alles-Zählens und die Bevorzugung der Strategie des Weiterzählens sind im Wesentlichen durch drei Argumente motiviert.

---

[9] Auch als „Summen-Strategie“ bezeichnet (Krajewski 2002, 71).

[10] Weiterzählen vom größeren Summanden aus, wodurch die Anzahl der Zählschritte minimiert wird.

[11] Tatsächlich kann man im Unterricht beim Erstrechnen im kleinen Zahlenraum beobachten, dass Kinder, die die Strategie des Weiterzählens einsetzen, hinsichtlich der Bearbeitungszeit und der Lösungsraten lange Zeit unauffällig bleiben. Dies ändert sich meist schlagartig, wenn Kinder im mehrstelligen Zahlenraum rechnen (sollen).

[12] Die Ausführungen beziehen sich auf das Addieren *zweier* Summanden bzw. das Subtrahieren mit *einem* Subtrahenden.

a) Weiterzählen und Entlastung des Kurzzeitgedächtnisses

Schulz et al. (1998) argumentieren, die Strategie des Alles-Zählens belaste die Speichermöglichkeiten des Kurzzeitgedächtnisses besonders stark, dagegen bedeute das Weiterzählen hier eine Entlastung.

Dieses Argument kann mit Blick auf seine langfristigen Auswirkungen auf den mathematischen Lernprozess entkräftet werden. Hauptschwierigkeit bei der Strategie des Weiterzählens sind die Kontrollprozesse, die ein doppeltes Zählen erforderlich machen: Die Rechnung 4 + 3 wird z.B. folgendermaßen gelöst: eins dazu: 5; zwei dazu: 6; drei dazu: 7 usw. Kinder, die ihre Finger als Zählhilfe nutzen, meistern diese Kontrollprozesse, indem sie eine verbale mit einer motorischen Zählprozedur verknüpfen. Sie beginnen damit, betont „vier" zu sagen. Anschließend sagen sie „fünf" und strecken gleichzeitig einen Finger aus (*motorische Zählprozedur*). Dann sagen sie „sechs", strecken den 2. Finger usw., bis sie das *Fingerbild* des zweiten Summanden vor Augen haben (hier drei Finger). Nun nennen sie das Ergebnis ihrer *verbalen* Zählprozedur: „sieben". Der Zusammenhang zwischen motorischer und verbaler Zählprozedur wird jedoch auf dieser Verständnisgrundlage nicht deutlich. Es scheint hier sogar einen unaufgelösten Widerspruch zu geben zwischen beiden Endzuständen, dem *Hörzeichen* „sieben" als Ergebnis der verbalen Prozedur und dem *Sehzeichen*, das heißt dem Fingerbild „drei" als Ergebnis der motorischen Prozedur. Die Aufgaben 9 + 3, 9 – 3, 7 + 3, 19 + 3 und 27 – 3 und andere mit „3" als zweitem Summanden bzw. als Subtrahenden haben im Ergebnis jeweils identische Sehzeichen (Fingerbild 3) in Kombination mit völlig unterschiedlichen Hörzeichen (12, 6, 10, 22, 24)[13]. Ist es nicht verständlich, dass bei so viel Widerspruch zwar möglicherweise kurzzeitig das Gedächtnis entlastet wurde, aber nichts davon im Langzeitgedächtnis gespeichert und Teil eines kognitiven Netzwerks werden wird, das zukünftig den Faktenabruf aus dem Gedächtnis erleichtert?

b) Weiterzählen und rasche Ablösung von konkretem Material

Die Strategie des Weiterzählens wird erst auf Basis der ordinal gebundenen Anzahlvorstellung möglich und kann deshalb diagnostische Hinweise für das Zahlverständnis liefern. Um die Summe aus 4 und 3 zu ermitteln, müssen Schüler nun nicht mehr zuerst „4" und dann „3" zählend herstellen, um in einem abschließenden Schritt beide Mengen durchzuzählen. Jetzt „genügt" es, wenn sie sich „4" im Kopf vorstellen und von da an weiterzählen. Unklar ist den Kindern häufig, bei welcher Zahl sie mit dem Weiterzählen starten müssen – wird die 4

[13] Diesen Widerspruch erleben die Kinder bei allen Plus- und Minusaufgaben, in denen der erste Summand bzw. der Minuend gleich a und der zweite Summand bzw. der Subtrahend gleich n ist. Das jeweilige Hörzeichen ist dabei die Summe bzw. die Differenz aus a und n, das entsprechende Sehzeichen ist stets gleich, nämlich n.

dazugezählt oder nicht? Ergebnis sind die bei Plus- und Minusaufgaben häufig zu beobachtenden Fehler „um 1".

> *Ein weiterer Vorteil der Strategie des Weiterzählens sowie der darauf aufbauenden MIN-Strategie wird darin gesehen, dass Kinder mithilfe dieser Zählstrategien rascher von konkreten Anschauungshilfen und -Materialien unabhängig würden und schließlich völlig ohne Zuhilfenahme der Finger nur noch im Kopf weiterzählen und Lösungen ermitteln könnten.* (Schulz et al. 1998, 404f.)

Obige Argumentation ist ebenso wie die beiden anderen Argumente einseitig effizienz- und produktorientiert, da sie in erster Linie auf den Erwerb von Lösungen fokussiert und eine Reflexion im Hinblick auf den Lösungsprozess in seinem Zusammenhang zur Lernausgangslage der Schüler und seiner Bedeutung für deren mathematischen Lernprozess vernachlässigt.

Kinder mit noch ordinal gebundenem Zahlverständnis, für die ein Arbeiten mit Material ungewohnt ist, oder denen das Fingerzählen im Unterricht verboten wurde, haben es besonders schwer. Sie haben sich möglicherweise angewöhnt, „im Kopf" weiterzuzählen, wobei sie allerdings allerlei Kompensationsstrategien „erfinden" – sie wippen mit den Füßen, nicken rhythmisch mit dem Kopf, tippen sich mit einem Finger in die Handfläche o.ä., um das Lösen von Aufgaben irgendwie zu bewältigen. Das ist auch nachvollziehbar, denn Arbeitsgedächtnis und Aufmerksamkeitssteuerung werden beim „Weiterzählen im Kopf" stark beansprucht, da die Kontrollprozesse auf Basis ordinal gebundener Zahlvorstellungen ein doppeltes Zählen erfordern und dadurch besonders aufwändig und mühsam sind. Von „Entlastung" kann dabei keine Rede sein, was jede Leserin leicht feststellen kann, die einmal versucht, sich in das Zahlverständnis dieser Schüler hineinzuversetzen und auf dieser Basis das Weiterzählen im Kopf praktiziert. Dazu übertrage man die Zahlenreihe auf Buchstaben des Alphabets (a = 1, b = 2 usw.) und löse dann die „Rechnung" k + h = ? – ohne Zuhilfenahme von Zahlen und Fingern o.ä.

Mithilfe des „Weiterzählens" könnte man dabei folgendermaßen verfahren: Der Beginn ist bei k. Dann geht es weiter: l (+ a), m (+ b), n (+ c), o (+ d)..., und diese Prozedur wird solange fortgesetzt, bis man bei „+ h" – wo genau? – angelangt ist. Dabei handelt es sich um einen *dynamischen* Vorgang. Verzählt man sich oder wird abgelenkt, muss man neu beginnen[14].

[14] Beim „Alles-Zählen" würde man zunächst (unter Zuhilfenahme der Finger oder anderen Materials) beide Summanden „auszählen" und anschließend das so entstandene – statische – Fingerbild, das die Summe aus c und f darstellt, „durchzählen": c + f = ? Dieses Vorgehen hat außerdem den Vorteil, dass man – falls man

(continued)

c) Weiterzählen und Reduktion des Zählaufwands

Schulz zieht die Strategie des Weiterzählens dem Alles-Zählen vor. Er ist der Ansicht, Letzteres bedeute einen ungleich höheren Zähl- und Zeitaufwand als das Weiterzählen. Dies werde auch nicht durch ein simultanes Erfassen des „kardinale(n) Abbild(s) der Summe“ (Schulz et al. 1998, S. 404f.) gerechtfertigt, da dies bei Mengen mit mehr als fünf Elementen kaum leistbar sei.

Schulz argumentiert wiederum vorwiegend produktorientiert, indem er einseitig die Schnelligkeit des Lösungsverfahrens präferiert. Richtig ist, dass unstrukturierte Zahldarstellungen nur bis zur Anzahl 5 simultan erfasst werden. Jedoch können auch (An-)Zahlen, die deutlich größer als 5 sind, als strukturierte, gegliederte Quantitäten quasi-simultan erfasst werden. Welche Vorteile dies hat, soll hier erläutert werden.

Gerade Schüler, die erst anfangen, ihr Mengenwissen und ihr Zahlenwissen zu einem elaborierten Kardinalzahlverständnis zu verknüpfen, sind noch auf konkrete Anschauung angewiesen. Die Fähigkeit, kleine Mengen rasch und nichtzählend zu erfassen und mit Zahlwörtern zu bezeichnen, kann die Erweiterung des ordinalen Zahlverständnisses um seine kardinale (Mengen-) Bedeutung erleichtern und ermöglicht es Kindern auch, mentale Vorstellungen kleiner (An-) Zahlen aufzubauen. Sie ist jedoch bei Kindern im Schuleingangsalter auf drei oder vier Elemente begrenzt. Damit sie auch über drei oder vier hinaus produktiv zum Erwerb von Zahlverständnis genutzt werden kann, muss noch eine weitere Fähigkeit hinzutreten. Gemeint ist die Fähigkeit zur Gruppierung, die zum Beispiel gute Leser beim Lesen automatisch nutzen. Sie erfassen Wörter nicht mehr buchstabenweise, sondern gliedern sie in Sinneinheiten, z.B. in Silben. Ähnlich verfahren Menschen, wenn sie Anzahlen (größer als 4) unstrukturiert dargeboten bekommen. Sie gliedern diese „Haufen“, indem sie kleine Gruppen von Objekten, die gerade noch überschaubar sind, daraus herauslösen, d.h. sie „sehen“ bzw. bilden Gruppierungen, die in der Regel gerade noch simultan erfassbar sind und fassen diese anschließend (additiv) zusammen. Diese kombinierte Fähigkeit wird als Quasi-Simultanerfassung oder als konzeptuelle Simultanerfassung bezeichnet. Beim Erstrechnen ist es besonders wichtig, diese entwicklungsbedingte Fähigkeit gezielt zu fördern und zu trainieren, da sie insbesondere für den Erwerb von Teile-Ganzes-Vorstellungen und das Verständnis mehrstelliger Zahlen auf dem Hintergrund des Teile-Ganzes-Konzepts wertvolle Impulse liefert (s.u.). Als besonders geeignet hat sich dazu das Arbeiten mit gegliederten Quantitäten in ihrer Beziehung zur 5 und 10 erwiesen, das z.B. mit Zehnerfeldern (ten frames) realisiert wird (Flexer, 1986; Van de Walle, 2004), die im deutschen

kurzzeitig unaufmerksam oder abgelenkt ist, ein zweites und drittes Mal mit dem „Durchzählen“ beginnen kann.

Sprachraum beispielsweise von Gerster und Schultz empfohlen und besprochen werden (Gerster & Schultz 2000).

7 Weiterzählen und Teile-Ganzes-Vorstellungen

Was trägt die Strategie des *Weiterzählens* zur Entwicklung von Teile-Ganzes-Vorstellungen bei? Radatz u.a. beschreiben Aspekte des Addierens bzw. Subtrahierens und unterscheiden dabei zwischen *dynamischen* Situationen, bei denen jeweils eine Menge verändert wird (z.B. durch Hinzufügen) und *statischen* Situationen, denen das *Prinzip der Vereinigung zweier Mengen* zugrunde liegt (Radatz et al. 1996; Gerster & Schultz, 2000). Die Strategie des Weiterzählens bedeutet ein sukzessives Hinzufügen bzw. Abziehen zu je einer Ausgangsmenge und entspricht damit dem dynamischen Aspekt des Addierens bzw. Subtrahierens. Sie funktioniert nach dem Muster „Startpunkt – Schritte zählen – Endpunkt“ und fordert gerade nicht dazu heraus, den Zusammenhang zwischen beiden Summanden und dem Summenganzen in den Blick zu nehmen:

> *„Bei diesem Aufgabenverständnis ist das Ergebnis ein angepeiltes, unbekanntes Zahlwort in der Zahlwortreihe. Das Kind, das die Aufgaben in dieser Weise versteht, hat keinen Anlass, die drei Zahlen gemeinsam zu reflektieren (...).“* (Gerster & Schultz 2000, S. 12).

Es handelt sich dabei nicht um ein „neues konzeptuelles Wissen“ (Krajewski 2005, 56) sondern lediglich um einen „Trick“ bzw. ein „Rechenrezept“, dessen Befolgen vielen Kindern ohne grundlegendes Verständnis für Quantitäten und Operationen möglich ist und für schwächere Schüler gerade deshalb reizvoll sein kann.

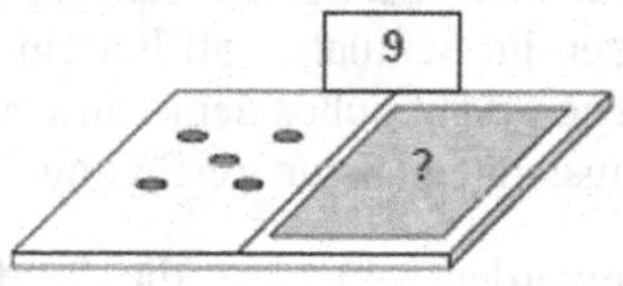

Abbildung 3: „9 – 5“ dargestellt anhand eines Tabletts. (nach Gerster und Schultz 2000).

Das *Alles-Zählen* bietet den Vorteil, dass der Zusammenhang zwischen den Summenteilen und dem Summenganzen besonders anschaulich ist und die Entwicklung von Teil-Ganzes-Vorstellungen unterstützen kann. Außerdem wird der Zusammenhang zwischen Zahlwortreihe und Anzahl deutlich, da die Teilmengen jeweils anschaulich hergestellt werden. Dies sollte mit Material unterstützt werden, das es erlaubt, Anzahlen als strukturierte Quantitäten zu sehen (Zehnerfelder, Japan Tiles, Zehnersystemmaterial haben sich als besonders geeignet erwiesen). Dazu ist es jeweils wichtig, bei Darstellungen darauf zu achten, dass die Teile sowie das Ganze in Darstellungen sichtbar sind und bleiben. Gut geeignet hierfür ist das „Tablett-Modell" in Abbildung 3 (Van de Walle, 2004; Gerster & Schultz; 2000). Sichtbar sind das Ganze (9) und der bekannte Teil des Ganzen, der Subtrahend (5). Gesucht wird der unbekannte Teil des Ganzen (die Differenz). Allerdings sehen viele Kinder diese Zusammenhänge nicht von selbst – er muss von ihnen erst konstruiert werden und dazu benötigen sie kompetente Begleitung.

Für Kinder mit noch ordinal gebundener Zahlauffassung entsprechen (An-) Zahlen den Abschnitten auf der Zahlwortreihe. Sie begreifen Anzahlen (noch) nicht als „Ganzheiten" (z. B. als „Vierer") und deshalb schon gar nicht als Ganzheiten, aus denen andere Ganzheiten zusammengesetzt werden können und die ihrerseits aus *Teilen* zusammengesetzt sind. Dementsprechend ist auch ihr Operationsverständnis noch unvollständig ausgeprägt, denn Zahlverständnis und Operationsverständnis der Grundrechenarten hängen hier untrennbar zusammen. In der Regel entwickelt sich ein erstes, vorzahliges (protoquantitatives) Teile-Ganzes-Verständnis im Lauf des Kleinkindalters:

> *„Das Teile-Ganzes-Schema entwickelt sich als ein protoquantitatives Schema (also ohne exakte Quantifizierung) aus "real-life-situations", in denen zusammengesetzt und zerlegt wird, aber noch keine exakte Quantifizierung erforderlich ist. Beispiele dafür sind: Im Puzzle fehlt ein Teil, das Kind gibt seinem Bruder einen Teil (nicht alle) seiner Bonbons, es isst nur einen Teil des Kuchenstücks usw."* (Gerster & Schultz, 2000, S. 339).

Kinder, die diese häufig noch vorzahligen Erfahrungen nicht in ihr (An-) Zahlkonzept integrieren, bleiben im Schulalter oft bei einer ordinal gebundenen Anzahlauffassung. Ihnen stehen dann außer dem zählenden Rechnen kaum tragfähige nichtzählende Lösungsstrategien zur Verfügung.

Damit dürfte deutlich geworden sein, dass die Strategie des „Weiterzählens" letztlich uneffektiv ist und ihr Einsatz im Unterricht und der Förderung zumindest nicht gezielt angestrebt und/oder gefördert werden sollte. Stattdessen sollte Kindern, deren Zahlverständnis noch ordinal gebunden ist, ausreichend Zeit eingeräumt werden, eine „Kardinalbewusstheit von Ordnungszahlen" (Krajewski 2005, S. 59) durch ein echtes Kardinalverständnis im Sinne einer „Mengenbewusstheit von Zahlen" (ebd.) zu erweitern.

8 Ein Wort zum Schluss

Bei den oben geschilderten Beispielen handelt es sich um Einzelfallbeobachtungen aus der Praxis. Diese werden hinsichtlich ihres wissenschaftlichen Aussage- und Erkenntniswerts häufig kritisch beäugt: „Wie man denn glaube, von der zwar interessanten und durchaus anregenden Einzelfallbeschreibung zu verallgemeinernden Aussagen gelangen zu können?“, nimmt Oevermann (1981) zu erwartende kritische Vorbehalte vorweg. An dieser Stelle soll jedoch für Einzelfallstudien sowie -analysen eine Lanze gebrochen werden. Ermöglichen sie doch „das Auffinden und Herausarbeiten des Typischen von Lern- und Verstehensprozessen“ (Beck & Maier 1993, S. 153). Binneberg (1997) rechtfertigt pädagogische Kasuistik als Mittel wissenschaftlicher Erkenntnis: „Pädagogische Kasuistik bedeutet keineswegs die Rückkehr in ein vorwissenschaftliches Zeitalter, wie vielleicht zu befürchten wäre. Und zwar deshalb nicht, weil sie selbst zur wissenschaftlichen Erfahrungserkenntnis werden kann.“ (ebd., , S. 17, Hervorhebungen im Original).

Gerade für die Lehrerbildung kann pädagogische Kasuistik, können Einzelfallanalysen ein hilfreiches Werkzeug zur Professionalisierung werden.

Das geschilderte Vorgehen sollte beispielhaft zeigen, wie die Synthese eines theoriegeleiteten, deduktiven Vorgehens („top down“) mit einem induktiven Vorgehen, dem dialogisch orientierten Sich-Annähern und Begreifen-Wollen des Einzelfalls („bottom up“) zu einem besseren Verständnis von Lernprozessen und bestenfalls zu einer Weiterentwicklung theoretischer Ansätze beitragen kann.

Ein ordinal gebundenes Anzahlverständnis, wie es in den beiden Fallbeobachtungen „zufällig“ deutlich wurde, lässt sich mit gängigen Aufgabenstellungen noch nicht systematisch erfassen. Dringender Forschungsbedarf besteht deshalb hinsichtlich der Entwicklung diagnostischer Aufgabenstellungen. Weiterer Forschungsbedarf ergibt sich im Bereich der Entwicklung von Fördermaßnahmen zum Zahl- und Operationsverständnis und der systematischen Theorieentwicklung hinsichtlich der Bedeutung von Teil-Ganzes-Vorstellungen für den Erwerb mathematischer Kompetenzen.

9 Literatur

Beck, Ch. & Maier, H. (1993). Das Interview in der mathematikdidaktischen Forschung. In: *Zeitschrift der Gesellschaft für Didaktik der Mathematik;* Jahrgang 14 (1993), Heft 2, 147–179.

Besuden , H. (2004). Bruchbegriff und Bruchrechnen – erlernt an Materialien und Stationen. *Mathematik lehren, 122*, 15–19.

Binneberg, K. (Hrsg.) (1997). *Pädagogische Fallstudien*. Frankfurt/M.: Peter Lang.

Borchert, J.; Hartke, B. & Jogschies, P. (Hrsg.) (2008). *Frühe Förderung entwicklungsauffälliger Kinder und Jugendlicher*. Stuttgart: Kohlhammer.

Dornheim, D. (2008). *Prädiktion von Rechenleistung und Rechenschwäche. Der Beitrag von Zahlen-Vorwissen und allgemein-kognitiven Fähigkeiten*. Berlin: Logos-Verlag.

Flexer, R. J. (1986). The Power of Five: The step before the power of ten. *Arithmetic teacher, 33*(11), 5–9.

Fritz, A. & Ricken, G. (2008). *Rechenschwäche*. München und Basel: Reinhardt.

Fritz, A.; Ricken, G. & Schmidt, S. (Hrsg.) (2003). *Rechenschwäche. Lernwege, Schwierigkeiten und Hilfen bei Dyskalkulie*. Weinheim, Basel und Berlin: Beltz.

Gaidoschik, M. (2007). Rechenschwäche vorbeugen. *Das Handbuch für Lehrerinnen und Eltern. 1. Schuljahr: Vom Zählen zum Rechnen*. Wien: Öbv-hpt.

Gerster, H.-D. (2003). Schwierigkeiten bei der Entwicklung arithmetischer Konzepte im Zahlenraum bis 100. In A. Fritz, G. Ricken & S. Schmidt (Hrsg.), *Rechenschwäche. Lernwege, Schwierigkeiten und Hilfen bei Dyskalkulie*. Weinheim, Basel und Berlin: Beltz. 201–221.

Gerster, H.-D. & Schultz, R. (2000). *Schwierigkeiten beim Erwerb mathematischer Konzepte im Anfangsunterricht*. Freiburg: Pädagogische Hochschule.

Ginsburg, H. & Opper, S. (1978). *Piagets Theorie der geistigen Entwicklung*. 2. Aufl. Stuttgart: Klett-Cotta.

Greenspan, S. I. & Shanker, S. G. (2007). *Der erste Gedanke. Frühkindliche Kommunikation und die Evolution menschlichen Denkens*. Weinheim und Basel: Beltz.

Grissemann, H. & Weber, A. (1996). *Grundlagen und Praxis der Dyskalkulietherapie*. Dritte Auflage. Bern u.a.: Huber.

Heinze, A. & Grüßing, M. (Hrsg.) (2009). *Mathematiklernen vom Kindergarten bis zum Studium. Kontinuität und Kohärenz als Herausforderung für den Mathematikunterricht*. Münster: Waxmann.

Jakob, E. (2004). *Pränumerische Förderung*. Schenkendorfschule (Förderschule) Freiburg. Unveröffentlichtes Manuskript.

Krajewski, K. (2006). Früherkennung und Prävention von Rechenschwierigkeiten im Vorschulalter. *Tagungsband „Mathematische Förderung im Kindergarten und in der Schule" des Verbandes Dyslexie Schweiz*. Brütten: Verband Dyslexie Schweiz.

Krajewski, K. (2008). Vorschulische Förderung bei beeinträchtigter Entwicklung mathematischer Kompetenzen. In J. Borchert et al. (2008), *Frühe Förderung entwicklungsauffälliger Kinder und Jugendlicher*. Stuttgart: Kohlhammer. 122–135.

Krajewski, K.; Grüßing, M. & Peter-Koop, A. (2009). Die Entwicklung mathematischer Kompetenzen bis zum Beginn der Grundschulzeit. In: A. Heinze & M. Grüßing (Hrsg.), *Mathematiklernen vom Kindergarten bis zum Studium*. Münster: Waxmann, 17–34.

Kühnel, J. (1966). Neubau des Rechenunterrichts. Ein Handbuch der Pädagogik für ein Sondergebiet. 11. Auflage. Bad Heilbrunn: Klinkhardt.

Malle, G. (2004). Grundvorstellungen zu Bruchzahlen. *Mathematik lehren, Heft 123*, 4–8.

Oevermann, U. (1981). *Fallrekonstruktionen und Strukturgeneralisierung als Beitrag der objektiven Hermeneutik zur soziologisch strukturtheoretischen Analyse*. http://141.2.38.226/www.gesellschaftswissenschaften.uni-frankfurt.de/uploads/391/8/Fallrekonstruktion-1981.pdf [25.09.2012].

Padberg, F. (2002). *Didaktik des Bruchrechnens*. Heidelberg: Spektrum.

Resnick, L. (1983). A developmental theory of number understanding. In: H. P. Ginsburg, (Hrsg.), *The development of mathematical thinking*. New York: Academic Press. 109–151.

Resnick, L. (1989). Developing Mathematical Knowledge. *American Psychologist, 44*(2), 162-169.

Schulz, A. (2003). Zahlen begreifen lernen. In: A. Fritz, G. Ricken & S. Schmidt (Hrsg.), *Rechenschwäche. Lernwege, Schwierigkeiten und Hilfen bei Dyskalkulie*. Weinheim, Basel und Berlin: Beltz. 360–378.

Schulz, A.; van Bebber, N. & Moog, W. (1998). Mathematische Basiskompetenzen lernbehinderter Sonderschüler – Eine Erhebung mit dem Dortmunder Rechentest für die Eingangsstufe – DORT-E. *Zeitschrift für Heilpädagogik, 49*, 402–411.

Sophian, C. & McCorgray, P. (1994). Part-Whole Knowledge and Early Arithmetic Problem Solving. *Cognition and Instruction, 1994, 12*(1); 3–33.

Treacy, K. & Willis, S. (2003). *A Model of Early Number Development*. http://www.merga.net.au/documents/RR_treacy.pdf [25.09.2012].

Van de Walle, J. A. (2004). *Elementary and Middle School Mathematics. Teaching Developmentally*, 5te Auflage. Boston: Pearson.

Wahl, D. (2002). Mit Training vom trägen Wissen zum kompetenten Handeln?. *Zeitschrift für Pädagogik, 48*(2) , 227–241.

„Ich stell mir meine Finger vor"

Additive Strategien bei Erstklässlern zum Schulhalbjahr

Stefanie Uischner
Pädagogische Hochschule Ludwigsburg

Kurzfassung: Kinder sollen sich im Laufe des Anfangsunterrichts von zählenden zu flexiblen Rechnern entwickeln. Doch wo beginnt flexibles Rechnen und wo endet zählendes Rechnen? Und wann vollzieht sich dieser Wandel? In Schulbüchern werden operative Strategien meist erstmalig am Zehnerübergang aufgezeigt – doch wie sieht es davor aus? Welche Strategien entwickeln Schüler im ersten Schulhalbjahr? Und welche Unterschiede zeigen sich? Ein kleiner Eindruck und Ausblick dazu soll hier anhand einiger Schülerinterviews, die im Rahmen einer kleinen Erhebung entstanden sind, gegeben werden.

1 Vom Zählen zum Rechnen

1.1 Zählen als Anfang

Schulanfänger besitzen bereits hohe arithmetische Vorkenntnisse. 77% der Schulanfänger können bereits bis 20 zählen (vgl. Hasemann, 2007). Die Unterschiede sind jedoch so gravierend, dass dem Zählen und dem Erfassen von Mengen im ersten Schulhalbjahr eine wichtige Rolle zukommt und es somit vertieft werden sollte (vgl. MKJS, 2004). Dornheim (2008) zeigt in ihrer Studie, dass flexible Zählstrategien einen wichtigen Beitrag zum Rechenerfolg von Schülern leisten.

Das Zählen ist eine der ersten Lösungsstrategien bei additiven Aufgaben (vgl. Gaidoschik, 2009). Im Zahlenraum bis 10 ist diese Strategie noch durchaus hilfreich, aber bereits im Zahlenraum bis 100 werden die Grenzen schnell sichtbar. Doch auch hier wird das Zählen noch von einigen Schülern als vorwiegende Strategie genutzt (vgl. Kaufmann & Wessolowski, 2006). Zählendes Rechnen gilt als eine Ursache für Rechenschwäche (vgl. Langhorn et al., 2010). Es herrscht in der Mathematikdidaktik in sofern Konsens, dass das Zählen zwar ein guter Anfang darstellt, aber langfristig keine tragfähige Lösungsstrategie ist. Um sich vom Zählen lösen zu können, bedarf es einer tieferen Einsicht in die Struktur der Zahlen und damit verbunden dem Aufbau eines vertieften Zahlverständnisses.

1.2 Zahlverständnis als Basis

Die Untersuchung von Dornheim (2008) zeigt, dass neben der flexiblen Zählleistung die Zahlzerlegung, allgemein die Teil-Ganzes-Beziehung, eine fundamentale Rolle spielt. Hierbei wird deutlich, dass neben dem Zählen dem Zerlegen und Erfassen von Zahlen und Mengen eine zentrale Rolle zu Beginn des Rechnenlernens zukommt. Um operative Strategien, wie Nachbaraufgaben nutzen zu können, muss ein Bewusstsein der Strukturen von Zahlen vorhanden sein. Erst durch das Bewusstsein, dass 10 eins mehr ist als neun, kann ein Schüler dies zum Rechnen nutzen. Um solche Zahlstrukturen zu erkennen, ist es notwendig, dass Kinder Erfahrungen im Bereich der simultanen und quasisimultanen Zahlerfassung machen. Um sich von zählenden Anzahlerfassungen lösen zu können, brauchen Kinder adäquate Darstellungen, die ihnen strukturelle Entdeckungen ermöglichen (vgl. Wessolowski, 2010). Hierzu finden sich in der Literatur zahlreiche Vorschläge (z.B. Wessolowski, 2010; Padberg & Benz, 2011). Oft missverstanden wird hierbei, dass das verwendete Arbeitsmittel aus sich heraus zu einem strukturellen Zahlverständnis führt. Aus konstruktivistischer Sicht jedoch muss jedes Kind ein eigenes Verständnis und damit verbunden ein eigenes Bild aufbauen. So ist es nicht ausreichend, den Schülern strukturiertes Material (z.B. Rechenschiffchen, Rechenrahmen, Zwanzigerfeld,...) zur Verfügung zu stellen. Es bedarf vielmehr einer gut vorbereiteten Lernumgebung und Möglichkeiten zum Austausch mit anderen über Strukturen und ihren Nutzen. Aufgabe der Schule ist es hierbei, die Schüler auf diesem Weg zu unterstützen, indem den Kindern Materialerfahrungen in didaktisch aufbereiteten Situationen ermöglicht werden. (Konkrete Umsetzungsbeispiele hierzu finden sich in Wessolowski, 2010, S. 20-23)

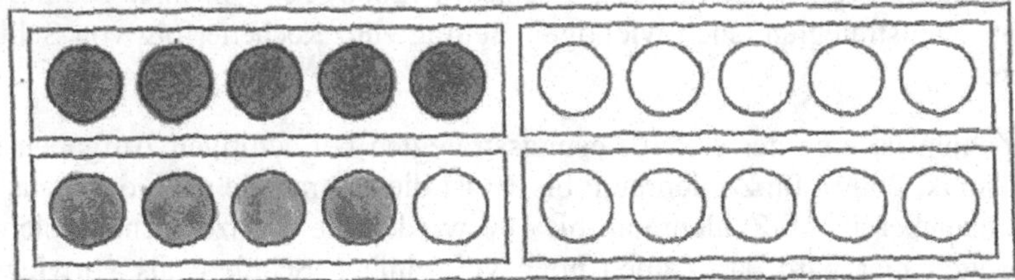

Abbildung 1: Strukturierte Darstellung der neun im Zwanzigerfeld als Blockdarstellung

Nachdem die Kinder eigene Erfahrungen mit strukturiertem Material machen konnten, ist es wichtig flexible Strategien zur Mengenerfassung zu schulen, etwa durch den „Zahlenblick". Hierbei sollen die Schüler Mengen, die sie nur kurz gezeigt bekommen, durch geschicktes Bündeln erkennen.

Genutzt werden dafür strukturierte Zahldarstellungen, etwa am Zehner- oder Zwanzigerfeld, in Rechenschiffchen oder am Abakus. Die Schüler sollen dabei die Struktur nutzen, um die Mengen zu erfassen. Dies ist allerdings erst möglich, wenn Kinder Zeit hatten, Strukturen handelnd selbst zu entdecken und ihren Nutzen zu erleben (vgl. Wessolowski, 2010). Durch die Schulung des Zahlenblicks sollen mentale Vorstellungsbilder der Zahlen vertieft werden. Besonders gewinnbringend wird das Aufgabenformat, wenn dabei nicht nur die richtige Zahlermittlung im Mittelpunkt steht, also eine reine Produktorientierung vorherrscht, sondern der Prozess der Erfassung näher betrachtet wird. Dabei können unterschiedliche Strategien thematisiert und diese für alle Schüler ersichtlich werden. Dabei spielt die Teil-Teil-Ganzes-Beziehung eine wesentliche Rolle. Durch die flexible Zerlegung von Zahlen in unterschiedliche Teile ist es möglich, additive Aufgaben nicht mehr nur zählend, sondern auch durch andere Strategien zu ermitteln, etwa durch Teilschritte (vgl. Späth, 2011).

1.3 Flexible Rechenstrategien als tragfähiges Konzept

Unter flexiblem Rechnen wird hier die aufgabenadäquate Auswahl von Lösungsstrategien verstanden. In der aktuellen mathematikdidaktischen Diskussion herrscht Einigkeit darüber, dass es ein zentrales Ziel sein muss Kinder anzuregen flexible Rechenstrategien zu verwenden (vgl. Rathgeb-Schnierer, 2006; Gaidoschik, 2010; Gerster 2005). Dabei werden die Rechenstrategien bei den Autoren unterschiedlich benannt und differenziert. Zusammenfassend lassen sich folgenden zentrale Rechenstrategien im Zahlenraum bis 20 nach Padberg und Benz (2011) benennen: Tauschaufgaben, Analogieaufgaben, Fastverdopplungsaufgaben, Nachbaraufgaben, das schrittweise Rechnen und das gegensinnige Verändern.

Rathgeb-Schnierer (2006) fasst das Zahlverständnis und die operativen Strategien unter dem Begriff des „strategischen Werkzeugs" zusammen. Sie zeigt in ihrer Arbeit, dass flexibles Rechnen sich entwickeln muss. Dabei lassen sich folgende Merkmale benennen:

- „Die Abweichung von bevorzugten Rechenwegen bei prägnanten Aufgaben,
- das Erkennen von Aufgabenunterschieden
- das Erkennen von Zahleigenschaften und Zahlbeziehungen

- das Nutzen von Zahl- und Aufgabeneigenschaften sowie Zahlbeziehungen beim Lösen von Aufgaben,
- das Kennen und Verstehen von strategischen Werkzeugen,
- der bewegliche Umgang mit strategischen Werkzeugen,
- das Kennen von alternativen Rechenwegen,
- das Begründen von Rechenwegen,
- die Einschätzung der Passung eines Lösungsweges und
- das Verfügen über metakognitive Kompetenzen.“ (Rathgeb-Schnierer 2006, S. 270f.)

Dabei müssen sich nicht alle Merkmale zeigen, um von flexiblem Rechnen zu sprechen.

2 Additive Rechenstrategien bei Erstklässlern

2.1 Darstellung der Situation

Die Rechenstrategien der Schüler wurden in Form eines informativen Interviews im März 2012 erhoben. Dabei wurden 15 Kinder einer 1. Klasse befragt. Die Lehrerin hat bis zu diesem Zeitpunkt den Zehnerübergang nicht eingeführt, es wurden aber vereinzelt bereits kontextgebundene Aufgaben dazu gelöst, ohne dies jedoch explizit zu thematisieren. Der Blitzblick (Aufgabenformat zur Schulung des Zahlenblicks) ist tägliches Ritual in der Klasse und wird mit Hilfe von Zwanzigerfeldern am Tageslichtprojektor durchgeführt.

Im Interview wurden den Schülern verschiedene Rechenaufgaben vorgelegt (s. Abbildung 2), die sie lösen und daran ihren Rechenweg erklären sollten. Die Aufgaben wurden den Kindern nacheinander gezeigt, wobei die Aufgaben eines Blocks immer so lange liegen blieben, bis der gesamte Block gerechnet wurde. Aufgaben eines Blocks (mit Ausnahe des ersten Blocks) stehen in einem operativen Zusammenhang (s. Erläuterungen in Abbildung 2.).

Im Folgenden sind Auszüge aus den Interviews dargestellt, um einen Einblick in die Rechenstrategien von Erstklässler zu gewähren.

Block 1	Block 4
3 + 4 Aufgaben zum Mut fassen 3 + 6 (Grundaufgaben) 6 + 4	4 + 5 Fastverdoppeln 14 + 5 Analogieaufgaben
Block 2	**Block 5**
7 + 4 (Nachbaraufgabe zur vorherigen) 4 + 7 Tauschaufgaben	9 + 2 3 + 9 Nachbaraufgabe 4 + 9 Nachbaraufgabe 9 + 5 Nachbaraufgabe
Block 2	
1 + 5 Grundaufgabe 11 + 5 Analogieaufgaben 1 + 15 Analogieaufgabe	

Abbildung 2: Aufgabenblöcke im Interview, kommentiert

2.2 Zählendes Rechnen

In der erhobenen Stichprobe war kein Kind dabei, das ausschließlich zählend rechnete. Lusy griff jedoch meistens auf das Weiterzählen zurück. Auf die Nachfrage, wie sie rechnet, erklärte sie Folgendes:

Lusy:	*Drei plus vier*
I:	*Hm. (...) Was gibt des?*
Lusy:	*(...) acht*
I:	*Ok, wie hast du gerechnet?*
Lusy:	*Ich hab mit... ähm... fünf eins gezählt (zeigt lediglich den Zeigefinger ihrer linken Hand) und dann hab ich nomal eins gezählt (zeigt zusätzliche den Mittelfinger der Hand) und dann hab ich noch eins gezählt (zeigt nun Ringfinger)*
I:	*Ok (legt neue Aufgabe auf den Tisch)*
Lusy:	*Drei plus sechs ... ähm ... neun.*
I:	*Wie hast du es gerechnet?*
Lusy:	*Des hab ich genau wie des (zeigt auf die erste Aufgabe) gerechnet nur sechs – sieben, acht, neun (zeigt wieder parallel zum Zählen Zeige-, Mittel- und Ringfinger der linken Hand).*

Tabelle 1: Interviewausschnitt Lusy

Lusy erklärt ausführlich unter Zuhilfenahme ihrer Finger, wie sie weiterzählt. Sie zeigt dabei allerdings ausschließlich eine Hand. Auch die nachfolgenden Aufgaben löst sie großteils durch diese Strategie, ohne sie wieder darzulegen, sondern verweist auf die Erklärung der ersten Aufgaben. Es ist aber deutlich zu sehen, wie sie leise für sich zählt. Manchmal zählt sie auch offen an ihren Fingern. Die Tauschaufgabe (Block 2) erkennt sie und kann sofort sagen, dass das Ergebnis dasselbe sein muss. Hier nutzt Lusy die Aufgabenbeziehung, es zeigt sich eine Abweichung von ihrem bevorzugten Rechenweg. Bei den Aufgaben zu Block 5 erkennt Lusy den Zusammenhang „immer eins mehr“ und begründet damit ihre Ergebnisse. Auch hier kann sie die Aufgabenverknüpfung zur Berechnung nutzen. In den meisten Aufgaben verwendet sie jedoch das Weiterzählen als Strategie und nutzt operative Beziehungen nicht. Bis auf einmal ermittelt sie alle Ergebnisse korrekt. Lusy zeigt somit erste Tendenzen des flexiblen Rechnens, die aber stark an die Aufgabenverknüpfung gebunden sind.

Gerade bei schwierigeren Aufgaben (Zahlenraum bis 20) wählen viele Kinder, die anfangs nicht zählend gerechnet haben, das Weiterzählen und nutzen den operativen Bezug zur vorherigen Aufgaben nicht.

I:	*(legt die Aufgabe 4+5 auf den Tisch)*
Sina:	*Neun. Vier plus fünf ist neun weil fünf plus fünf ist zehn und dann noch eins weg ist neun.*
I:	*Sehr gut. (Legt die Aufgabe 14+5 unter die Aufgabe)*
Sina:	*hm... lacht... (5 sec)... 15*
I:	*Ok. Sag mir mal wie du gerechnet hast.*
Sina:	*Hm... (7 sec.)... weil ich auf meine Hände geschaut so ... ein bisschen und dann hab ich eins, zwei, drei, (...) (tippt mit den Fingern auf den Tisch)*

Tabelle 2: Interviewausschnitt Sina

Sina zeigt bei der ersten Aufgabe, dass Sie bereits Nachbarbeziehungen nutzen kann. Die Analogie „ein Zehner mehr“ nutzt sie allerdings nicht sondern zieht das Zählen an ihren Fingern vor. Der Fehler, der dabei entstand, soll hier nicht weiter betrachtet werden. Sina zeigt auch in anderen Blöcken, dass sie unterschiedliche „strategische Werkzeuge“ kennt und auswählen kann. Lediglich bei Aufgaben im Zahlenraum größer 10 nutzt sie Zählstrategien.

2.3 Flexibles Rechnen

Wie bereits erwähnt zeigen alle Kinder mindestens eine operative Strategie. Die Tauschaufgabe in Block 2 erkennen beispielsweise alle Kinder und nutzen die Beziehung.

Diese Strategie allein lässt aber noch nicht auf flexibles Rechnen schließen, wie an Lusy deutlich wurde. Flexibles Rechnen zeigt sich an vielfältigen Merkmalen (vgl. Rathgeb-Schnierer, 2006). Mara zeigt bereits mehrere dieser Merkmale.

Mara:	*Drei plus vier ist sieben.*
I:	*Ok. Wie hast du gerechnet?*
Mara:	*Ich hab des im Kopf.*
I:	*(legt nächste Aufgabe dazu)*
Mara:	*Drei plus sechs ist neun. Ich hab mir im Kopf meine Finger vorgestellt und dann hab ich zähl ich drei dazu.*
I:	*(...) (legt nächste Aufgabe darunter)*
Mara:	*Sechs und vier... (3 sec.)... zehn. (Schaut zur Interviewerin) Weiß ich im Kopf. (kichert)*
I:	*Gut.*
Mara:	*Sieben plus vier ist noch schwerer. ... (kichert) ... Sieben plus was ist zehn – drei – plus eins ist elf.*
I:	*Gut, hab ich auch gleich gehört, wie du gedacht hast. (...)*
Mara:	*Vier plus sieben ist auch elf weil s' ist die Umkehraufgabe. (kichert)... Die Umkehraufgabe ist ganz genau das Gleiche.*

Tabelle 3: Interviewausschnitt Mara

Mara nutzt ihr strategisches Wissen aufgabenadäquat. Manche Aufgaben kann Mara auswendig (s. Zeile 1-3 und 8+9). Dies ist ein wichtiges Ziel im Anfangsunterricht, das sie damit erreicht hat und das ebenfalls als „Werkzeug" bezeichnet werden kann. Zur Lösung der Aufgaben 6+3 stellt sich Mara ihre Finger im Kopf vor. Auch wenn sie sagt, sie „zählt" drei dazu, so ist aufgrund ihrer Erklärung naheliegender, dass sie die drei Finger als Menge hinzufügt und die Gesamtmenge als neun erkennt. Hierbei wird die Hand, anders als bei Lusy, nicht zum Zählen in Einerschritten sondern als strukturiertes Material genutzt, indem sich Mengen wiedererkennen lassen. Dabei ist außerdem auffällig, dass Mara aber ihre Hände nicht mehr braucht, sondern sie diese als Art Vorstellungsbild im Kopf hat. Ob sie nun wirklich ihre Hände im Kopf sieht, ist nicht nachzuprüfen. Deutlich wird dabei jedoch, dass Mara eine strukturierte Zehnermenge quasi „vor Augen" hat und an dieser mental operieren kann. Hier wird deutlich, dass eine strukturelle Vorstellung bereites entstanden ist, was ein weiteres Merkmal für flexibles Rechnen darstellt. Nahe legt dies auch ihr Lösungsweg zur Aufgaben 7 + 4. Mara merkt an, dass diese Aufgabe schwerer ist, als die vorherigen. Sie lässt sich Zeit und wählt dann die Teilschrittmethode. Sie füllt zum Zehner auf „sieben plus was ist zehn" um dann den Rest noch zu addieren. Die Überlegungspause davor lässt vermuten, dass Mara nachdachte, welche Strategie ihr hier helfen kann. Obwohl sie die Aufgabe als „noch schwerer" bezeichnet, nutzt sie nicht das Zählen, sondern versucht Zahlbeziehungen zu nutzen. Auch die Tauschaufgabe erkennt sie sofort als solche und nutzt diese Beziehung zur Ergebnisermittlung. Mara zeigt sehr unterschiedliche Lösungsstrategien und ist bereits in der Lage, aufgabenadäquate Strategien auszuwählen.

Emma:	*Drei plus vier ist gleichviel wie sieben.*
I:	*Ok. Wie hast dus' gerechnet?*
Emma:	*Ähm... ich mach... ich weiß halt Aufgaben.*
I:	*(ruft dazwischen) Die weißt du einfach?*
Emma:	*Ja. Zum Beispiel vier plus vier ist acht eins weniger ist sieben.*
I:	*Legt nächste Aufgabe darunter.*
Emma:	*Sechs plus drei ist gleichviel wie neun.*
I:	*Prima, wie hast du gerechnet?*
Emma:	*Weil drei plus drei plus drei ist neun und sechs / drei plus drei ist sechs und eins mehr. (Zeigt dabei ihre beiden Hände und immer wieder Finger, aber ohne Zusammenhang)*
I:	*(...)*
Emma:	*Sieben plus vier ist gleichviel wie elf.*
I:	*Mhm, wie hast dus' gerechnet?*
Emma:	*Weil ähm... grad da war ja grad die Aufgabe und deswegen hab ich eins noch dazu weil vier war auch dabei und halt sechs.*
	Ach stimmt. Und die Aufgaben? (legt die nächste Aufgabe auf den
I:	*Tisch)*
	Vier plus sieben ist gleichviel wie elf. Tauschaufgabe.
Emma:	
(...)	*Vier plus fünf ist gleichviel wie neun.*
Emma:	*Ok, wie hast du das gerechnet?*
I:	*Fünf plus fünf ist zehn eins weniger als, ähm ist neun.*
Emma:	*(legt die nächste Aufgabe auf den Tisch)*
I:	*Vierzehn plus fünf ist gleichviel wie ... neunzehn (fragend).*
Emma:	*Wie hast du gerechnet?*
I:	*Vierzehn / vier plus fünf ist gleichviel wie neun (zeigt die Aufgabe*
Emma:	*auch mit den Fingern) und des mit zehn ist (...)*

Tabelle 4: Interviewausschnitt Emma

Auch Emma zeigt sehr unterschiedliche Strategien. Sie nutzt das Fastverdoppeln bei der Aufgabe 3 + 4. Bei der Aufgabe 6 + 3 zerlegt sie die 6 und kann somit 3 + 3 + 3 rechnen – was aber wieder zu 6 + 3 führt, ihr aber sinnvoll erscheint. Emma zeigt bei ihren Erklärungen immer wieder ihre Finger. Es scheint ihr schwer zu fallen, ihre Gedanken verbal zu äußern und sie greift auf die Veranschaulichung durch die Finger zurück, nutzt diese aber nicht zum Rechnen. Um die Aufgaben 7 + 4 zu lösen nutzt Emma die vorherige Aufgabe, die nicht mehr auf dem Tisch liegt. Vielleicht auch, weil 6 + 4 als Zehnerzerlegung bekannt und dadurch präsent ist. Über die Nachbarbeziehung „eins mehr" ermittelt sie das Ergebnis. Die Analogieaufgaben 4 + 5 und 14 + 5 erkennt sie. An ihrer fragenden Antwort zur Aufgaben 14 + 5 ist jedoch zu erkennen, dass sie sich nicht sicher ist. Sie erklärt die Analogie dann aber richtig. Als einzige Schülerin sagt sie an dieser Stelle, dass ein Zehner noch dazukommt. Auch andere Schüler nutzen die Analogie, allerdings erklären sie, dass noch eine „eins" dazukommt – meinen damit die Ziffer eins an der Zehnerstelle. Emma kann dies schon als einen Zehner beschreiben. Sie nutzt Zahlbeziehungen, Zahl- und Aufgabeneigenschaften und kann verschiedene Strategien aufgabenadäquat anwenden. Sichtbar wird auch bei ihr, dass sie eine Vorstellung der Zahlen und ihrer Struktur besitzt und mit diesen flexibel umgehen kann.

3 Fazit

Bereits im ersten Schulhalbjahr (und davor?) können Schülerinnen und Schüler operative Strategien an kleinen Einspluseinsaufgaben entdecken und diese zum Rechnen nutzen. Dabei ist es sehr unterschiedlich, wie viele und welche Strategien Kinder aktiv nutzen und/oder benennen. (Hier sei darauf hingewiesen, dass ein nachträgliches Erklären einer Strategie nicht sicher bedeutet, dass die Kinder so gerechnet haben.) Deutlich wird, dass alle Strategien, auch Zählstrategien, in diesem Zahlenbereich erfolgreich sind und eine ausschließliche Produktorientierung seitens des Lehrers wichtige Einsichten in die Rechenentwicklung der Kinder vereiteln kann. Vielmehr ist es immer wieder Aufgabe und Herausforderung für Lehrpersonen der Eingangsstufe, die Rechenstrategien ihrer Schülerinnen und Schüler zu erfragen und jedem Kind einen Übergang vom zählenden zum flexiblen Rechnen zu ermöglichen. Dies passiert, wie die wenigen Beispiele einer Klase deutlich zeigen, auf unterschiedlichen Wegen und in unterschiedlichen Tempi. Wichtig ist, dass jedes Kind in seiner Entwicklung Begleitung und Unterstützung erfährt. Die Schülerbeispiele und die aktuelle Literatur zeigen, dass ein strukturiertes Zahlverständnis die Basis einer flexiblen Rechenfähigkeit bil det und daher zentrales Entwicklungsziel für jeden einzelnen Schüler darstellt. Schon das erste Schulhalbjahr bietet vielerlei Möglichkeiten und Chancen Zahlvorstellungen anzubahnen und damit ein flexibles Rechnen zu ermöglichen, wie die Beispiele eindrücklich zeigen. Dies widerspricht nicht der Auffassung, dass die Grundaufgaben des kleinen Einspluseins als Faktenwissen auswendig gelernt werden sollen. Aber auf dem Weg des Auswendiglernens können bereits viele strukturelle und operationale Einsichten gewonnen werden, die die Schüler zur Lösung von (größeren) Aufgaben nutzen können.

4 Literatur

Dornheim, D. (2008). *Prädikation von Rechenleistung und Rechenschwäche: Der Beitrag von Zahlen-Vorwissen und allgemein-kognitiven Fähigkeiten.* Berlin: Logos.

Gaidoschik, M. (2010). *Wie Kinder rechnen lernen – oder auch nicht. Eine empirische Studie zur Entwicklung von Rechenstrategien im ersten Schuljahr.* Frankfurt am Main: Peter Lang.

Gaidoschik, M. (2009). Nicht-zählende Rechenstrategien – von Anfang an! *Grundschulunterricht Mathematik, 1 (2009)*, S. 4-6.

Gerster, H.-D. (2005). Anschaulich rechnen – im Kopf, halbschriftlich, schriftlich. In: von Aster, M. & Lorenz, J. (Hrsg.) (2005): *Rechenstörungen bei Kindern. Neurowissenschaft, Psychologie, Pädagogik, S. 202 – 236.* Göttingen: Vandenhoeck Ruprecht.

Hasemann, K. (2007). *Anfangsunterricht Mathematik.* München: Spektrum Akademischer Verlag.

Kauffmann, S. & Wessolowski, S. (2006). *Rechenstörung. Diagnose und Förderbausteine.* Seelze-Velber: Kallmeyer, Klett.

Kühnel, J. (1959). *Neubau des Rechenunterrichts.* Bad Heilbrunn: Verlag Julius Klinkhardt.

Langhorst, P., Ehlert, A., Fritz, A. (2011). Das Teil-Teil-Ganze-Konzept. *MNU Primar, 3*/1, S. 10-17.

MKJS - Ministerium für Kultus, Jugend und Sport des Landes Baden-Württemberg (Hrsg.) (2004). *Der Bildungsplan 2004 - Grundschule.* Ditzingen.

Padberg, F. & Benz, C. (2011). *Didaktik der Arithmetik. für Lehrerausbildung und Lehrerfortbildung.* Heidelberg: Spektrum.

Rathgeb-Schnierer, E. (2006). *Kinder auf dem Weg zum flexiblen Rechnen. Eine Untersuchung zur Entwicklung von Rechenwegen bei Grundschulkindern auf der Grundlage offener Lernangebote und eigenständiger Lösungsansätze.* Hildesheim, Berlin: Franzbecker.

Wessolowski (2010). Vom Zählen zum Rechnen. *Mathematik differenziert, 4-2010*, S. 20-24.

Mathematische Interpretation ikonischer Darstellungen

Andreas Kittel
Pädagogische Hochschule Schwäbisch Gmünd

Kurzfassung: Rechenaufgaben können über geeignete ikonische Darstellungen interpretiert werden. Allerdings sind diese Deutungen nicht immer im Sinne des Aufgabenstellers korrekt. Fraglich ist dabei, ob diese Fehlinterpretation bei jeder Aufgabe mit dem Operationsverständnis der Schülerinnen und Schüler zusammenhängt. Bei Darstellungen dynamischer Aufgaben zur Subtraktion gibt es zwei grundsätzlich unterschiedliche Darstellungen: In einem Bild oder in mehreren Bildern. In einer Studie soll gezeigt werden, welche Darstellung für Kinder leichter interpretierbar ist.

1 Operationsverständnis

Das Operationsverständnis stellt eine der Grundlagen dar, damit Rechnungen durch Verständnis und nicht durch einen auswendig gelernten Algorithmus gelöst werden. Es meint dabei unter anderem die Verbindung der ikonischen oder enaktiven Ebene mit der symbolischen. Im Falle der Addition handelt es sich eben nicht nur um ein Weiterzählen oder ein Zählen in eine spezielle Richtung, sondern auch, dass beispielsweise zu einer Menge eine andere hinzugefügt wird oder dass zwei Mengen vereint werden. Durch fehlendes oder einseitiges Operationsverständnis ist Rechnen meist nur das Verknüpfen von Zeichen und Symbolen nach bestimmten, meist unverstandenen Regeln.

Kinder mit mangelndem Operationsverständnis können Rechenaufgaben zwar eventuell lösen, dies geschieht dann meist zählend. Sie schaffen es jedoch nicht, diese mit Inhalten zu verknüpfen, wie das Beispiel einer Zweitklässlerin zeigt, die zu der Aufgabe 4 + 2 eine Rechengeschichte erzählen sollte: „Eine 4 ging auf den Spielplatz, dann kam ein + und eine 2 dazu. Die 4 fragte, ob sie miteinander spielen wollten. Am Ende kam noch eine 6 dazu.“ Das Mädchen personalisiert die Zahlen und Rechenzeichen, kann aber keine Mengen mit den Zahlen, beziehungsweise Operationen mit den Rechenzeichen verbinden. Für sie fehlt eine

Bedeutung des Operationszeichens „+". Eventuell ist sie propädeutisch vorhanden, indem in ihrer Geschichte mehrere Zahlen zusammenkommen, jedoch nicht die dazugehörigen Mengen. Das Ergebnis der Operation kann sie zwar ermitteln, aber nicht richtig deuten.

Ein besonders amüsantes und vermutlich nicht ganz ernst gemeintes Beispiel von Problemen bezüglich unverstandenem Operationsverständnis hat ein nordamerikanisches Dorf auf seinem Ortsschild gezeigt (Kittel, 2011, S. 26):

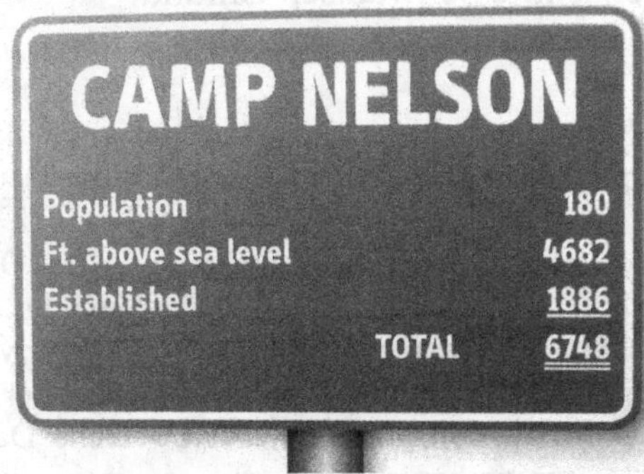

Abbildung 1: Mangelndes Operationsverständnis?

Hier werden beliebige Zahlen, wie die Bevölkerungsanzahl, die Höhe über dem Meeresspiegel und das Gründungsjahr, durch Addition miteinander verknüpft. Dabei wird weder darauf geachtet, dass es sich um unterschiedliche Größenbereiche handelt, noch dass das Ergebnis außer einer großen Zahl keinen weiteren Nutzen mit sich bringt. Vermutlich ist das eher ein selbstironisches Beispiel.

Kinder, die Probleme mit dem Operationsverständnis haben, raten oftmals bei Sachaufgaben, welche Operation eingesetzt werden muss. Viele Schulbücher oder Arbeitsblätter gehen auf dieses Problem jedoch überhaupt nicht ein. Sie verschärfen es dadurch, dass in einem bestimmten Kapitel oder auf einer Seite immer nur genau eine Rechenoperation zum Einsatz kommt. Andere Operationen werden künstlich vom Kind ferngehalten. Sachaufgaben werden aufgrund dieser Isolierung der Probleme nicht durch Verständnis, sondern dadurch gelöst, dass in einer Aufgabe verschiedene Zahlen gesucht werden. Diese werden genauso wie in der ersten, meist noch von der Lehrperson vorgerechneten Aufgabe, miteinander verknüpft. Durch die einseitige Präsentation der Aufgaben werden zwar viele korrekt durch die Schülerinnen und Schüler gelöst, ohne dass jedoch ein Verständnis für den Lösungsprozess vorhanden ist. Dieses kann beim eben erwähnten Vorgehen auch nicht erfasst werden. Es ist aber unbedingt notwendig, dass das Operationsverständnis bereits in der ersten Klasse durch Vermischung der Operationen gefördert wird.

2 Ikonische Darstellung von Aufgaben

Zur Entwicklung des Operationsverständnisses ist es besonders wichtig, dass sämtliche Übersetzungen zwischen den Repräsentationsebenen stattfinden (Kaufmann/Wessolowski, 2006, S. 24). Das bedeutet, dass alle Ebenen in den Lernprozess eingebunden werden müssen. Im Folgenden soll vorrangig die ikonische Ebene betrachtet werden und deren Probleme beim Einsatz im Unterricht.

Abbildung 2: Symbolische Darstellung einer Aufgabe

Bei der ikonischen Darstellung von Aufgaben kommt es aufgrund des fehlenden Operationsverständnisses oftmals zu Fehlinterpretationen. Bei einigen Beispielen kann man jedoch nicht sicher sein, ob die nicht korrekte Lösung immer am mangelnden Operationsverständnis liegt. Folgende Beispiele sollen dies verdeutlichen.

Ein Mädchen malte ein Bild zu der Aufgabe „2 - 1" (Abbildung 2). Eigentlich sollte sie die Aufgabe ikonisch darstellen, ihr Bild lässt sich aber eher auf der symbolischen Ebene erklären, denn sie hat darin lediglich die Zahlensymbole durch andere Zeichen ausgetauscht. Diese bieten jedoch auch eine symbolische Form der Darstellung, denn Zahlen könnten durchaus auch auf diese Art und Weise dargestellt werden. Sie schreibt, dass eine Lampe ausgeht, ihr Bild drückt dies jedoch im Gegensatz zum Text nicht aus.

Aufgrund des Bildes (Abbildung 3) könnte man meinen, dass das Kind keine korrekte Situation zur gestellten Aufgabe gezeichnet hat, denn hier wird die Aufgabe „17 - 5" dargestellt. Deshalb könnte man von mangelndem Operationsverständnis ausgehen. Das Kind beweist aber mit seiner verbalen Antwort, dass es einen Sachverhalt zur gegebenen Aufgabe korrekt finden kann, so wie im obigen Beispiel auch. Zwar wird aufgrund der verbalen Erklärung der Sachverhalt noch nicht ganz eindeutig, da nicht erwähnt wird, wie viele Kinder ein Eis bekommen. Anhand des Bildes, sieht man jedoch, dass es sich um fünf Kinder handelt. Betrachtet man jedoch die Zeichnung, muss man, wie oben beschrieben, eigentlich von der Aufgabe „17 - 5“ ausgehen, denn es sind insgesamt 17 Eistüten vorhanden. Das Kind hat an dieser Stelle vermutlich zwei zeitlich unterschiedliche Situationen in einem Bild dargestellt. Zum einen die Ausgangssituation zum anderen einen Teil des Prozesses. Korrekt hätte die Darstellung in einem Bild so aussehen müssen, dass auf der linken Seite nur sieben Eistüten liegen. Eine Zweibilddarstellung hätte ergeben, dass verschiedene Zeitpunkte darstellt sind. Dann müssten auf der rechten Seite allerdings ebenfalls noch sieben Eistüten liegen. Da das Kind jedoch die Situation korrekt geschildert hat, liegen hier vermutlich die Probleme nicht im mangelnden Operationsverständnis, sondern daran, dass dem Kind nicht bewusst ist, wie es korrekte ikonische Darstellungen von dynamischen Aufgaben anfertigen kann.

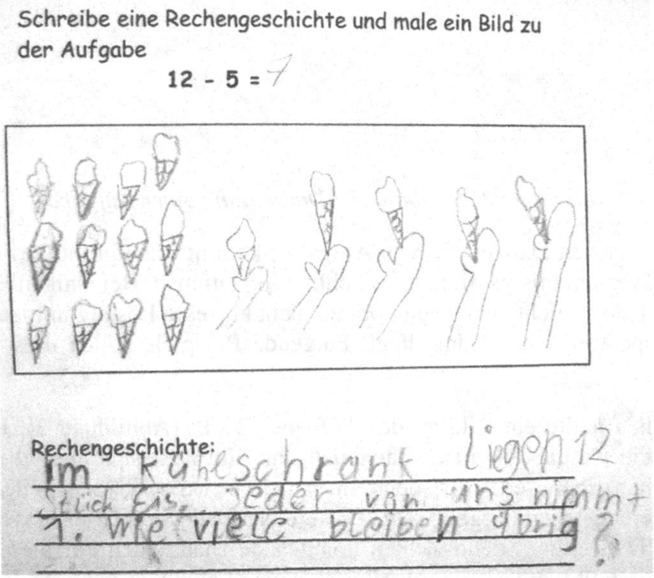

Schreibe eine Rechengeschichte und male ein Bild zu der Aufgabe

12 - 5 = 7

Rechengeschichte: Im Kühleschrank liegen 12 Stück Eis. Jeder von uns nimmt 1. Wie viele bleiben übrig?

Abbildung 3: Ikonische und verbale Darstellung der Aufgabe „12 – 5“

Eine dynamische Subtraktionssituation lässt sich mit verschiedenen Bildern darstellen. Das erste Bild zeigt dabei die Ausgangssituation. Bei einer Subtraktionsaufgabe wird hier der Minuend gezeigt. Bild zwei präsentiert den Prozess. Hier wird die Dynamik der Situation deutlich, indem von der Ausgangsmenge etwas entfernt wird. Hierbei ist der Minuend zweigeteilt, der Subtrahend und die Differenz sind als Ganzes sichtbar. Bild drei stellt dann noch das Ende des Operationsprozesses dar. Man sieht das Ergebnis, im Falle einer Subtraktion die Differenz. Ein Beispiel soll dies verdeutlichen: Im ersten Bild, der Ausgangssituation, sitzen fünf Vögel auf einer Leine. Das nächste Bild zeigt den Prozess, es stellt dar, wie zwei Vögel wegfliegen und drei Vögel auf der Leine bleiben. Das letzte Bild zeigt schließlich die drei übrig gebliebenen Vögel auf der Leine. Dies ist die Endsituation.

Um eine Aufgabe eindeutig zu präsentieren, genügt es, wenn das mittlere Bild, das den Prozess darstellt, gezeigt wird. Anhand dieses Bildes lässt sich die Aufgabe eindeutig interpretieren. Diese Darstellung wird jedoch im Unterricht von Kindern auch immer wieder als Vermischung von Prozess und Ausgangssituation gedeutet, wie auch die folgende Untersuchung zeigt. In diesem Fall würde man als Term „3 - 2" erhalten, da in diesem Bild drei Vögel auf der Leine sitzen und zwei wegfliegen. Diese Fehlinterpretation findet man aber nicht nur bei Schülern, aufgrund persönlicher Erfahrungen wurde diese auch schon bei Lehrkräften, Studierenden und in Unterrichtsmaterialien festgestellt. Um Fehlinterpretationen dieser Art zu vermeiden, ist es vorrangig wichtig, dass den Schülern keine ikonischen Darstellungen von Aufgaben gezeigt werden, die mehrere Phasen in einem Bild enthalten, sondern korrekte Darstellungen des Prozesses in einem Bild oder mehrteilige Aufgaben in mehreren Bildern. Inwiefern diese Darstellungen zur ersten Interpretation von ikonischen Aufgaben geeignet sind, soll im Folgenden geklärt werden.

3 Untersuchung

Es stellt sich die Frage, welches Aufgabenformat für Kinder leichter interpretierbar ist. Die Darstellung des Prozesses, da hier nur ein Bild gedeutet werden muss, oder die der dreiteiligen Darstellungen. Hier müssen mehrere Bilder nacheinander interpretiert und zu einer Aufgabe zusammengefasst werden.

Um zu überprüfen, welche der Darstellungsformen als erster Zugang zur Interpretation von ikonischen Aufgaben für Kinder wirklich hilfreich ist, wurden Schülerinnen und Schülern einer ersten Klasse Schulbuchaufgaben zur mathematischen Interpretation vorgelegt. Die Kinder sollten dabei zuerst die Bilder beschreiben und dann eine passende Rechenaufgabe finden. Danach wurden die Kinder befragt, bei welchem Aufgabenformat ihnen die Interpretation leichter gelingt. Die Reihenfolge, mit der die Aufgaben vorgelegt wurden, war zufällig. Manche Kinder bekamen zuerst die dreiteilige Aufgabe und dann zwei ähnliche einteilige, die anderen in umgekehrter Reihenfolge. Beide Gruppen sollten jeweils einen Term oder eine Gleichung zu den Bildern formulieren. Danach sollten sie noch berichten, welches Aufgabenformat ihnen bei der Bearbeitung leichter fällt. Die Untersuchung fand in einer ersten Klasse statt, in der die Schülerinnen und Schüler bislang noch nicht die Möglichkeit der Interpretation von ikonischen Darstellungen, wie sie oben vorgestellt wurden, im Unterricht genutzt hatten. Aufgaben wurden bislang enaktiv mit Hilfe von Bohnen gelegt oder ikonisch mit Punktebildern gedeutet. Die Interviews der Kinder wurden interpretativ ausgewertet.

Im Folgenden werden die verwendeten ikonischen Aufgabenstellungen vorgestellt (alle in der Untersuchung eingesetzten Bilder wurden dem Schulbuch „Welt der Zahl 1“ 2010 Ausgabe BW entnommen):

Abbildung 4: Dreigeteilte Schulbuchaufgabe

Abbildung 5: Zwei einteilige Schulbuchaufgaben

Den Schülerinnen und Schülern wurden obenstehende Aufgaben in unterschiedlicher Reihenfolge präsentiert. Um die Ergebnisse auswerten zu können, wurden drei Klassifikationen vorgenommen:

- Schülerinnen und Schüler, die beide Darstellungsformen lösen konnten,
- Kinder, die die dreiteilige Darstellung lösen konnten, mit der einteiligen Probleme hatten und
- Kinder, die mit beiden Darstellungsformen Schwierigkeiten hatten.

Es gab in dieser Klasse keine Kinder, die mit der einteiligen Darstellung problemlos umgehen konnten, mit der dreiteiligen aber Schwierigkeiten hatten.

Kinder, die beide Darstellungsformen lösen konnten:

Typisch bei diesen Schülerinnen und Schülern war, dass sie keinen für sie wichtigen Unterschied zwischen den Darstellungen gesehen haben. Sie konnten beide

Arten korrekt interpretieren und sahen keinen spezifischen Vor- oder Nachteil in einer der beiden Präsentationen. Eine typische Aussage einer Schülerin war: „Beide sind gleich einfach, da ist kein Unterschied." Von der Lehrerin wurden alle diese Kinder als leistungsstark in Mathematik eingestuft.

Kinder, die die dreiteilige Darstellung lösen konnten, mit der einteiligen aber Probleme hatten:

Die Kinder in dieser Gruppe hatten die dreiteilige Aufgabe alle korrekt interpretiert. Bei der einteiligen Darstellung gab es hingegen Probleme. In der ersten einteiligen Aufgabe sind insgesamt sieben Piraten zu sehen, drei davon gehen von Bord (7 - 3). Das Problem, das bei der Interpretation dieser einteiligen Darstellung der Aufgaben auftrat war: Die Aufgabe wurde als zweiteilige Darstellung in einem Bild gesehen, wie oben im Artikel beschrieben. Dabei wurde meistens gedeutet, dass vier Piraten auf dem Schiff stehen und drei herunter gehen (4 - 3). Da im Vorfeld der Untersuchung vermutet wurde, dass diese Interpretation häufiger auftritt, wurde noch eine zweite Aufgabe in einem Bild ausgewählt. Auf dem Bild sind insgesamt fünf Menschen zu sehen. Ein Pirat an Bord und vier Piraten gehen vom Schiff herunter (5 - 4). Bei dieser Aufgabe kann die gleiche Vorgehensweise nur mit Schwierigkeiten angewandt werden, da nicht mehr Menschen von Bord gehen können, wie auf dem Schiff sind. Kinder, die die erste Aufgabe falsch gedeutet haben, haben die zweite jedoch auch fehlerhaft interpretiert, obwohl diese bewusst gewählt wurde, um den Kindern nochmals einen Hinweis zur korrekten Interpretation zu geben. Trotz der auftretenden Schwierigkeiten wurde diese Aufgabe häufig so wie die erste gedeutet (1 - 4). Als Ergebnis hatten die Kinder dann entweder 3 oder 0 notiert. Einige drehten jedoch auch gleich den Subtrahend und Minuend um (4 - 1), da sie erkannten, dass sie sonst keine Lösung für die Aufgabe finden können.

Auf Anfragen, welcher Aufgabetyp ihnen leichter fällt, waren keine speziellen Unterschiede festzustellen. Manchen Kindern fiel der dreiteilige, anderen der einteilige Aufgabentyp leichter, obwohl dieser bei allen falsch war. Nach Aussage der Lehrerin wurden die Kinder, die sich in dieser Gruppe befanden, meistens als Kinder im mathematischen Leistungsmittelfeld eingestuft oder gehörten zu den eher leistungsstarken. Diese Kinder konnten alle die dreiteilige Aufgabe korrekt lösen, bei der einteiligen wurde zumindest eine falsch gelöst, meistens aber beide. Nach diesem Ergebnis fällt es Kindern dieser Klasse im mittleren Leistungsfeld wesentlich leichter die dreigeteilten Aufgaben zu lösen. Unabhängig, ob sie diesen Aufgabentyp als erstes oder zweites erhalten haben. Für ein Mädchen dieser Gruppe war die dreiteilige Aufgabe einfacher als der einteilige Typ. Sie begründete dies folgendermaßen: „Das (Anm.: dreiteilige Aufgabe) ist leichter, denn man kann unter jedes Bild eine Zahl schreiben."

Kinder, die mit beiden Darstellungsformen Schwierigkeiten hatten:

Schülerinnen und Schüler die keines der beiden Aufgabenformate lösen konnten, wurden unabhängig davon von der Lehrerin als eher leistungsschwach in Mathematik eingestuft. Welches Aufgabenformat ihnen leichter fällt, wurde unterschiedlich beantwortet. Gleich war jedoch, dass die Argumentationen nie den Aufgabentyp zum Thema hatten, sondern es ging durchweg nur darum, ob die Zahlen kleiner oder größer waren und deshalb eine Rechnung als leichter oder weniger leicht erschien. Auffallend war, dass viele der Kinder die Darstellungen nicht als Subtraktionssituation deuteten, sondern als Additionssituation. Dies war sowohl bei der dreiteiligen wie auch bei der einteiligen Darstellungsform zu sehen.

4 Fazit

Bei einigen Schülerinnen und Schülern spielt es keine Rolle, ob ikonische Aufgaben in einteiliger oder dreiteiliger Form vorliegen. Entweder können sie beide Aufgabenformate oder gar keines. Etwa die Hälfte der in der Untersuchung beteiligten Kinder hatte jedoch deutliche Vorteile bei der dreiteiligen Darstellung. Sie scheint einen besseren intuitiven Zugang zur Interpretation ikonischer Darstellungen zu geben.

Die Interpretation mehrerer Schritte scheint für Kinder kein Problem zu sein. Vermutlich ist ihnen diese Art der Darstellung durch Bilderbücher oder Comics bewusst.

Bei der Darstellung in einen Bild scheint es sehr wichtig zu sein, dass thematisiert wird, was auf dem Bild geschieht, aber auch, was vorher stattgefunden hat. Dies kann enaktiv durch Spielen der Aufgabe geschehen oder in ikonischer Form. Dabei handelt es sich dann aber wieder um eine mehrteilige Aufgabe.

Bei den einteiligen Aufgaben fiel den Kindern besonders schwer, die gesamte Menge wahrzunehmen und nicht nur die Teilmengen. Dies sollte bei einem gezielten Üben bedacht werden.

Bei der vorgestellten Studie handelt es sich um eine sehr kleine Stichprobe. Nachzureichen ist eine größere Stichprobe, um das Resultat auch noch quantitativ empirisch zu verifizieren. Diese Ergebnisse können hierbei als Vorstudie zur Generierung von Hypothesen für eine größere Untersuchung gesehen werden.

5 Literatur

Kaufmann, S.; Wessolowski, S. (2006): *Rechenstörungen. Diagnose und Förderbausteine*. Seelze: Kallmeyer Verlag.

Kittel, A. (2011): *3 + 3 = 5 Rechenstörung. Merkmale, Diagnose und Hilfen*. Braunschweig: Westermann Verlag.

Rinkens, H.-D. (Hrsg.); u. a. (2010): *Welt der Zahl 1, Ausgabe Baden-Württemberg*. Braunschweig: Schroedel Verlag

Fünf Wolken werden durchgestrichen

Über die Arbeit in der Beratungsstelle für Kinder mit Lernschwierigkeiten in Mathematik

Jasmin Sprenger
Pädagogische Hochschule Ludwigsburg

Kurzfassung: Seit 1997 existiert an der .PH Ludwigsburg eine Beratungsstelle für Kinder mit Lernschwierigkeiten in Mathematik, die verschiedene Ziele verfolgt: Neben der Förderung von Kindern mit Lernschwierigkeiten bietet sie eine Möglichkeit, Studierenden praxisbezogene Einblicke in die Arbeit mit Kindern zu geben. Der folgende Text zeigt neben einem kurzen konkreten Einblick in die Förderung dabei auch die Arbeitsweisen der Beratungsstelle auf und stellt die damit verbundenen Ziele heraus.

1 Eine ganz normale Fördersequenz

V. (Klasse 3) und eine Studentin (im Folgenden S.) befassen sich im Moment schwerpunktmäßig mit der Förderung des Operationsverständnisses, d.h. dem Gelingen der einzelnen Übersetzungen zwischen den Repräsentationsformen (enaktiv, ikonisch, symbolisch) nach Bruner (vgl. Bönig, 1995)[1]. In dieser Fördersequenz geht es ganz konkret um den Wechsel zwischen symbolischer und ikonischer sowie sprachlicher Darstellung.

S.: Kannst du mir bitte ein Bild zeichnen, das zur Aufgabe 8 - 5 passt?

V. beginnt zu zeichnen: Sie zeichnet sehr detailliert einen Baum, an dem reife Kirschen hängen, am Baum lehnt eine Leiter, daneben steht ein Erntekorb, bereit zum Befüllen. Die eigentliche Aufgabe scheint in

[1] Zum theoretischen Hintergrund des Operationsverständnisses vgl. Bönig (1995) und Kittel in diesem Band.

Vergessenheit zu geraten. Ganz zum Schluss zeichnet sie 8 Wolken an den Rand des Blattes, von denen sie 5 durchstreicht (vgl. Abb. 1).

Abbildung 1: Bild zur Aufgabe 8 - 5.

Schaut man V. beim Zeichnen zu, dann fällt auf, dass sie teils sehr detailverliebt zeichnet, und viele Dinge in ihr Bild hineinzeichnet, die (für uns) eigentlich nicht von Bedeutung sind. Betrachtet man anschließend dieses fertige Bild – ohne auf den Entstehungsprozess zu schauen – mit einer mathematischen Brille, kommt einem sofort der Gedanke, dass die Schülerin mit der Subtraktion die Grundvorstellung des Wegnehmens verbindet (vgl. hierzu Gerster & Schultz, 2004), in der ikonischen Darstellung gelöst durch das Durchstreichen der Wolken. Dies ist auch die Vermutung der Studentin, weshalb sie das Gespräch nun gezielt in diese Richtung lenkt.

S.: Und was passiert jetzt mit den Wolken?

V.: Die werden durchgestrichen.

S.: Das heißt, sie sind dann weg?

V.: Nein, die werden einfach durchgestrichen!

Betrachtet man diesen Dialog, so fällt auf, dass V. keineswegs über die von uns hineininterpretierte Grundvorstellung des Wegnehmens verfügt. Vielmehr hat sie die Subtraktion mit dem Vorgang des Durchstreichens verbunden, ohne dass dies mit Inhalt oder Verständnis verbunden zu sein scheint. Ebenfalls zeigt sich an dieser kurzen Sequenz, dass die Förderung für beide von großem Nutzen ist: Der Schülerin kann in der Einzelförderung intensiver geholfen werden, als dies im Unterricht möglich wäre. Aber nicht nur sie, auch die Studentin profitiert davon, da im Einzelgespräch ganz andere Möglichkeiten gegeben sind, sich auf das Denken des Kindes einzulassen. In dieser kurzen Sequenz wird die Bedeutung der Förderung für beide Seiten sehr deutlich. Deshalb soll die Förderung an sich im Folgenden nochmals genauer beschrieben werden.

2 Förderung in der Beratungsstelle für Kinder mit Lernschwierigkeiten in Mathematik

2.1 Allgemeines

Bei der Beratungsstelle für Kinder mit Lernschwierigkeiten in Mathematik handelt es sich um eine Einrichtung des Instituts für Mathematik und Informatik, die Angebote für Eltern und Kinder, Studierende sowie Lehrerinnen und Lehrer bietet.

Angebote		
für Eltern und Kinder	für Studierende	für Lehrerinnen und Lehrer
• Beratungsgespräche für Eltern • Lernstandsdiagnosen bei Kindern • Individuelle Förderung von Kindern	• Theoriegeleitete Auseinandersetzung mit der Thematik „Lernschwierigkeiten in Mathematik" • Förderung eines Kindes mindestens ein Semester lang • Begleitseminar zur Entwicklung und Reflexion von individuellen Förderplänen	• Beratung von Lehrerinnen und Lehrern bei der Durchführung schulischer Fördermaßnahmen • Fortbildungsangebote auf Anfrage • Zusammenarbeit im Interesse der Förderkinder

Tabelle 1: Angebote der Beratungsstelle

2.2 Konzept

Eines der Ziele der Beratungsstelle ist es, Grundschülerinnen und -schülern mit besonderen Schwierigkeiten beim Mathematiklernen zu helfen, ein grundlegendes Verständnis für Zahlen, Rechenoperationen und das Rechnen insbesondere im Zahlenraum bis 20 und 100 aufzubauen. Da dies die Grundlagen für alles weitere Mathematiklernen darstellt, wird hierauf besonders Wert gelegt[2]. Die

[2] Zum theoretischen Hintergrund vgl. hierzu auch Kaufmann und Wessolowski (2006).

Bedeutung eben dieser Grundlagen zeigt sich auch daran, dass in der Beratungsstelle Überzeugung vorherrscht, dass eine Förderung dann am meisten Sinn macht, wenn sie möglichst frühzeitig einsetzt. Aus diesem Grund werden hauptsächlich Zweitklässler gefördert.

Des Weiteren geht es darum, die Studierenden im Bereich Diagnose und individuelle Förderung adäquat auszubilden. Deshalb erhalten sie die Möglichkeit, über einen längeren Zeitraum hinweg ein Kind beim Mathematiklernen zu begleiten und zu unterstützen. Dieses Studienangebot verzahnt in besonderer Weise Theorie- und Handlungswissen miteinander (vgl. Abb.2) und bereitet die Studierenden auf ein reflektiertes Handeln in der Praxis vor.

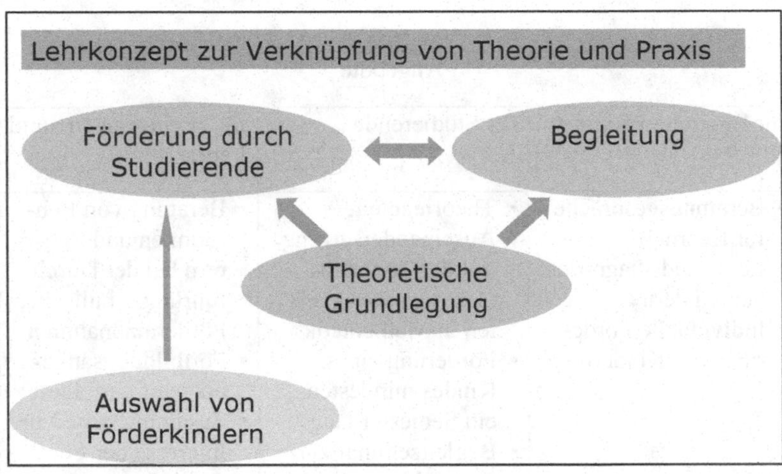

Abbildung 2: Aufbau des Lehrkonzepts (Rathgeb-Schnierer und Wessolowski, 2009)

Durch die intensive Verzahnung von Theorie und Praxis haben die Studierenden zum einen die Möglichkeit, theoretisch erarbeitetes direkt „auszuprobieren", allerdings wird durch die Verzahnung auch erreicht, dass es über ein reines Ausprobieren hinaus geht, da die Studierenden jederzeit dazu aufgefordert sind, ihr Handeln zu reflektieren und darüber in wöchentlich stattfindenden Begleitseminaren darüber zu berichten.

2.3 Förderung konkret

In die wöchentliche, jeweils einstündige Einzelförderung können bis zu 10 Kinder aufgenommen werden. Der Aufnahme in die Förderung gehen ein Gespräch mit den Eltern und eine informelle Diagnostik voraus (vgl. Kaufmann & Wessolowski, 2006).

Die Förderung der einzelnen Kinder wird jeweils von einem Studierendentandem durchgeführt. Jede Förderstunde wird dabei auf Video aufgenommen. Dies bietet den Studierenden die Möglichkeit, sich ihr eigenes Handeln nochmals konkret vor Augen zu führen und anschließend zu reflektieren. Begleitend dazu besuchen die Studierenden einmal pro Woche ein Seminar, in dem in Kleingruppen die Förderstunden auf der Grundlage eines Förderkonzepts vorbereitet und reflektiert werden. Auch hierbei sind die gezeigten Videosequenzen von großer Bedeutung und bieten eine wichtige Hilfestellung, da manches erst nach mehrmaligem Betrachten – auch von nicht an der Förderung Beteiligten – klar wird.

Die Inhalte der Förderung beziehen sich nicht vorrangig auf den aktuellen Schulstoff, sondern auf die individuellen Schwierigkeiten des Kindes, die sich häufig auf folgende drei Problembereiche beziehen: Die Kinder…

- verfügen nur über einseitige Zahlvorstellungen, d. h. Zahlen sind für sie Namen innerhalb einer Zahlwortreihe und werden nicht zueinander in Beziehung gebracht.
- lösen Aufgaben mehr oder weniger erfolgreich durch Zahlen oder durch die Anwendung unverstandener Regeln.
- bringen Rechenoperationen nicht oder nur eingeschränkt mit konkreten Handlungen in Verbindung und verstehen nicht deren Bedeutung.

Durch die Arbeit an eben diesen Grundlagen wird versucht, gemeinsam mit den Schülern ein solides Fundament zu erarbeiten, auf das sie sich bei ihrem weiteren Mathematikunterricht stützen können.

3 Fazit

> *„Wenn in den Vorlesungen über mögliche Kinderlösungen gesprochen wurde, hatten wir oft das Gefühl, dass diese so abwegig sind, dass sich die Dozenten diese ausgedacht haben müssen. Doch während der Förderung haben wir selbst gesehen und gemerkt, auf welche Lösungen Kinder kommen können und mit welcher Lösung sie an Aufgaben herangehen."* (Studentin an der Pädagogischen Hochschule Ludwigsburg, unveröffentlichte Studienarbeit)

Diese Rückmeldung einer Studentin zeigt deutlich, dass die Förderung ihre Berechtigung hat, und dass sie die Studierenden in einer äußerst wichtigen Kompetenz, der Fähigkeit, sich in das Denken von Kindern hineinzuversetzen, einen großen Schritt weiterbringt.

4 Literatur

Bönig, D. (1995). *Multiplikation und Division. Empirische Untersuchungen zum Operationsverständnis bei Grundschülern*. Münster: Waxmann

Gerster, H. – D. & Schultz, R. (2004). *Schwierigkeiten beim Erwerb mathematischer Konzepte im Anfangsunterricht*. Freiburg im Breisgau

Kaufmann, S. & Wessolowski, S. (2006). *Rechenstörungen. Diagnose und Förderbausteine*. Seelze: Kallmeyer

Rathgeb-Schnierer, E. & Wessolowski, S. (2009). *Diagnose und Förderung - ein zentraler Baustein der Ausbildung von Mathematiklehrerinnen und -lehrern im Primarbereich*. http://www.mathematik.uni-dortmund.de/ieem/BzMU/BzMU2009/Beitraege/RATHGEB-SCHNIERER_Elisabeth_WESSOLOWSKI_Silvia_2009_Diagnose.pdf [25.09.2012].

Kinder erkennen Strukturen

Eine praxisorientierte Annäherung an eine herausfordernde mathematische Kompetenz

Birgit Gysin,
Pädagogische Hochschule Ludwigsburg

Kurzfassung: Im Bildungsplan für die Grundschule von Baden-Württemberg sind inhaltsbezogene mathematische Kompetenzen aufgeführt, über die die Schüler im Umgang mit Mustern und Strukturen verfügen sollen: Es geht unter anderem darum, Muster erkennen, beschreiben, fortführen und erfinden zu können (Bildungsplan, 2004, S. 59 u. 61). Die Fähigkeit, die im vorliegenden Beitrag in den Mittelpunkt der Betrachtung gerückt wird, ist jene des Muster- bzw. des Struktur-Erkennens. Dabei werden Szenen einer Partnerarbeit dahin gehend analysiert, was bei den Kindern auslösend für einen Blick auf die Strukturen eines Musters war und worauf sich die neu gewonnene Strukturerkenntnis bezieht.

1 Strukturerkenntnis ist Mathematik

Dass Muster ein großes Potential dafür bieten, Mathematik zu lernen, ist in der Literatur vielfach beschrieben worden. Nicht erst seitdem die mathematische Leitidee „Muster und Strukturen“[1] in den Bildungsstandards (2005) formuliert worden ist, wird die Mathematik selbst als Wissenschaft von den Mustern bezeichnet. Derjenige, der Mathematik betreibt, sei auf der Suche nach Mustern (Devlin, 1997). Letztlich sind Muster im mathematischen Sinne so interessant, weil in ihnen Ordnungen, Strukturen, Beziehungen, Zusammenhänge, Auffällig-

---

1 Die Begriffe „Muster“ und „Strukturen“ werden in der mathematik-didaktischen Literatur meist synonym gebraucht (Wittmann & Müller, 2007). Das gilt grundsätzlich auch im vorliegenden Beitrag. Ich verwende jedoch im Zusammenhang mit der Fähigkeit des Erkennens eher den Begriff der Struktur, da in meinen Augen die Anforderung, die sich für Kinder mit dieser Kompetenz verbindet, damit eher zum Ausdruck kommt: Es reicht nicht, ein Muster zu sehen, vielmehr muss die Art und Weise, wie es gegliedert ist, also die zu Grunde liegende Struktur, erfasst werden.

keiten, Abhängigkeiten und Regelmäßigkeiten erkannt werden können (Selter, 2009).

In der Mathematikdidaktik gilt als unumstritten, dass die Untersuchung von Mustern die allgemeinen mathematischen Kompetenzen, wie zum Beispiel Problemlösen, Argumentieren und Kommunizieren, optimal unterstützt (Wittmann, 1994) und dass sie von Beginn an in der Grundschule betrieben werden sollte (Vogel & Wessolowski, 2005). „Mathematik ist die Wissenschaft von den Strukturen. Solche Strukturen untersuchen, Gesetzmäßigkeiten erkennen, fortsetzen, das ist Mathematik. Sie kann und soll auch schon in der Grundschule betrieben werden“ (Radatz, Schipper, Dröge & Ebeling, 1999, S. 48).

Eine weitere unabweisbare Erkenntnis besteht darin, dass sich ein Verständnis für mathematische Muster nicht von selbst entwickelt. Die dem Muster innewohnenden Strukturen sind beim Betrachten nicht einfach ablesbar. „Das Erkennen von Mustern und Strukturen ist kein reiner Wahrnehmungsakt. […] Insofern hilft der Hinweis ‚Schau genau hin’ nicht weiter, denn das Kind sieht nicht die Struktur“ (Lorenz, 2006 b, 45). Das Regelmäßige, die Beziehungen und Strukturen im Muster müssen zunächst vom einzelnen Kind entdeckt und als solche erkannt werden. Das ist kein trivialer Akt, sondern stellt eine hohe kognitive Fähigkeit (Lorenz, 2006 a) dar, die es zu entwickeln gilt.

Die mathematische Kompetenz des Strukturerkennens nimmt unter den im Bildungsplan aufgeführten Kompetenzen zur Leitidee „Muster und Strukturen“ eine Sonderrolle ein: Ohne sie können die drei anderen Kompetenzen des Beschreibens, Fortführens und Erfindens von Mustern nicht entwickelt werden: Um ein Muster in seiner Regelmäßigkeit beschreiben und fortführen zu können, muss zuvor die zugrunde liegende Musteridee erkannt worden sein. Auch das Erfinden eines Musters kann nicht ganz „ins Blaue hinein“, also nicht ohne Strukturerkenntnis erfolgen. Manchmal mag sich eine solche Erkenntnis erst im Prozess des Erfindens anbahnen oder präzisieren, manchmal hat man eine solche Erkenntnis aber auch schon geistig vor Augen, bevor die Musteridee konkret umgesetzt wird. In jedem Fall geben das Beschreiben, Fortführen und Erfinden eines Musters Aufschluss darüber, ob das Aufbauprinzip eines Musters verstanden und damit erkannt worden ist.

Um zunehmend mehr davon zu verstehen, wie Kinder Muster erkennen und in ihren Strukturen verstehen können, halte ich es für eine wichtige Aufgabe der Mathematikdidaktik, Schülerinnen und Schüler in ihrem Umgang mit Mustern zu beobachten und Situationen zu beschreiben, in denen sie etwas vom mathematischen Gehalt eines Musters erkannt haben.

2 Strukturen bei Mustern an Punktefeldern erkennen

Am Beispiel eines Aufgabenformates zu Mustern an Punktefeldern[2] wird im Folgenden aufgezeigt, wie Kinder das mathematische Potential der Muster genutzt haben und wodurch sie angeregt wurden, die den Mustern zu Grunde liegenden Strukturen zu erkennen und zu nutzen. Charakteristisch für die vorliegende Lernumgebung ist dabei eine Kombination geometrischer und arithmetischer Aufgabenstellung.

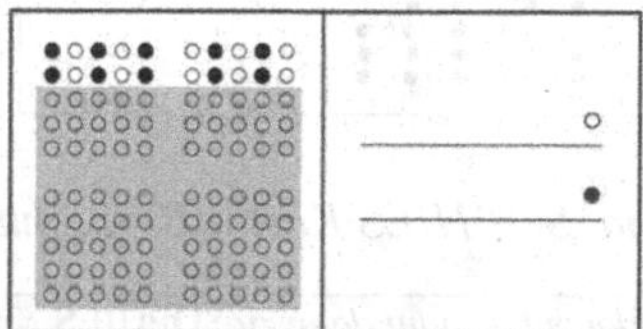

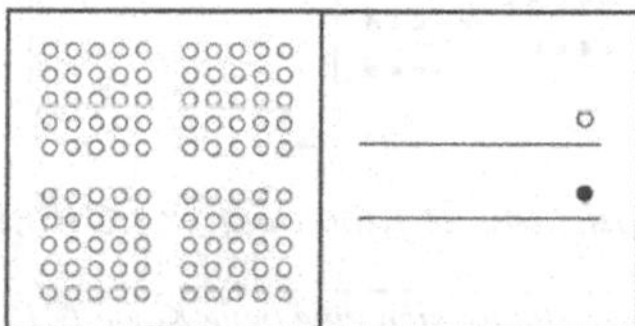

Abbildung 1: Aufgabenbeispiel

Um ein vorgegebenes Muster im 20er- oder 100er-Feld[3] auf das jeweils andere Punktefeld zu übertragen, muss ein geometrisches Aufbauprinzip des Musters erkannt worden sein und gegebenenfalls fortgeführt werden. Die arithmetische Aufgabenstellung der Anzahlbestimmung gefärbter und nicht gefärbter Kreise kann dazu anregen, nicht nur über ein teilweise mühsames einzelnes Abzählen der Kreise die Anzahl zu ermitteln, sondern sich die Struktur des Musters zu Nutze zu machen.

Die folgenden Episoden sind in der Unterrichtsphase der Partnerarbeit aufgezeichnet worden. Sie geben in Auszügen wieder, wie sich die Erstklässlerin *jana* und die Zweitklässlerin SOPHIE[4] mit den Aufgabenstellungen auseinandergesetzt haben.

---

2 Das ursprünglich von Nührenbörger & Pust (2006) entwickelte Aufgabenformat „Muster an Punktefeldern" habe ich weiterentwickelt und im Rahmen einer Untersuchung zu mathematischen Lerndialogen von Kindern in der Jahrgangsmischung eingesetzt.

3 In der Erarbeitungsphase wurde den Kindern gezeigt, dass das 100er-Feld mit einem Papier abgedeckt werden kann, so dass ein 20er-Feld übrig bleibt. In diesem Zuge wurden die Kinder mit der Darstellung des abgedunkelten Bereichs unter dem 20er-Feld vertraut gemacht.

4 Im Sinne einer besseren Lesbarkeit sind in den Dialogauszügen die Rede- und Handlungsbeiträge von jana kursiv und die von SOPHIE normal gedruckt. Die Schreibweise, für das jüngere Kind Kleinbuchstaben und für das ältere Kind Großbuchstaben zu wählen, geht auf Nührenbörger & Pust (2006) zurück.

2.1 Vergleich von Musterkarten

Die erste Aufgabe bestand darin, dass jede Schülerin für sich bei mehreren Kärtchen die Anzahl gefärbter und ungefärbter Kreise bestimmt. Beim Einsetzen des Dialogausschnittes sind die Kinder mit Kärtchen befasst (vgl. Abbildung 2).

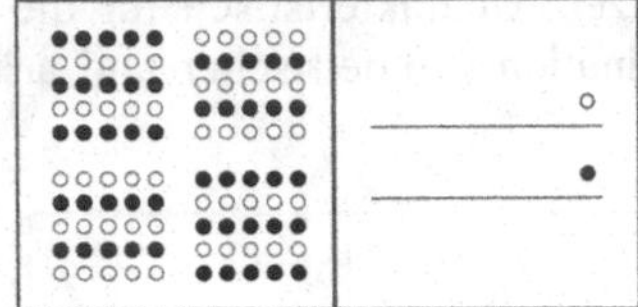

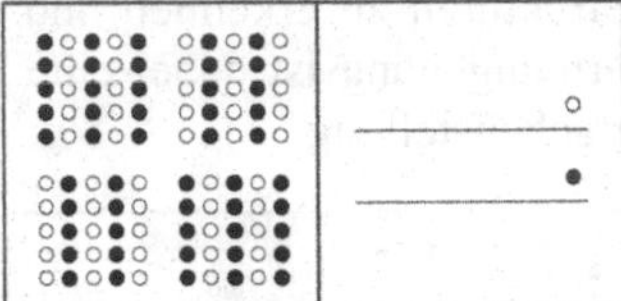

Abbildung 2: janas Karte (A)(links) und SOPHIES Karte (B) (rechts)

1	*[jana nimmt sich eine neue Karte [A], blickt darauf, schaut dann zu* SOPHIES *Karte [B]]* ***Ich muss jetzt auch das machen.***
2	[SOPHIE blickt auf *janas* Karte, dann auf ihre eigene, dann wieder auf *janas* Karte] **Ist bisschen anders, meins** [blickt dabei wieder auf ihre eigene Karte].
3	[...]
4	**Das stimmt, fünfzig stimmt. Das ist so.**
5	***Ist das bei dir auch?*** *[blickt auf* SOPHIES *Karte]*
6	[SOPHIE schaut ihre Karten an] **Ne, das hab ich noch nicht gehabt.**
7	*[jana blickt auf eine von* SOPHIES *Karten]* ***Das hab ich grad gemacht.***

Tabelle 1:Gesprächssequenz 1 zwischen jana und SOPHIE

SOPHIE und *jana* arbeiten für sich und doch nicht völlig losgelöst voneinander. Während beide Kinder die Anzahlen der gefärbten und ungefärbten Kreise für ihre jeweilige Musterkarte bestimmen, verfolgt jede mit interessierten Blicken, welche Karte vor der Mitschülerin liegt.

jana hatte sich bisher mit Karten auseinandergesetzt, bei denen sich die Anzahlbestimmung auf den Ausschnitt des 20er-Feldes bezieht. Die neue Karte, die sie sich vornimmt, löst bei ihr einen Vergleich mit jener aus, die noch vor SOPHIE liegt. Ihre Einschätzung [1] lässt vermuten, dass für sie der Wechsel von gefärbten und ungefärbten Fünferreihen als übereinstimmendes Strukturmerkmal deutlich hervortritt, unabhängig davon, ob diese Reihen senkrecht oder waagerecht angeordnet sind. Durch *janas* Aussage wird auch ihre Partnerin dazu angeregt, beide Musterkarten zu vergleichen, wobei SOPHIE zu einer anderen Einschätzung als ihre Mitschülerin gelangt [2].

Der Hinweis von SOPHIE [4] bezieht sich darauf, dass sie *jana* nach den mühsam ermittelten 50 gefärbten Kreisen ein weiteres einzelnes Abzählen der 50 ungefärbten Kreise ersparen möchte. Darauf reagiert *jana* mit der rückversichernden Nachfrage, ob ihre Partnerin bei ihrer Karte [B] auch auf diese Anzahl gekommen sei [5]. Dies wäre ein überzeugendes Argument für *jana*, da sie ja eine Entsprechung in den Mustern beider Karten erkannt hat. SOPHIE versteht *janas* Frage jedoch so, ob das Muster der vor *jana* liegenden Karte auch unter ihren Karten zu finden ist. Ihre Antwort [6] weist darauf hin, dass für SOPHIE nach wie vor auf den Karten A und B Muster dargestellt sind, die voneinander zu unterscheiden sind [2 und 6].

Indem SOPHIE alle ihre Karten nacheinander aufdeckt [6], bietet sich für *jana* die Gelegenheit, dies mitzuverfolgen und einen Blick auf alle Muster zu werfen. Das Muster einer weiteren Karte erkennt sie korrekt als jenes, für das sie bereits die Anzahlen ermittelt hat [7].

Wir erfahren nicht, was genau die Schülerinnen bei den einzelnen Mustern, die sie betrachten, erkennen. Dass sie aber beim Vergleichen Übereinstimmungen zwischen den Mustern feststellen können oder auch gerade nicht, zeigt, dass sie ihre Aufmerksamkeit auf die geometrische Darstellung der Muster gerichtet haben. Die Urteile „gleich" oder „verschieden" setzen ein Erkennen von übereinstimmenden oder voneinander zu unterscheidenden Strukturen voraus. Dass die Kinder eine solche Perspektive zum vergleichenden Erkennen von Strukturmerkmalen der Muster einnehmen, hat im vorliegenden Fall damit zu tun, dass sie durch das wechselseitige Interesse am Reden und Tun der jeweils anderen dazu angeregt werden.

2.2 Anzahlbestimmung von Kreisen in einem Muster

Mit einer weiteren Aufgabenstellung waren die Kinder auf einem Arbeitsblatt (Abbildung 3, im Original DIN A3) konfrontiert.

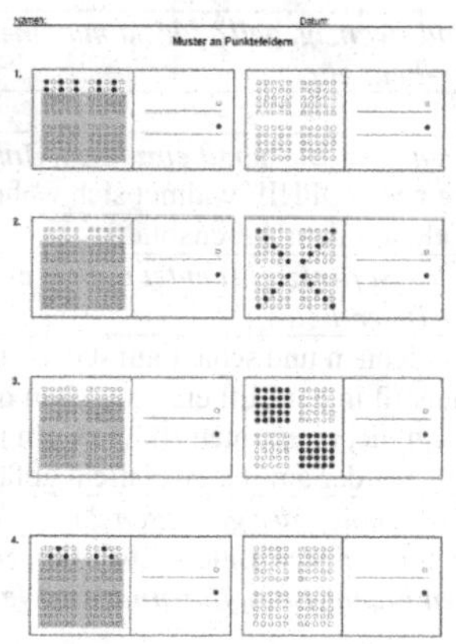

Abbildung 3: Arbeitsblatt

Hierbei muss die Struktur eines Musters im 20er- oder 100er-Feld erkannt und auf dem jeweils anderen Feld umgesetzt werden. Im Falle des Übertragens vom 20er- auf das 100er-Feld ist also die Kompetenz des Fortführens eines Musters gefragt. Die bereits bekannte Anforderung der Anzahlbestimmung gefärbter und ungefärbter Kreise (vgl. 2.1) ergänzt die geforderten Tätigkeiten des Mustererkennens und –fortführens.

Das Arbeitsblatt positionierten die Kinder mittig zwischen sich, so dass beide gut darauf blicken konnten. Die Spalte mit den 20er-Feldern war näher bei *jana* und jene mit den 100er-Feldern näher bei SOPHIE. Jede Schülerin bearbeitete „ihre" Karten, fühlte sich also sowohl für die Musterdarstellung – sofern diese nicht vorgegeben war – als auch für die Anzahlbestimmungen der Kreise zuständig. Wie bereits bei der Aufgabenstellung unter 2.1 geschildert, arbeiteten die Schülerinnen auch bei der vorliegenden Aufgabe zunächst einmal jede für sich. Jedoch unterbrachen sie auch in dieser Phase der Partnerarbeit immer wieder das separate Arbeiten und interessierten sich beide für das, was die Mitschülerin auf „ihrer" Seite des Blattes aufschrieb oder –zeichnete.

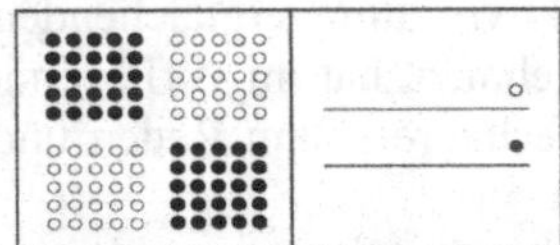

Abbildung 4: Muster im 100er-Feld

1	[SOPHIE widmet sich dem vorgegebenen Muster beim 100er-Feld (Abb. 4) und notiert zügig zweimal 50 als Anzahlen der nicht gefärbten und der gefärbten Kreise, *jana schaut zu*]
2	***Ehm, in jedem Fächle sind zwanzig, gell?*** *[deckt mit einer Hand den oberen linken 25er-Block aus dem 100er-Feld ab]*
3	**Ehm, fünfundzwanzig.**
4	*[jana zählt im linken oberen 25er-Block mit einzelnem Antippen die gefärbten Kreise. Dabei geht sie zeilenweise vor.* SOPHIE widmet sich währenddessen dem nächsten zu bearbeitenden 100er-Feld auf dem Arbeitsblatt]
5	***Fünfundzwanzig! Hier, des ist fünfzig!*** [*deutet auf die zwei von* SOPHIE *notierten Zahlen beim vorliegenden 100er-Feld*]
6	[SOPHIE unterbricht ihr Zeichnen und schaut auf das vorliegende 100er-Feld] **Ja, guck.** [fährt mit ihrem Bleistift in der Luft erst zwischen den beiden gefärbten 25er-Blöcken, dann zwischen den nicht gefärbten Blöcken ein paar Mal hin und her] **das sind ja zwei!** [deutet nacheinander auf die zwei nicht gefärbten 25er-Blöcke]
7	[*jana schaut eine Weile in Richtung der gezeigten 25er-Blöcke*, SOPHIE zeichnet weiter an ihrem Muster beim nächsten 100er-Feld] ***Ach, zusammen, ja*** [*jana schaut vom Arbeitsblatt auf in den Raum*] ***Ehm, fünfundzwanzig plus fünfundzwanzig gibt ja fünfzig.***

Tabelle 2:Gesprächssequenz 2 zwischen jana und SOPHIE

Die Erstklässlerin hat in dieser Episode eine für sie neue arithmetische Struktur am Muster des 100er-Feldes erkannt: Mit Hilfe ihrer Partnerin erschließt sie sich Schritt für Schritt, dass einer der vier Blöcke auf dem 100er-Feld aus 25 Kreisen besteht und dass die Anzahl aller gefärbten wie auch nicht gefärbten Kreise aus zwei Blöcken, also aus zwei mal 25 Kreisen und damit aus 50 Kreisen bestehen muss. Dass es überhaupt zu dem Gespräch mit immer wieder neuen Impulsen für *jana* kommt, liegt ursprünglich darin begründet, dass *jana* ihrer Partnerin zusieht und ihre Gedanken laut äußert [1 und 2]. Vielleicht war das schnelle Eintragen der Anzahlen durch SOPHIE Anlass für *jana* darüber nachzudenken, wie ihre Mitschülerin überhaupt so schnell die Kreisanzahlen bei so vielen Kreisen bestimmen kann, wo sie selber doch seither schon bei den „kleineren" Mustern der 20er-Felder deutlich länger gebraucht hat. Im Bemühen, auf eine Idee zur Anzahlbestimmung zu kommen, die nichts mit einem einzelnen Abzählen der Kreise zu tun hat – denn diese Vorgehensweise konnte sie ja bei ihrer älteren Mitschülerin auch nicht beobachten – kam *jana* möglicherweise darauf, einen Block des 100er-Feldes überhaupt erst einmal in den Blick zu nehmen und ihre Schätzung der gefärbten Kreisanzahlen dafür abzugeben [2]. Im folgenden Gesprächsverlauf wendet sich SOPHIE ihrer jüngeren Mitschülerin nicht mit ausführlichen Hilfestellungen zu. Denn sie möchte verständlicherweise ihre Aufgabe beim vierten 100er-Feld zu Ende bringen, nachdem sie gesehen hat, dass die Partnerin ihre Seite des Arbeitsblattes bereits komplett fertig hat. Die einzelnen, teilweise knappen Hinweise reichen *jana* aus, um die Aussagen und Handlungen der Partnerin für sich nachzuvollziehen.

Die Grundlage für das Erkennen von Strukturmerkmalen des Musters bildet bei *jana* in dieser Episode ihr Beobachten und Verstehen-Wollen dessen, was SOPHIE macht. Dabei äußert *jana*, was ihr auffällt und was sie nicht versteht. Zugleich ist SOPHIE trotz ihres Eingebundenseins in das vierte Musterbeispiel immer wieder bereit, ihre Arbeit für kurze Zeit zu unterbrechen und *jana* einen Hinweis zu geben.

2.3 Verständigung über Musterideen

Auf der Rückseite des DIN-A3-Blattes (vgl. 2.2) waren die Kinder herausgefordert, an leeren 20er- und 100er-Feldern eigene Muster zu erfinden. Die folgenden drei Musterideen setzten *jana* und SOPHIE um:

2.3.1 „Immer abwechselnd“

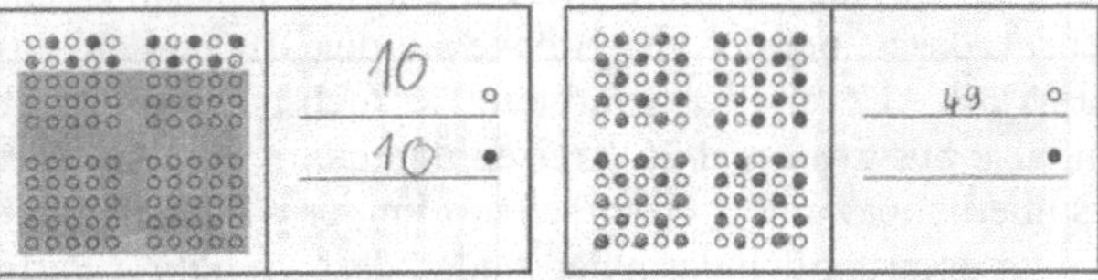

Abbildung 5: Mustererfindung 1

1	***Also warte, jetzt machen wir eins und hier eins freilassen*** *[tippt rechten oberen Kreis des 20er-Feldes an und anschließend den darunter],* ***da …*** *[zeigt auf zweiten oberen Kreis von rechts], |* ***hier eins freilassen und da*** *[tippt nochmals auf den zweiten oberen Kreis von rechts und danach auf den darunter]*
2	| **Also eins** [tippt auf rechten oberen Kreis]
3	***Einen anmalen und eins freilassen*** *[tippt auf rechten oberen Kreis und auf den darunter]*
4	**Also anmalen** [hebt Stimme und malt oberen rechten Kreis an]
5	***Und da, da eins freilassen und da*** *[tippt auf zweiten oberen Kreis von rechts und auf den darunter] |* ***einen anmalen***
6	| **O.K. … Also so?** [deutet auf weiteren angemalten Kreis und wendet sich mit fragendem Blick *jana* zu]
7	***Ja, immer abwechselnd.***

Tabelle 3:Gesprächssequenz 3 zwischen jana und SOPHIE

Muster zu erfinden, bereitet Kindern meist Freude. Auch *jana* und SOPHIE haben sich auf diese letzte Aufgabenstellung gerne eingelassen und - nachdem sie bereits eine knappe halbe Stunde Partnerarbeit absolviert haben - nochmals große Konzentration dafür aufgebracht. Den bereits bekannten Anforderungen des Übertragens von gegebenen Mustern auf das jeweils andere Zahlenfeld (vgl. 2.2) und der Anzahlbestimmung (vgl. 2.1 und 2.2) gehen hierbei wichtige und nicht selbstverständliche Tätigkeiten voraus: das Erfinden eines Musters und, häufig noch schwieriger, ein Sich-Verständigen über die jeweilige Musteridee. Da die beiden Schülerinnen die Bearbeitung des Arbeitsblattes nach wie vor so gestalteten, dass sich *jana* für die linke (20er-Felder) und SOPHIE für die rechte Spalte (100er-Felder) des Arbeitsblattes zuständig fühlten, bedurfte es der Absprache, damit auf beiden Zahlenfeldern dieselbe Musteridee umgesetzt würde. Für das erste Kartenpaar bringt *jana* eine Idee ein. Die Beschreibung erfolgt nicht allein auf sprachlicher Ebene, sondern mit direktem Bezug auf das 20er-Feld, an dem *jana* ihrer Partnerin zeigt, wie sie sich die Färbung vorstellt [1]. SOPHIE ist herausgefordert, die von *jana* erdachte Struktur für sich nachzuvollziehen. Auch für die Rückversicherung, ob sie das Muster richtig verstanden habe, bezieht SOPHIE die visuelle Darstellung ein und deutet auf Kreise bzw. färbt direkt im Zahlenfeld [2, 4, 6].

Die Veranschaulichung in Form der geometrischen Darstellung des Musters stellt für die Schülerinnen eine wichtige Gesprächsbasis dar, um sich über die zu Grunde liegende Musteridee verständigen zu können. Außerdem kann in der vorliegenden Episode die Visualisierung als wichtiger Impuls für neue Einsichten in die Musterstrukturen gesehen werden: *jana* geht mit einer klaren Vorstellung für ein Muster an die Aufgabe heran. Mehrfach beschreibt sie auf die gleiche Weise, welche Kreise anzumalen und welche freizulassen sind [1, 3, 5]. Sie mag also für sich die Struktur des Wechsels von Färbung und Nicht-Färbung bei jedem neuen Kreis erkannt und klar vor Augen haben. Erst nach dem Eindruck der begonnenen Visualisierung durch SOPHIE [4, 6] ist *jana* in der Lage, die Struktur ihrer Musteridee sprachlich neu zu fassen, worin sich möglicherweise auch eine neue Wahrnehmung der Musterstruktur widerspiegelt: Mit der knappen Formulierung „immer abwechselnd" bringt sie die vorigen umfangreichen Beschreibungen auf den Punkt.

2.3.2 „Die ganze Reihe schwarz, weiß, schwarz, weiß"

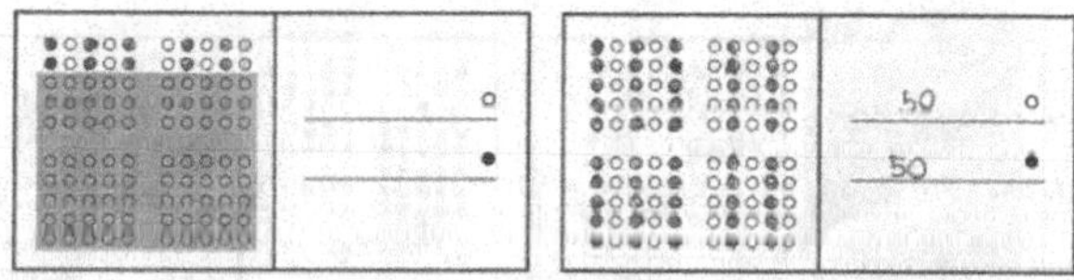

Abbildung 6: Mustererfindung 2

1	*[jana wendet sich dem leeren 20er-Feld zu]* ***Ich mach jetzt auch ein Muster. Jetzt machen wir aber die schwarz | und die schwarz*** *[tippt den zweiten und den vierten Kreis von rechts in der obersten Zeile des 20er-Feldes an]*
2	**| Jetzt darf ich eins aussuchen. O.k.? Jetzt darf ich aussuchen. … Hier die ganze Reihe schwarz, weiß, schwarz, weiß, o.k.?** [fährt mit dem Stift in der Luft über die erste Spalte von links im 100er-Feld, dann über die zweite, dritte und vierte Spalte]
3	***Aber so war's doch auch hinten*** *[dreht das Arbeitsblatt um]*
4	**Gar net, oder?**
5	*[jana tippt mit dem Bleistift auf das rechte obere 100er-Feld, vgl. Abb. 7]*
6	**Ne, da war's halb, guck.**
7	***Em*** *[jana schaut auf die restlichen Muster in den 100er-Feldern und dreht das Arbeitsblatt wieder um]* ***O.k..***
8	*[jana färbt Kreise beim 20er-Feld,* SOPHIE beim 100er-Feld] ***Ich muss net so viel malen und du?***
9	**Ich schon … aber des geht wenigstens einfach zu rechnen.**
10	[…]
11	**Zehn, zwanzig, dreißig, vierzig, fünfzig** [fährt dabei mit dem Bleistift in der Luft von links her über die gefärbten Spalten im 100er-Feld und notiert zweimal „50" bei den vorgesehenen Linien für die Kreisanzahlen]

Tabelle 4: Gesprächssequenz 4 zwischen jana und SOPHIE

jana hat offensichtlich eine klare Vorstellung davon, wie sie die von ihr eingebrachte erste Musteridee variieren möchte [1]. Ihre ältere Mitschülerin weiß sich jedoch beim zweiten Muster dafür einzusetzen, dass sie auch zum Zug kommt und spricht im Gegensatz zu *jana* nicht von einzelnen zu färbenden Kreisen, sondern gleich von ganzen Reihen [2]. Möglicherweise ist für die von SOPHIE vorgeschlagene klare Musterstruktur mit ausschlaggebend, dass die Anzahlen gefärbter und ungefärbter Kreise auch im 100er-Feld geschickt ermittelt werden können [9]. Beim vorigen Muster hatte sie nämlich mühevoll alle gefärbten Kreise einzeln abgezählt und äußerte schon im Vorfeld die Vorahnung: „Oh, oh, bei mir wird's schwierig!"

jana erkennt in der von SOPHIE beschriebenen und gezeigten Musteridee abwechselnd gefärbter 10er-Reihen eine Struktur, die ihr von einem der vorigen Muster bekannt vorkommt. Beide Mädchen richten ihre Aufmerksamkeit gezielt auf die Struktur des entsprechenden Musters auf der Vorderseite des Arbeitsblattes (Abbildung 7):

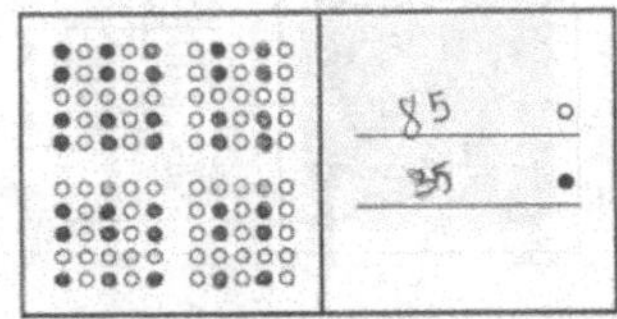

Abbildung 7: Mustererfindung 3

SOPHIE erkennt als Strukturunterschied, dass die Reihen nicht durchgängig gefärbt sind, sondern von einzelnen nicht gefärbten Kreisen unterbrochen sind. Damit entstehen in der oberen Hälfte des 100er-Feldes Reihen, die in der Hälfte unterbrochen sind, was SOPHIE möglicherweise zur Formulierung „da war's halb" veranlasste. Auch *jana* kann daraufhin einen Unterschied in den Mustern erkennen und akzeptiert die neue vorgeschlagene Musteridee ihrer Mitschülerin. Dass die Schülerinnen überhaupt zum Erkennen unterschiedlicher Musterstrukturen herausgefordert sind, liegt in der Form des Dialogs begründet, wie die beiden Mädchen ihn pflegen: Die eine wird in das Vorhaben der anderen miteinbezogen und beide teilen einander offen ihre Gedanken mit, auch dann, wenn Missverständnisse und Unklarheiten da sind [3, 4, 6].

2.3.3 „Und dann vier wieder frei“

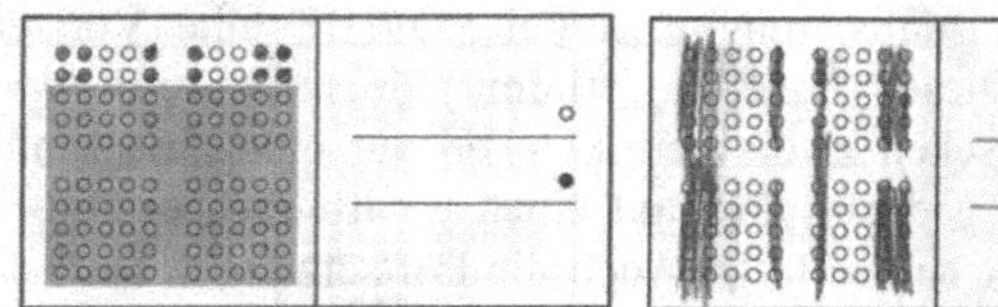

Abbildung 8: Mustererfindung 3

1	**Jetzt darfst du wieder ein Muster aussuchen.**
2	*[jana wendet sich dem 20er-Feld zu]* ***Jetzt machen wir aber jetzt so ..schwarz und weiß und wieder schwarz und wieder*** *[tippt immer einen Viererblock von Kreisen an; dabei geht sie von rechts nach links vor und verbindet mit ihrem Mittelfinger die beiden mittigen Zweierspalten zu einem Viererblock]*
3	**Wie?! Mal's mal! Ich hab's nicht kapiert.**
4	*[jana färbt die rechte Zweier-Spalte beim 20er-Feld]*
5	**Ah, o.k..**
6	*[jana färbt die zweite Zweier-Spalte von rechts]*
7	**Das ganze Brett schwarz!?**
8	***Nein…. Bis hier schwarz, guck.***
9	**Ah!** [SOPHIE wendet sich bzgl. der Färbung im 100er-Feld zunächst nur dem oberen 20er Bereich zu und färbt dabei den rechten oberen Viererblock, lässt eine Zweier-Spalte frei, färbt wieder einen Viererblock, lässt eine Spalte frei und färbt nochmals einen Viererblock]
10	**Ehm** [blickt auf das 20er-Feld] **Und wie geht's da weiter?** [deutet auf die erste Zeile im abgedunkelten Bereich]
11	***Immer so weiter*** *[zeigt auf ihre Färbung des 20er-Feldes]*
12	[blickt auf 20er-Feld] **Oh, ich hab' was falsch!**
13	*[jana deutet auf dritte und vierte Spalte von rechts im 100er-Feld]* ***Und dann vier wieder frei*** |
14	| **Ratzge!** [beugt sich auf *janas* Seite und signalisiert, dass sie ihren Radiergummi gerne möchte]
15	***Und dann <u>da</u> schwarz*** *[deutet auf die 5. und 6. Spalte von rechts im 100er-Feld]* |
16	| **Ratzge!** [SOPHIE radiert und verbessert das bisherige Muster in *janas* Sinne]
17	**Und wie geht's hier weiter?** [deutet beim 20er-Feld von *jana* auf den abgedunkelten Bereich]
18	***Da geht's genau so weiter.***
19	**Also so?** [deutet mit dem Stift an, direkt unter dem rechten Viererblock in den Spalten weiter zu färben]
20	***Ja.***
21	**Oder vier frei lassen?**
22	***Nein, weiter so.***
23	**O.k..**
24	…
25	*[jana lacht]* ***Gell, das ist kompliziert?***

Tabelle 5:Gesprächssequenz 5 zwischen jana und SOPHIE

Zur Verständigung über die Musteridee von *jana* reichen ein Beschreiben und Deuten auf dem 20er-Feld nicht aus [3]. Erst das Färben eines Viererblocks und damit eine konkrete Visualisierung lässt bei SOPHIE eine Vorstellung vom Muster entstehen [9]. Diese Vorstellung stimmt jedoch nicht mit *janas* überein: Während SOPHIE zwischen zwei Viererblöcken nur eine Kreisspalte freilässt, hat *jana* ihr Muster so gedacht, dass auf einen gefärbten Viererblock auch ein Viererblock ungefärbter Kreise folgt. Auch die Fortsetzung des Musters für das gesamte 100er-Feld bedarf der Klärung. SOPHIE hätte sich vorstellen können, dass die Viererblock-Idee auch nach unten hin fortgesetzt wird, dass also unter einen gefärbten Block ein Viererblock ungefärbter Kreise folgt [21]. *jana* gibt ihr jedoch zu verstehen, dass die Färbung im 100er-Feld nach unten so weiter geht wie im 20er-Feld begonnen, ohne Freiräume dazwischen zu lassen.

Die Hinweise, Rückmeldungen und konkreten Färbungen von *jana* lassen bei SOPHIE immer wieder eine neue mögliche Musterstruktur vor Augen treten [7, 9, 19, 21]. Durch SOPHIES beharrliches Nachfragen und Verstehen-Wollen der Musteridee gelangt sie Schritt für Schritt zum Erkennen der Struktur, wie sie von *jana* gedacht ist. Umgekehrt bilden die Rückfragen von SOPHIE und ihre zeichnerische Umsetzung des Musters immer wieder einen neuen Anlass für *jana*, sich ihre erdachte Struktur klar vor Augen zu führen und Abweichungen davon als solche zu erkennen.

3 Zusammenfassung

In den vorliegenden Beispielsituationen tritt als übereinstimmendes Merkmal hervor, dass dem Erkennen neuer Strukturen und Zusammenhänge bei den Mustern ein Interesse am Tun und an den Überlegungen der Partnerin vorausgeht. Wenn die Mitschülerin bei verschiedenen Musterkarten Anzahlen bestimmt, wenn sie Muster fortführt und erfindet, wenn sie ihre Gedanken dazu äußert, was sie sieht – all dies stellten für *jana* und SOPHIE Anlässe dar, die Aufmerksamkeit auf bestimmte Aspekte des Musters zu richten, die zuvor nicht im Blickfeld des jeweiligen Kindes lagen. Die neue Sicht auf die Strukturen im Muster und damit auch ein Erkennen der Struktur selber beziehen sich in den Dialogauszügen auf das Erkennen übereinstimmender oder voneinander zu unterscheidender Strukturmerkmale (vgl. 2.1 und 2.3.3), auf das Erkennen der arithmetischen Struktur in der geometrischen Darstellung eines Musters (vgl. 2.2), auf das Nachvollziehen einer erfundenen Musteridee (vgl. 2.3) und auf das Erfassen der Regelmäßigkeit einer erdachten Struktur bei ihrer Visualisierung (vgl. 2.3.1).

Als *herausfordernd* schätze ich die betrachtete mathematische Kompetenz des Erkennens von Strukturen in dreierlei Hinsicht ein:

- Die Schülerinnen haben nicht einfach die Muster gesehen und die ihnen innewohnenden Strukturen erkannt. Die Aufmerksamkeit muss gezielt auf bestimmte Strukturmerkmale gerichtet werden. Das Erkennen abstrakter Strukturen stellt dann immer eine herausfordernde geistige Tätigkeit für die Kinder dar.

- Das Ermöglichen von Situationen, in denen Kinder Strukturen entdecken und erkennen können, ist eine Herausforderung für guten Mathematikunterricht. Neben sinnvollen Aufgabenformaten sind dabei Momente des gegenseitigen Austauschs wichtig, in denen Schülerinnen und Schüler mitteilen und erfahren können, was sie selber und andere in den Mustern sehen.

- Das Erkennen von Strukturen ist keine einfach zu beobachtende Kompetenz bei Kindern. Wir können sehen oder hören, ob Schüler in der Lage sind, Muster zu beschreiben, fortzusetzen und zu erfinden. Aber ob und welche Strukturen sie erkannt haben, das ist erst einmal ein Akt, der sich nur im Kopf vollzieht und für den dann bestimmte Fähigkeiten wiederum Indiz sein können. Somit stellt es für die mathematikdidaktische Forschung eine Herausforderung dar, Methoden zu entwickeln, mit Hilfe derer man dem Erkennen von Strukturen bei Grundschulkindern auf die Spur kommen kann, und zugleich Faktoren zu beschreiben, die zur Anregung von Strukturerkenntnis bei Kindern beitragen können. Im vorliegenden Beitrag hat sich der Aspekt des Miteinander- und Voneinander-Lernens als einer erwiesen, den es dabei weiter zu vertiefen gilt.

4 Literatur

Devlin, K. (1997). *Mathematics, the Science of Patterns. The search for order in life, mind, and the universe*. Second Printing. New York: Scientific American Library.

Lorenz, J. H. (2006 a). Muster erkennen. *Grundschule Mathematik, 8*, 20-21.

Lorenz, J. H. (2006 b). Verschiedene Bereiche – gleiche Struktur. *Grundschule Mathematik, 8*, 44-45.

Ministerium für Kultus, Jugend und Sport Baden-Württemberg (Hrsg.) (2004). *Bildungsplan für die Grundschule*. Ditzingen: Reclam.

Nührenbörger, M. & Pust, S. (2006). *Mit Unterschieden rechnen. Lernumgebungen und Materialien für einen differenzierten Anfangsunterricht Mathematik.* Seelze: Kallmeyer / Klett.

Radatz, H., Schipper, W., Dröge, R. & Ebeling, A. (1999). *Handbuch für den Mathematikunterricht. 3. Schuljahr*. Hannover: Schroedel.

Sekretariat der Ständigen Konferenz der Kultusminister der Länder in der Bundesrepublik Deutschland (Hrsg.) (2005). *Bildungsstandards im Fach Mathematik für den Primarbe-*

reich (Jahrgangsstufe 4). Beschluss der Kultusministerkonferenz vom 15.10.2004. Verfügbar unter http://www.kmk.org/bildung-schule/qualitaetssicherung-in-schulen/bildung sstandards/ueberblick.html [10.02.2009].

Selter, C. (2009). Jedes Kind kann mathematisch forschen. In T. Leuders, L. Hefendehl-Hebeker & H.-G. Weigand (Hrsg.): *Mathemagische Momente*. Berlin: Cornelsen.

Vogel, R. & Wessolowski, S. (2005). Muster und Strukturen. Eine Leitidee für den Mathematikunterricht. In J. Engel, R. Vogel & S. Wessolowski (Hrsg.): *Strukturieren – Modellieren – Kommunizieren. Leitbilder mathematischer und informatischer Aktivitäten* (S. 39 – 50). Hildesheim, Berlin: Franzbecker.

Wittmann, E.C. (1994). Legen und Überlegen - Wendeplättchen im aktiv-entdeckenden Rechenunterricht. *Die Grundschulzeitschrift*, 72, 44 - 46.

Wittmann, E. C. & Müller, G. N. (2007). Muster und Strukturen als fachliches Grundkonzept. In G. Walther, M. van den Heuvel-Panhuizen, D. Granzer & O. Köller (Hrsg.): *Bildungsstandrads für die Grundschule: Mathematik konkret* (S. 42 – 65). Berlin: Cornelsen.

Abstraktion

Die einfache Sicht der Dinge

Dieter Klaudt,
Pädagogische Hochschule Ludwigsburg

Kurzfassung: Anekdote aus der Schulpraxis zum Thema geometrische und arithmetische Muster in einer 2. Klasse Grundschule.

Von unseren Studierenden hören wir immer wieder: " Mathematik ist mir zu abstrakt und zu theoretisch". Die folgende kleine Anekdote macht deutlich, dass das, was der eine als abstrakt empfindet für andere eigentlich ganz natürlich ist.

Wir, d. h. meine Schulpraxisgruppe bestehend aus 8 Studentinnen ich gehen jede Woche einmal in die Schule zu unserer Lehrerin und zu unseren beiden Klassen, einer Zweiten und einer Vierten. In der zweiten Klasse stand Geometrie und dabei das Thema 'Geometrische Muster' für die nächste Stunde an. Bei der Vorbesprechung und bei den Planungen hatten wir uns überlegt, dass man nicht nur mit geometrischen Mustern arbeiten sollte, sondern, um die Beziehungen zwischen verschiedenen mathematischen Teilbereichen und Leitideen deutlich zu machen, auch einfache Zahlenreihen daneben stehen sollten.

Die Studentin, welche in dieser Stunde die Rolle der Lehrerin übernahm hatte sehr schöne farbige Muster aus Quadraten, Rechtecken und Kreisen vorbereitet die sie zu Beginn der Stunde als stummen Impuls an die Tafel hängte.

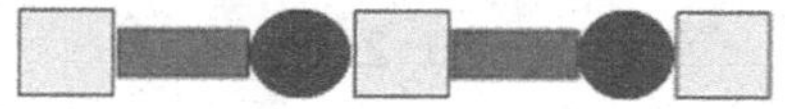

Abbildung 1: Beispielmuster

Die Kinder ließen sich sofort darauf ein:

"Das ist immer abwechselnd bunt ..."

"Das sind drei verschiedene Formen und insgesamt hängen sieben dran ..."

"Das dürfen wir sicher heute basteln ..."

"Das sind immer dieselben Formen, so Quadrat, Viereck, Kreis ..."

"Ja, das ist immer Quadrat, Rechteck, Kreis und dann wieder von vorne ..."

usw.

Nachdem die Bezeichnungen Quadrat, Rechteck und Kreis für die verschiedenen Formen und der Rapport , also das Stück, die Kombination, die sich ständig wiederholt, geklärt waren, wurden die Muster durch Anhängen von weiteren Formen in der erkannten Reihenfolge verlängert.

Nun wurde es spannend. Die Lehrerin schrieb die erste einfache Zahlenreihe unter die geometrischen Muster:

3 4 5 3 4 5 3

Abbildung 2: Einfache Zahlenreihe

Die "Kinder erkannten sofort, dass sich die 3, 4 und die 5 in einer bestimmten Reihenfolge wiederholten und dass die Zahlenfolge sehr gut zum ersten geometrischen Muster (Abb. 1) passte. Für das folgende Beispiel hatten wir uns überlegt, dass die Zahlenreihe als Folge, durch bestimmte sich wiederholende Rechenregeln gebildet werden sollte. Deshalb schrieb die Studentin die folgenden Zahlen an die Tafel:

1 3 2 4 3 5 4 6 5

Abbildung 3: Zahlenfolge

Im ersten Moment wurde es still in der Klasse und die Hände die schon hochgezuckt waren wurden rasch wieder zurückgezogen. Man konnte förmlich spüren, wie die Kinder angestrengt nachdachten. Dann kamen die ersten Ideen:

"Die Zahlen werden immer größer und kleiner ..."

"Da kommt jede Zahl zweimal vor ..."

"Die Zahlen werden langsam größer, aber nicht so ganz gleichmäßig zwischendurch … "

"Das stimmt nicht, dass jede Zahl zweimal vorkommt, die Eins kommt nur einmal vor ..."

"Das ist ja auch die Eins, deshalb ..." (Das Kind meinte, dass jede Zahl so oft vorkommt wie es ihrem Wert entspricht.)

usw.

Nach einer Weile und mit Unterstützung der Lehrerin hatten die Kinder aber dann die Aufbauregel +2 , -1 gefunden.

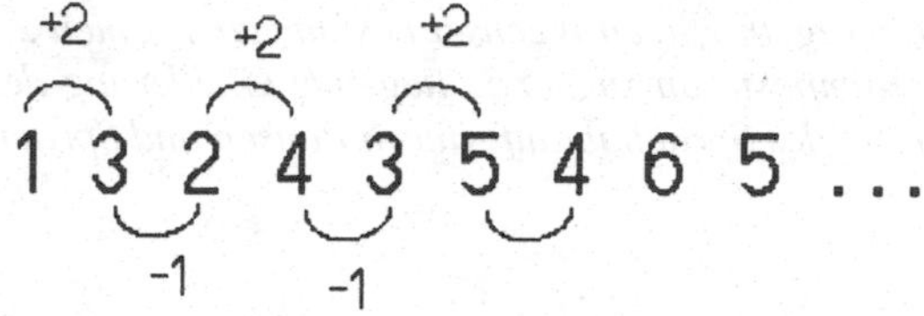

Abbildung 4: Folge und Aufbauregeln

Um nun die Zusammenhänge zwischen geometrischen Mustern und Zahlenreihen, die bisher von den Schülern kaum angesprochen worden waren, zu thematisieren machte die Lehrerin einen Rahmen um ein geometrisches Muster und das darunter stehende Zahlenmuster.

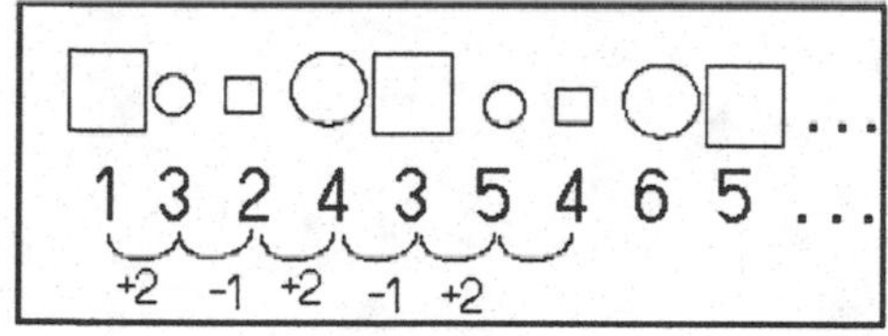

Abbildung 5: Geometrisches Muster und Zahlenfolge

Wir hatten erwartet, dass die Schüler nun anfangen würden, die beiden Reihen wieder zu vergleichen und dass auch Äußerungen wie " ... oben sind Formen und unten sind Zahlen ..." kommen würden, also dass eher die Unterschiede als die Gemeinsamkeiten thematisiert werden würden. Die Lehrerin sollte deshalb das Gespräch in Richtung Bildungsregeln und Rapport lenken.

Da geschah aber etwas Unerwartetes. Gleich der erste Schüler, der sich meldete, fasste alles in einer abstrakten, aber doch einfachen Weise in zwei Sätzen zusammen und besser als wir uns das vorher überlegt hatten:

"Oben sind immer große und kleine Quadrate und Kreise, also die Regel ist oben Quadrat, Kreis, groß, klein und dann Kreis, Quadrat, beides klein. Unten ist ja die Regel +2 -1. Also beiden Figuren haben einen gleichmäßigen Rhythmus, der sich immer wiederholt."

Damit hatte er alles beschrieben, das Spezielle, den Wechsel, das Unendliche. Wenn Sie in einem Lexikon unter Rhythmus nachschlagen finden Sie:

> *... Rhythmus (der), ... periodischer Wechsel, regelmäßige Wiederkehr natürlicher Vorgänge ... Gliederung eines Werkes der Bildenden Kunst durch regelmäßigen Wechsel bestimmter Formen ... einer musikalischen Komposititon zugrunde liegende Gliederung des Zeitmaßes ... Gliederung des Sprachablaufs durch Pausen und Sprachmelodie ...*

Sekundarstufe

Mathematik und der Rest der Welt

Von der Schwierigkeit der Vermittlung zwischen zwei Welten

Joachim Engel, Ute Sproesser,
Pädagogische Hochschule Ludwigsburg

Kurzfassung: Schüler wie auch PH-Studierende zeigen oft Schwierigkeiten, die Kluft zwischen der idealen Welt der Mathematik und ihren Anwendungen zu überbrücken. Wir analysieren Antworten von Realschülern (10. Klasse) und PH-Studierenden zur Interpretation einer Modellierungsaufgabe und ziehen Analogien zur Überbrückung zweier Welten in der Theologie.

1 Von der Existenz der zwei Welten

> Zwei Klassenkameraden trafen sich nach vielen Jahren. Der eine, ein Statistiker, der über Trends in Bevölkerungsentwicklungen arbeitete, zeigte seinem alten Freund einer seiner Arbeiten. Es begann - wie üblich – mit der Normalverteilung und der Statistiker erklärte seinem Freund die Bedeutung der verschiedenen Symbole. Dieser war etwas skeptisch und war sich nicht sicher, ob er auf den Arm genommen wird. „Woher weißt Du das?“ und „Was ist dieses Symbol hier?“ „Ach,“ sagte der Statistiker, „das ist pi“. „Was ist das?“ „Das Verhältnis von Umfang zum Durchmesser eines Kreises“. „Jetzt treibst Du es aber wirklich zu weit“, sagte der Klassenkamerad, „die Bevölkerungszahlen haben gewiss gar nichts zu tun mit dem Umfang eines Kreises.“

Die vorangehende Episode illustriert, dass die Einsicht in die Nützlichkeit der Mathematik für praktische konkrete Fragestellungen des Alltags keineswegs selbstverständlich ist (Wigner, 1960). Insbesondere scheint es sehr schwer zu fallen, Mathematik auf die erfahrbare Welt beziehen zu können. Mathematische Objekte existieren in unserem Kopf, sie sind geistige Produkte. Ein idealer Kreis existiert in der erfahrbaren Welt genauso wenig wie ein idealer Würfel oder die Zahl drei. Mathematische Begriffe sind idealisierte Konstrukte. Mathematik existiert somit ausschließlich im Reich unserer Ideen und Vorstellungen. Diesem gegenüber steht das Reich der sinnlich erfahrbaren Welt, in dem es bestenfalls dünne Anhäufungen von Blei um einen gegebenen Punkt herum (aber keine Kreise), drei Äpfel und drei Bleistifte (aber keine Zahl drei an sich) und schon gar keine idealen Zufallsgeneratoren gibt. Als Wissenschaft hat die Mathematik mit der Theologie gemeinsam, dass die Gegenstände, mit denen sie sich vordringlich befassen in einem idealisierten Universum, nicht aber in der empirisch erfahrbaren Welt existieren. Stehen sich hier zwei getrennte Welten gegenüber, ähnlich wie in Martin Luthers (schon auf Augustinus zurückgehender) Zwei-Reiche-Lehre, wonach der Christ in zwei Reichen lebt (Althaus, 1957): dem unvollkommenen Weltlichen Reich und dem vollkommenen Reich Gottes oder Geistlichen Reich? Wie können wir für Lernende den Gegensatz zwischen dem Reich der Mathematik und der erfahrbaren Welt überbrücken?

Mathematik ist ein kulturhistorisches Produkt, von Menschen geschaffen um die uns umgebende Welt besser strukturieren und begreifen zu können (Freudenthal, 1974). Wenn wir Mathematik auf die erfahrbare Welt beziehen, dann mag die Mathematik etwas von ihrer unschuldigen Reinheit verlieren. Es ergeht ihr dann ähnlich wie dem Engel Damiel in Wim Wenders Film „Himmel über Berlin". In seinem Wunsch, am Leben der Sterblichen teilzuhaben, ist er bereit, auf die Unsterblichkeit zu verzichten. Er freut sich über die Druckerschwärze an seinen Händen nach Zeitungslektüre ebenso wie über seine erwachende Leidenschaft für die Trapezkünstlerin Marion, die sich scheinbar von der Erdschwere lösend ihm nähert.

2 Von der Kluft zwischen mathematischem Modell und Realität

Zwischen der „Welt", d.h. dem innerweltlichen Problem und seinem mathematischen Repräsentation klafft immer eine Kluft. Mathematisches Modell und Realität sind nicht identisch. Das ist vielleicht die wichtigste Lektion, wenn Schülerinnen und Schüler lernen, wie man Mathematik auf Probleme dieser Welt anwendet. Die Realität ist oft so komplex, dass sie sich einer exakten mathematischen Beschreibung entzieht, während jeder beobachtete Sonderfall stark mit einzigartigen Besonderheiten versehen ist. Die mathematische Beschreibung zielt hingegen auf eine allgemeine Gültigkeit ab. Modelle sind naturgemäß nicht die Wirklichkeit, sondern eine Vereinfachung des Durcheinanders, das die Realität uns präsentiert. Um die Realität zu vereinfachen, opfern Modelle Details und machen im Idealfall den Blick frei für das Wesentliche. Bei der Betrachtung realer Daten, d. h. in der Welt tatsächlich gemessener Werte, wird man immer wieder Abweichungen zwischen Daten und Modell feststellen. Es ist ja gerade die Absicht der Modellbildung einen idealisierten Zusammenhang herzuleiten, bei dem man von unwesentlichen Details absieht.

Beispiel: Beim Tanken mit seinem Auto wurde einige Male die getankte Gasmenge und die gefahrenen Kilometer notiert (Engel, 2009).

Strecke (km)	202	480	361	220	249	348	512	187	471
Gas (Liter)	22,9	45,9	31,5	23,9	26,0	33,9	44,9	17,9	43,5

Tabelle 1: Mit einem Auto gefahrene Kilometer und verbrauchter Sprit bei neun Fahrten

In Abbildung 1 sind die Daten in der linken Darstellung in einem Streudiagramm wiedergegeben. Was ist ein geeignetes mathematisches Modell für den Zusammenhang zwischen gefahrenen Kilometern und verbrauchtem Treibstoff? In der rechten Darstellung von Abbildung 1 sind die Daten als Linienzug interpoliert. Nehmen wir für einen Moment den Linienzug als Modellfunktion, dann stimmen hier Modell und Daten exakt überein. Ist dies somit ein brauchbares Modell?

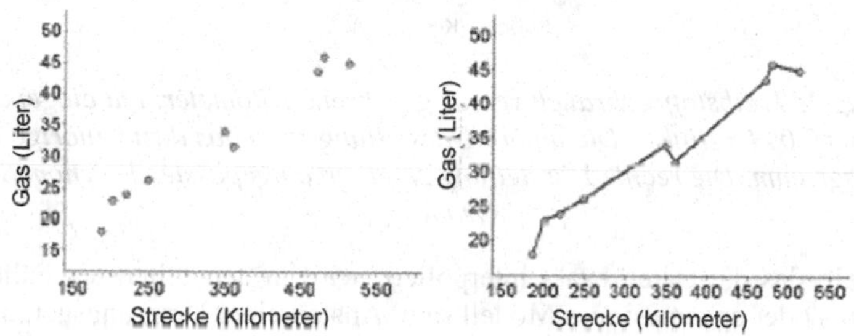

Abbildung 1: Mit dem PKW gefahrene Kilometer und Verbrauch an Treibstoff (in Litern). Streudiagramm ohne (links) und mit (rechts) Linienzug

Jeglicher Sachverstand legt im vorliegenden Kontext (zunächst) wohl eine proportionale Beziehung nahe: „Je weiter man mit dem Auto fährt, desto mehr Treibstoff wird verbraucht". Der Quotient aus verbrauchtem Treibstoff und gefahrenen Kilometern sollte annähernd konstant sein, nämlich der (durchschnittliche) Treibstoffverbrauch dieses Fahrzeuges. Die real vorliegenden Daten erfüllen aber streng genommen nicht die Bedingung der Proportionalität. Ist somit das proportionale Modell, dargestellt durch eine Ursprungsgerade (siehe Abbildung 2) $y = 0.094 \cdot x$ unbrauchbar? Keineswegs! Die Abweichungen zwischen konkret beobachteten Daten und Modell kommen durch eine Reihe unwägbarer Einflüsse zustande, wie z.B. Fahrten im Stadtverkehr, unterschiedliche Verkehrsbedingungen, Fahrverhalten, Wetterbedingungen und die Nutzung anderer energieverzehrender Mittel während der Autofahrt (Klimaanlage, Heizung, Licht etc.). All diese Faktoren mögen einen – wenn auch zum Teil geringen – Einfluss auf den Treibstoffverbrauch haben. Für das Aufstellen eines nützlichen Modells, das den Zusammenhang zwischen Fahrleistung und Spritverbrauch erfasst, sind diese Störvariablen bedeutungslos. Modell und Realität sind nie identisch, weil Modelle immer eine Idealisierung darstellen.

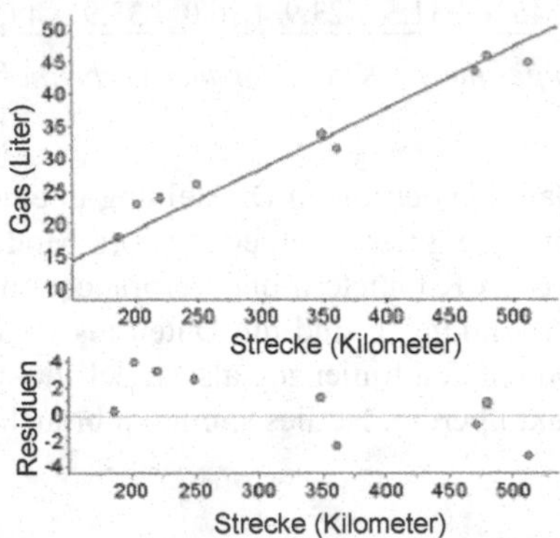

Abbildung 2: Treibstoffverbrauch versus gefahrene Kilometer, mit eingepasster Gerade y=0.094 x (links). Die untere Darstellung zeigt das dazugehörige Residuendiagramm. Die rechte Darstellung zeigt ein eingepasstes Polynom 8-ten Grades

Ein Modell, das die Daten exakt interpoliert, wird in den seltensten Fällen ein brauchbares oder angemessenes Modell sein. Anstatt einer Ursprungsgerade oder einem Polynomzug hätte man auch ein Polynom 8. Grades an die Daten anpassen können (Abbildung 2). Auch wenn dieses Polynom ebenso eine exakte Anpassung leistet, so liefert es ein absurdes Modell. Das proportionale Modell ist nicht nur vom Sachkontext sinnvoller, es ist auch weitaus besser zu Vorhersagen geeignet. Bei Polynominterpolationen steigt der Grad des Polynoms direkt mit der Anzahl der Datenpunkte. Verzichtet man auf eine exakte Interpolation – was vom Sachkontext meist völlig angemessen ist, weil die Modelle wie im obigen Beispiel dann leichter zu interpretieren sind und auch bessere Vorhersagen liefern – dann findet man sich nicht selten in Situationen wieder, in denen mehrere mögliche Modelle zur Auswahl stehen. Insbesondere lassen sich durch Hinzunahme von immer mehr Parametern Modelle erzeugen, die sich den Daten immer besser anpassen. Letztendlich liegt genau dieser Fall bei der Polynominterpolation vor. Der Preis dieser Genauigkeit liegt in einer hohen Zahl von Modellparametern. Derartige hochparametrige Modelle erweisen sich oft als sehr wenig angemessen. Sie sind in der Regel weitaus weniger geeignet, neue Funktionswerte vorauszusagen oder Einblicke in die zugrundeliegende Dynamik zu geben als einfachere Modelle mit weniger Parametern. Modelle mit zu vielen Parametern verstoßen gegen ein wissenschaftstheoretisches Prinzip, das nach dem englischen Philosophen und Logiker William von Ockham (1285 - 1349) benannt ist. Es geht schon auf Aristoteles zurück. Man nennt dieses Prinzip das „Ockhamsche Rasiermesser" (siehe z.B. Gründer et al., 1984), weil es dazu dient „Platons Bart" abzuschneiden. Die einfachste Erklärung ist vorzuziehen, alle anderen Theorien werden wie mit einem Rasiermesser weggeschnitten. Ockhams Rasiermesser ist ein Grundprinzip der Wissenschaft. Ein Modell sollte so einfach wie möglich und nur so komplex, wie unbedingt nötig sein. Das beste Modell ist dasjenige, das seinen Zweck bei geringstmöglicher Komplexität erfüllt.

3 Schwierigkeiten von Schülerinnen, Schülern und Studierenden

> *Ich will nicht, dass Schüler angewandte Mathematik lernen, sondern lernen, wie man Mathematik anwendet* (Freudenthal, 1974).

Zunächst ist festzustellen, dass eine Kultur des Anwendens von Mathematik im Sinne dieses berühmten Zitats von Hans Freudenthals im Unterricht kaum verbreitet ist. Lernen, wie man Mathematik anwendet, ist ein Prozess und weniger das Einüben einer Ansammlung von Verfahren und Algorithmen, die sich auf die Inhalte der gerade behandelten Seiten im Lehrbuch beziehen. Im Alltag des Mathematikunterrichts dominieren „Präzisions-Aufgaben", d.h. Aufgabenstellungen mit ganzen Zahlen, die als Lösung ebenfalls eine ganze Zahl haben. Durch solche Aufgaben festigt sich in den Köpfen der Schüler eine Scheinwelt, die sie glauben lässt, richtig gerechnet zu haben, wenn das Ergebnis eine ganze Zahl ist. Diese Genauigkeit und Sicherheit geht verloren, wenn sich die „Welt der Mathematik" mit dem „Rest der Welt" einlässt. Im Unterricht sollte daher eine Brücke zwischen diesen zwei Welten geschlagen werden. Eine Möglichkeit sind Aufgaben zu Realsituationen, bei denen ein gewisses Intervall an Lösungswerten zu erwarten ist. Zeitungsausschnitte bieten hierfür einen guten Anlass. Je mehr man mathematisch vorgebildet ist, umso mehr mathematisches Instrumentarium wird man bei solchen Aufgaben einsetzen, ohne darüber nachzudenken, ob diese hochgenauen Instrumente wirklich genauere Ergebnisse liefern. Zu relativ genauen Näherungslösungen kommt man auch meist mit wenigen Rechnungen, indem man zu der jeweiligen Situation geschickt angepasste Überlegungen anstellt.

Wichtig ist die Erkenntnis, dass man auf den unterschiedlichsten Wegen trotzdem zu Näherungen gelangt, die alle „im richtigen Bereich" liegen.

Umwelterschließung und Anwendungsorientierung sind im Mathematikunterricht streng genommen selten ohne reale Daten denkbar. Ein anwendungsbezogener Mathematikunterricht, der diesen Namen verdient, sollte sich weitgehend auf reale Daten oder reale Phänomene beziehen, nicht auf erfundenes Zahlenmaterial. Die überwältigende Mehrheit der Schulbücher verwendet hingegen frei erfundene Daten bei mathematischen Anwendungsaufgaben, um eine mathematische Idee zu verkaufen – ganz in der Tradition der eingekleideten Textaufgaben. Die auftretenden Zahlen sind leicht handhabbar, rund und das Ergebnis selten mehr als dreistellig. Dabei soll gerade die auf den vorangegangenen Schulbuchseiten eingeführte Methode angewandt werden. Das davon erzeugte Bild von mathematischen Anwendungen ist verzerrt. Ein intellektuell ehrlicher anwendungsorientierter Mathematikunterricht verlangt die Thematisierung realer Fragestellungen und die Arbeit mit realen (nicht nur realistischen) Daten.

> *Wenn man im traditionellen Mathematikunterricht schon die Anwendungsmöglichkeiten berührt, so geschieht das immer nach dem Muster der antididaktischen Umkehrung. Statt auszugehen von der konkreten Fragestellung, um sie mathematisch zu erforschen, fängt man mit der Mathematik an, um das konkrete Problem als ‚Anwendung' zu behandeln".*(Hans Freudenthal, 1974, S. 126)

Um zu sehen, wie Lernende mit der Diskrepanz zwischen Daten und mathematischem Modell umgehen und wie sie argumentieren, haben wir 39 Schülerinnen und Schülern aus der 10. Klasse einer Realschule sowie 87 Studierende der Pädagogischen Hochschule (3. Semester, am Ende der Veranstaltung von Modul 3 Anwendungsbezogene Mathematik) folgende Aufgabe (Abbildung 3) vorgelegt.

Auch wenn es keinerlei Abweichungen zwischen Modell und Daten gibt, ist dieses Modell völlig unbrauchbar. Es ist nicht geeignet das Gewicht von Personen vorherzusagen, deren Körpergröße irgendwo zwischen den vorliegenden beobachteten Körpergrößen liegt.

Das Polynom als Modell ist auch nicht zu interpretieren. Es macht keinen Sinn, dass Personen mit 182 cm Körpergröße leichter sein sollten als Personen von 176 cm Länge. Solange die Abszissen-Werte, d.h. hier im Beispiel die gemessenen Körpergrößen, alle paarweise verschieden sind, lässt sich bei n Datenpaaren immer ein Polynom vom Grade n-1 finden, das exakt durch alle Datenpunkte geht. Im hier vorliegenden Fall von 6 Messpaaren interpoliert das angegebene Polynom 5-ten Grades die Datenpunkte, die Residuen sind alle 0. Als Modell, das den Zusammenhang als Trend zwischen Körpergröße und Körpergewicht beschreibt, ist dieses Polynom aber völlig unbrauchbar. Der gesunde Menschenverstand verlangt hier vom Sachkontext her zumindest einen monotonen Zusammenhang, d.h. je größer eine Person ist, desto mehr wird sie auch tendenziell auf die Waage bringen. Gewiss gibt es kleine Dicke und große schlaksige Menschen, daher wird kein Modell in der Lage sein, für jeden Menschen von seiner Körpergröße exakt auf sein Gewicht zu schließen. Wir stellen nun einige Antworten unserer Testpersonen zur Diskussion.

Von sechs Abiturienten wurden Körpergröße (in cm) und Gewicht(in kg) gemessen. Aus den Daten wurde als Modell für den Zusammenhang zwischen diesen Größen ein Polynom fünften Grades vorgeschlagen

$$\text{Gewicht} = \frac{83}{225225}x^5 - \frac{573371}{1801800}x^4 + \frac{14138299}{128700}x^3 - \frac{34146531901}{1801800}x^2 + \frac{44602234787}{27300}x - \frac{40260316977}{715}$$

(x steht für die Körpergröße in cm)

Folgende Abbildung zeigt die Daten in einem Streudiagramm mitsamt eingepasster Kurve sowie im unteren Teil ein Residuendiagramm.

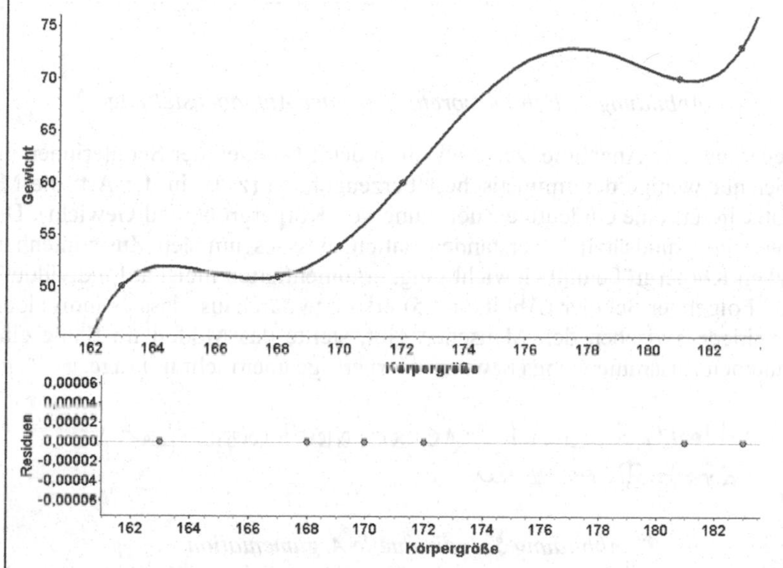

Kommentieren Sie die Angemessenheit dieses Modells für den Zusammenhang zwischen Körpergröße und Gewicht von Abiturienten. Beziehen Sie sich dabei auf den Sinn und Zweck mathematischer Modellbildung.

Abbildung 3: Aufgabe zur Kritik eins mathematischen Modells

3.1 Schülerinnen und Schüler der Realschule

Wie in Abschnitt 3 angedeutet, zeigten die Antworten der meisten Schülerinnen und Schüler, dass sie es nicht gewohnt sind, Mathematik in realen Kontexten anzuwenden. Die Aufgabenstellung „Bewerten eines Modells", für die zunächst ein eigenes mentales Modell gebildet und damit verglichen werden sollte, verstanden nur wenige. Beim Versuch, den Graphen sinnvoll zu interpretieren, zeigten sich zahlreiche Fehleinschätzungen der Situation. Folgende Beispiele (Abbildung 4) erlauben einen Einblick in die Gedanken der Lerner.

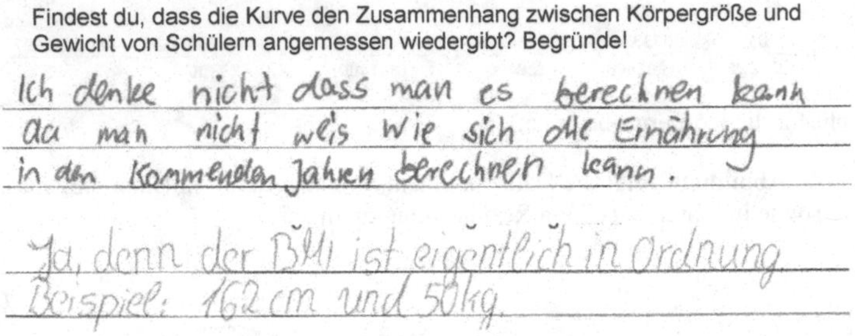

Findest du, dass die Kurve den Zusammenhang zwischen Körpergröße und Gewicht von Schülern angemessen wiedergibt? Begründe!

Ich denke nicht dass man es berechnen kann da man nicht weis wie sich die Ernährung in den kommenden Jahren berechnen kann.

Ja, denn der BMI ist eigentlich in Ordnung Beispiel: 162 cm und 50 kg.

Abbildung 4: Fehlinterpretationen der Aufgabenstellung

Entgegen unserer Annahme, zeigten sich in den Lösungen der Schülerinnen und Schüler nur wenige deterministische Überzeugungen (z. B. in der Art: die Mathematik liefert eine eindeutige Zuordnung von Körpergröße und Gewicht). Diejenigen, die grundsätzlich verstanden hatten, dass es um den Zusammenhang zwischen Körpergröße und Gewicht ging, argumentierten meist auf individueller Ebene. Folgender Schüler (Abbildung 5) erkannte durchaus, dass es individuelle Unterschiede zwischen den Menschen gibt, stellte das Modell im Sinne eines allgemeinen Zusammenhangs bzw. zur Vorhersage aber nicht in Frage.

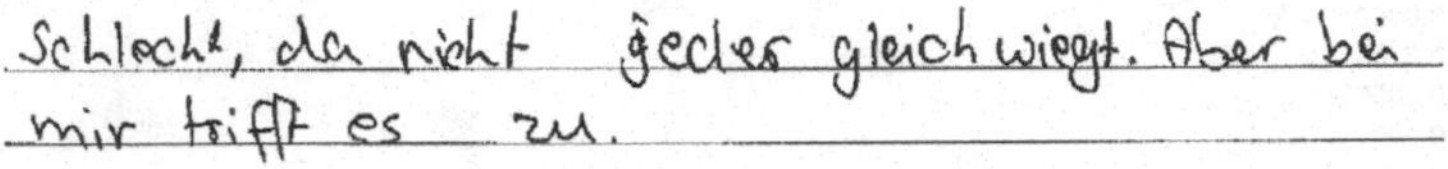

Schlecht, da nicht jeder gleich wiegt. Aber bei mir trifft es zu.

Abbildung 5: Individuelle Argumentation

In einer anderen Schülerantwort (Abbildung 6) spiegelt sich eine grundsätzlich kritische Haltung gegen einen eindeutigen, allgemein gültigen Zusammenhang wider. Konkrete Aussagen zum Kurvenverlauf oder Vorschläge zur Verbesserung des Modells werden aber nicht gemacht.

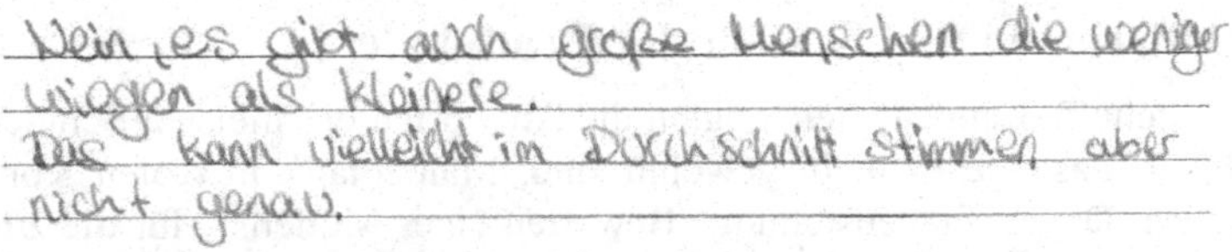

Nein, es gibt auch große Menschen die weniger wiegen als Kleinere.
Das kann vielleicht im Durchschnitt stimmen aber nicht genau.

Abbildung 6: Kritische Haltung ohne konkreten mathematischen Bezug

Auch die geringe Stichprobegröße wurde von einigen Lernern als Kritikpunkt genannt. Leider wird hier (Abbildung 7) nicht versucht, durch Reflexion der Situation zu einer geeigneten Beschreibung zu kommen, sondern es wird lediglich die Existenz eines Zusammenhangs zwischen Körpergröße und Gewicht abgelehnt.

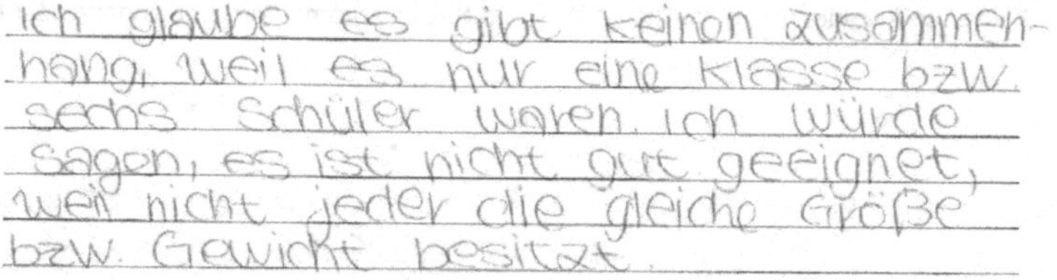

Ich glaube es gibt keinen Zusammenhang, weil es nur eine Klasse bzw.
sechs Schüler waren. Ich würde
sagen, es ist nicht gut geeignet,
weil nicht jeder die gleiche Größe
bzw. Gewicht besitzt.

Abbildung 7: Ablehnung des Modells aufgrund des zu niedrigen Stichprobenumfangs

Nur eine kleine Anzahl von Schülerinnen und Schülern zeigt in ihren Antworten Verständnis für die zugrundeliegende Problemstellung. Da sie über zu wenig fachliches Wissen über Funktionen verfügen, fehlt ihnen Vokabular wie Hoch- bzw. Tiefpunkt. Folgender Schüler (Abbildung 8) meint aber wohl genau das mit seiner Lösung: Er sieht keinen Sinn dahinter, warum die Kurve Extrempunkte aufweist, obwohl an diesen Stellen kein Datenpunkt vorliegt. Einen Verbesserungsvorschlag der Modellierung nennt er an dieser Stelle nicht.

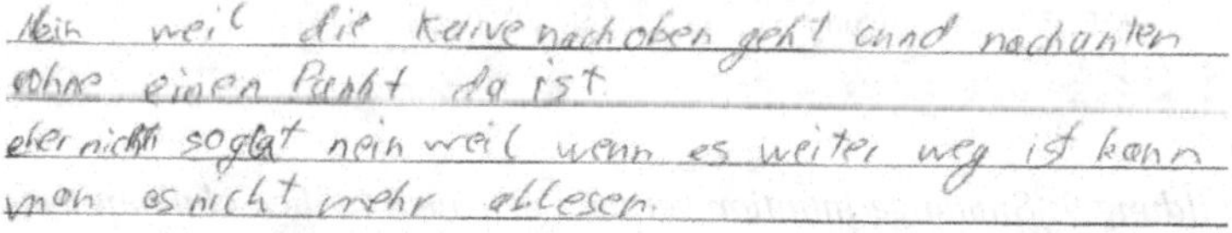

Nein weil die Kurve nach oben geht und nach unten
ohne einen Punkt da ist
aber nicht sogut nein weil wenn es weiter weg ist kann
man es nicht mehr ablesen.

Abbildung 8: Kritik des Kurvenverlaufs (Polynom-Interpolation)

Während letzterer Schüler die Gültigkeit des Modells in Frage gestellt hat, stimmt ihm ein anderer zwar zu (Abbildung 9), zeichnet jedoch eine seiner Meinung nach aussagekräftigere Kurve ein. Er hat also durchaus verstanden, wie ein sinnvoller Trend aussehen könnte, führt dies aber auf einen Fehler beim Einzeichnen der Kurve zurück. In seiner Antwort spiegelt sich das blinde Vertrauen vieler Schülerinnen und Schüler in die Stimmigkeit und Eindeutigkeit der Schulmathematik wider.

Zu guter Letzt bringt in Abbildung 10 ein Schüler zum Ausdruck, dass es keinen allgemeingültigen Zusammenhang zwischen Körpergröße und Gewicht gibt, da die Realität kaum mit einem Modell übereinstimmt. In seiner Einschätzung liegt er damit richtig, er blendet lediglich aus, dass es sich dabei nur um einen Trend und nicht um eine für alle Menschen gültige Regel handelt. Diese gedankliche Kluft versucht er zu schließen, indem er die vorliegenden Werte zu Durchschnittswerten erklärt.

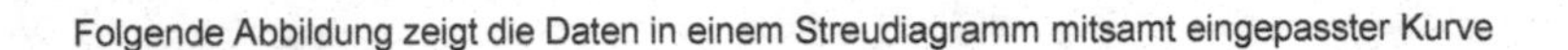

Folgende Abbildung zeigt die Daten in einem Streudiagramm mitsamt eingepasster Kurve

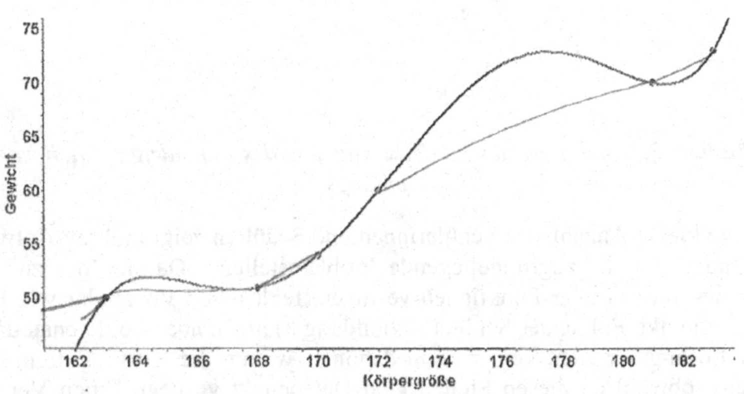

Findest du, dass die Kurve den Zusammenhang zwischen Körpergröße und Gewicht von Schülern angemessen wiedergibt? Begründe!

Ja eigentlich schon, aber die Kurve ist nicht richtig eingezeichnet

Abbildung 9: Stimmige Intuition versus Vertrauen in die Schulmathematik

Meiner Meinung nach ist dieser Kurvenausschnitt nicht sonderlich aussagekräftig, da die Verhältnisse nicht generell stimmen und oft/immer von der Realität abweichen. Ich glaube die Punkte sind durchschnittswerte, was aber nicht klar ist. Eine Angabe was die Werte für Ursprünge hat wäre sinnvoll.

Abbildung 10: Erkennen der Diskrepanz zwischen Realität und Modell

Wenngleich die abgedruckten Antworten zeigen, dass sich Schülerinnen und Schüler beim Verständnis und bei der Bearbeitung solcher realer Problemstellungen schwer tun, muss doch gewürdigt werden, dass sie mit ihrem begrenzten Fachwissen versucht haben, situativ sinnvolle Einschätzungen zu liefern. Auch wenn die Qualität der Antworten stark streut, erkennt man doch das Interesse und die kritische Haltung der Lerner gegenüber realen Problemen. Diese Ergebnisse bestätigen uns also in unserer Forderung nach mehr Anwendungsbezug in der Schulmathematik.

3.2 Studierende der Pädagogischen Hochschule

Auch nach dem Besuch einer einsemestrigen Veranstaltung, die gezielt Studierende befähigen will, zwischen Mathematik und dem Rest der Welt eine Synthese zu finden und angemessene sachbezogene mathematische Modelle zu erstellen, beachten nicht alle Studierenden den Kontext, wenn sie beobachtete Phänomene aus ihrem Umfeld mit mathematischen Methoden darstellen. Folgendes Zitat (Abbildung 11) zeugt von einer Sichtweise, die nur die mathematische Qualität einer Funktionsanpassung an die Daten im Blick hat, ohne einen kontextbezogenen Sinnbezug auch nur in Betracht zu ziehen. Weitere Überlegungen werden sogar explizit für unnötig erklärt.

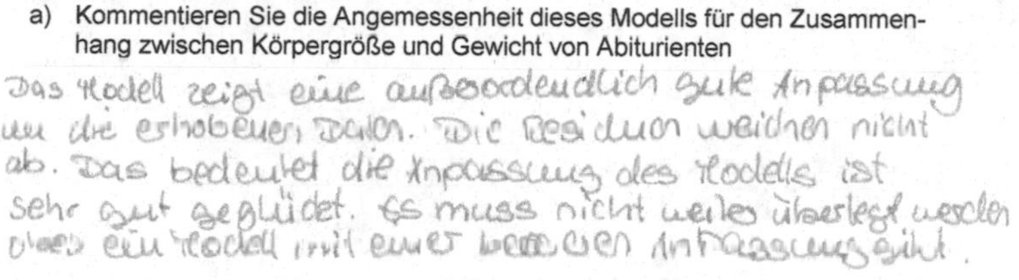

a) Kommentieren Sie die Angemessenheit dieses Modells für den Zusammenhang zwischen Körpergröße und Gewicht von Abiturienten

Das Modell zeigt eine außerordentlich gute Anpassung an die erhobenen Daten. Die Residuen weichen nicht ab. Das bedeutet die Anpassung des Modells ist sehr gut geglückt. Es muss nicht weiter überlegt werden ob es ein Modell mit einer besseren Anpassung gibt.

Abbildung 11: Fokussierung auf mathematische Aspekte ohne Beachtung des Kontextes

Die Antwort in Abbildung 12 ist da schon weitaus kritischer bzgl. der Polynomanpassung. Der Einwand ist noch stark von einer Kurvendiskussion im Stile der Oberstufenanalysis geprägt. Zusätzlich wird als Modellkritik auf die niedrige Stichprobe verwiesen (vgl. Abbildung 12). Es findet aber kein direkter Sachbezug statt, etwa in dem Sinne, dass das Modell sachlogisch nicht passt.

Im Gegensatz dazu zeigt Abbildung 13 eine Antwort, die für ein ausgeprägtes Wissen über Polynomapproximationen zeugt und zieht neben der mathematischen Qualität der Anpassung auch den Sachkontext mit heran, um das vorgeschlagene Modell als unbrauchbar zurückzuweisen. Offensichtlich versteht dieser Student die Modellkurve korrekterweise als Trend, der für eine größere Population Gültigkeit beansprucht und nicht als Repräsentation nur der genau vorliegenden Daten.

Einige Studierende (Abbildung 14) stellen durch Kontextbezug die Forderung eines speziellen Modells wie Geradenanpassung oder Proportionalität auf, ohne dies näher zu begründen. Wenn auch diese Modelle vom Sachkontext durchaus zu kritisieren sind, drückt sich jedoch in diesen Antworten das Bestreben aus, einen Kompromiss zwischen mathematisch möglichst guter Anpassung und kontextbezogener Sinngebung auszuhandeln.

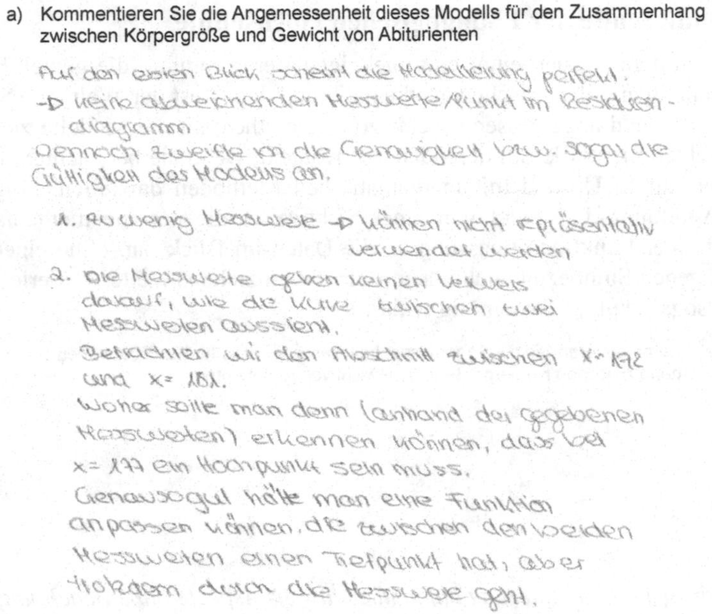

a) Kommentieren Sie die Angemessenheit dieses Modells für den Zusammenhang zwischen Körpergröße und Gewicht von Abiturienten

Auf den ersten Blick scheint die Modellierung perfekt.
-> keine abweichenden Messwerte/Punkt im Residuen-diagramm
Dennoch zweifle ich die Genauigkeit bzw. sogar die Gültigkeit des Modells an.

1. zu wenig Messwerte -> können nicht repräsentativ verwendet werden
2. Die Messwerte geben keinen Verweis darauf, wie die Kurve zwischen zwei Messwerten aussieht.
Betrachten wir den Abschnitt zwischen x=172 und x=181.
Woher sollte man denn (anhand der gegebenen Messwerten) erkennen können, dass bei x=177 ein Hochpunkt sein muss.
Genausogut hätte man eine Funktion anpassen können, die zwischen den beiden Messwerten einen Tiefpunkt hat, aber trotzdem durch die Messwerte geht.

Abbildung 12: Modellkritik mit mathematischen Argumenten, ohne Sachbezug

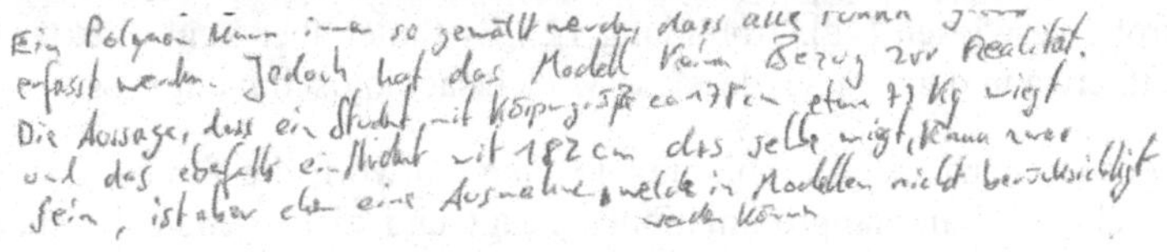

a) Kommentieren Sie die Angemessenheit dieses Modells für den Zusammenhang zwischen Körpergröße und Gewicht von Abiturienten

Ein Polynom kann immer so gewählt werden, dass alle Punkte genau erfasst werden. Jedoch hat das Modell keinen Bezug zur Realität. Die Aussage, dass ein Student mit Körpergröße ca 178 cm etwa 77 kg wiegt und das ebenfalls ein Student mit 182 cm das selbe wiegt, kann zwar sein, ist aber eher eine Ausnahme, welche in Modellen nicht berücksichtigt werden können

Abbildung 13: Modellkritik basierend auf Sachbezug und Wissen über Polynomapproximation

Gewiss zeigen (glücklicherweise) die Antworten der Studierenden am Ende der einsemestrigen Veranstaltung zur anwendungsbezogenen Mathematik ein qualitativ höheres Reflexionsniveau als die Schüler, denen die Denkweise der mathematischen Modellierung und einer Modellkritik noch wenig vertraut ist. Auffallend ist jedoch gerade auch im Vergleich der Antworten, dass ein Teil der Studierenden auch nach Besuch der Vorlesung weitgehend und z. T. auch exklusiv auf die Mathematik fokussierten. Das bessere technische Know-How und Wissen über die formale Seite des Funktionsbegriffs scheint hier eher als ein Hindernis, um eine Brücke zum Anwendungskontext im „Rest der Welt" zu schlagen.

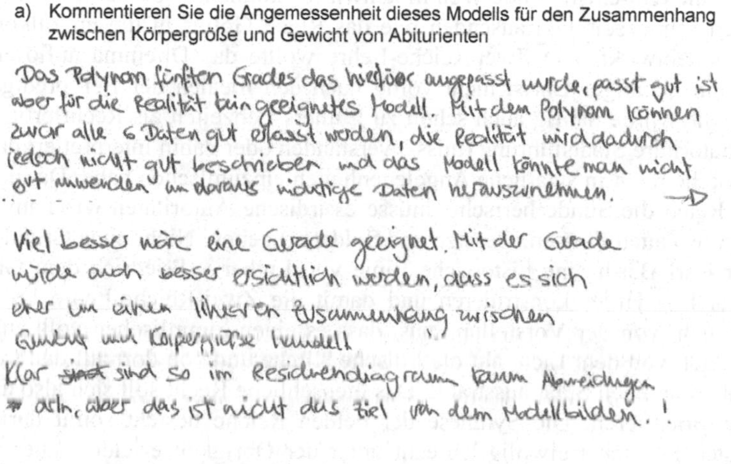

a) Kommentieren Sie die Angemessenheit dieses Modells für den Zusammenhang zwischen Körpergröße und Gewicht von Abiturienten

Das Polynom fünften Grades das hierfür angepasst wurde, passt gut ist aber für die Realität kein geeignetes Modell. Mit dem Polynom können zwar alle 6 Daten gut erfasst werden, die Realität wird dadurch jedoch nicht gut beschrieben und das Modell könnte man nicht gut anwenden um daraus richtige Daten herauszunehmen. →

Viel besser wäre eine Gerade geeignet. Mit der Gerade würde auch besser ersichtlich werden, dass es sich eher um einen linearen Zusammenhang zwischen Gewicht und Körpergröße handelt
Klar ~~sind~~ sind so im Residuendiagramm kaum Abweichungen * ah, aber das ist nicht das Ziel von dem Modellbilden. !

Abbildung 14: Modellkritik mit Alternativvorschlag für ein Modell

4 Theo-mathematische Schlussbetrachtung

Die vorangegangenen Überlegungen weisen auf Schwierigkeiten hin und deuten zugleich Wege an, wie in den Köpfen von Schülern sich der Himmel der Mathematik und der Staub irdischer Anwendungen berühren können– ganz zum Wohle und Nutzen unseres irdischen Daseins.

Bezüglich der Natur der Mathematik gibt es zwei bedeutende sich gegenüberstehende Grundpositionen: Ein Platonist stellt sich vor, dass die Objekte der Mathematik als Ideen ganz real und objektiv im *Reich der Ideen* existieren. Für ihn war es schon immer richtig, dass der Satz des Pythagoras gilt, dass es unendlich viele Primzahlen gibt usw. unabhängig davon, ob ein Mensch das bewiesen hat oder nicht. Diese Tatsachen wurden von uns Menschen nach und nach entdeckt. Dem gegenüber steht als Antithese die konstruktivistische Position: Mathematische Begriffe werden von Menschen geschaffen. Sie dienen in der Regel als

Werkzeug zur Lösung von Problemen. Die Bedeutung der Begriffe hängt für uns Menschen wesentlich vom Kontext ab, in dem der Begriff erworben und gebraucht wird. Mathematik ist somit von Menschen erfunden. Die Mathematikdidaktik verbindet diese beiden Positionen in der Synthese, dass jeder gute Mathematikunterricht eine Balance zwischen Instruktion (durch den Lehrer) und Konstruktion (durch den Schüler) hält.

Wie in der Einleitung angedeutet, steht die Theologie vor einer analogen Fragestellung, nämlich wie Vorstellungen aus einem idealen transzendenten Universum in die real-existierende Welt hineinwirken können. Die Theologiegeschichte erörtert schon seit Jahrtausenden wie das Reich Gottes in die unvollkommene Welt hineinwirkt. Die Zwei-Reiche-Lehre wollte das Dilemma auflösen, dass auch ein gläubiger Christ nicht völlig nach den Idealen der Bergpredigt leben kann. Sie wurde häufig auch schon zu Luthers Lebzeiten als Rechtfertigung für eine autoritäre Staatsführung (miss-) verstanden oder dahin interpretiert dass sich die Kirche nicht in staatliche Angelegenheiten einzumischen habe. Da im weltlichen Reich die Sünde herrsche, müsse es irdische Autoritäten wie Familie und Staat (also auch Fürsten, Gesetze und Soldaten) geben. Nicht ohne Grund konnte daher Karl Barth eine historische Linie von Luther – Friedrich dem Großen - Bismarck – Hitler konstruieren und damit die Zwei-Reiche-Lehre kritisieren. Barth geht von der Vorstellung aus, dass es einen himmlischen vollkommenen Staat gibt, von dem Licht auf die irdische Kirche und von dort auf den irdischen unvollkommenen Staat ausstrahlt. Das menschliche Recht soll sich also am göttlichen orientieren. Die Synthese der beiden Reiche besteht somit darin, dass Christen für sich freiwillig Unrecht unter der Obrigkeit erleiden, aber für den anderen Unrecht verhindern. Daraus leitet sich das Recht oder sogar die Pflicht zum gewaltlosen zivilen Widerstand gegen einen ungerechten Machtapparat ab: An dieser Stelle gilt als verbindliche Verhaltensregel: „Man muss Gott mehr gehorchen als den Menschen." (Apg 5,29).

Was kann das für die Mathematik bedeuten? Positionen in der Theologie haben sich im Laufe der Geschichte gewandelt und es werden aus der Zwei-Reiche-Lehre klare sozialethische Grundprinzipien abgeleitet, vor dem sich unser Handeln rechtfertigen muss. Im Reich der Mathematik wird diese Rolle von der Logik eingenommen, vor der mathematische Anwendungen auf irdische Problemstellungen zu bestehen haben. Gibt es auch hier ein ziviles Widerstandsrecht, zu dem der klar denkende Verstand bei Verstößen gegen die Logik aufgefordert ist oder macht ein Primat der Logik bei Problemstellungen des Alltags die Mathematik zu einer Ideologie? Diese Fragen überschreiten den Rahmen unseres Beitrages und mögen Anlass geben zu einem Symposium zwischen Mathematikdidaktik, Sozialethik und Fundamentaltheologie.

5 Literatur

Althaus, P. (1957). Luthers Lehre von den beiden Reichen im Feuer der Kritik. *Luther-Jahrbuch*, S. 42.

Barth, K. (1962). Religiöser Sozialismus. Grundfragen der christlichen Sozialethik, Gütersloh 1921. In J. Moltmann (Hrsg.), *Anfänge der dialektischen Theologie Teil 1*, (S. 152–165). München: Chr. Kaiser.

Engel, J. (2009).*Anwendungsorientierte Mathematik: Von Daten zur Funktion*. Heidelberg: Springer.

Freudenthal, H. (1974).*Mathematik als pädagogische Aufgabe*. Klett: Stuttgart

Gründer, K., Ritter, J. & Gabriel, G. (1984).*Historisches Wörterbuch der Philosophie. Band 6*. Darmstadt: Wissenschaftliche Buchgesellschaft.

Wigner, E. (1960).*The unreasonable effectiveness of mathematics in the natural sciences. Communications in Pure and Applied Mathematics, Vol. 13*. New York: Wiley.

Veranschaulichungen statistischer Daten verstehen

Eine Herausforderung für den Mathematikunterricht der Sekundarstufe I

Alexandra Scherrmann,
Pädagogische Hochschule Ludwigsburg

Kurzfassung: Wie können Schülerinnen und Schüler grafische Veranschaulichungen univariater statistischer Daten im Unterricht der Sekundarstufe 1 verstehen lernen? Hierfür muss der Mathematikunterricht die kommunizierende, argumentierende und reduzierende Funktion grafischer Veranschaulichungen thematisieren (Kapitel 1). Dies geschieht sowohl durch das Erstellen eigener als auch durch die Analyse bestehender grafischer Veranschaulichungen statistischer Daten (Kapitel 2). Für das Verstehen grafischer Darstellungen auf verschiedenen Ebenen (read the data; read *between*, read *beyond*, read *behind* the data) muss ein gewisses Vorwissen hinsichtlich des Diagrammtyps, des Kontextes und der fachlich-mathematischen Inhalte vorhanden sein. Hierzu wird ein Modell postuliert, wonach hinsichtlich jeder Verstehensebene eine spezifische Vorwissenskomponente in den Vordergrund tritt (Kapitel 3). Das abschließende Kapitel 4 zeigt Konsequenzen für den Mathematikunterricht der Sekundarstufe 1 auf.

1 Welche Aufgaben übernehmen grafische Veranschaulichungen statistischer Daten?

In den Medien begegnen uns täglich statistisch aufbereitete Daten zu ganz unterschiedlichen Themengebieten: Sei es die Entwicklung der Benzinpreise oder der Telefontarife in den letzten Monaten, sei es der Temperaturtrend für die nächsten sieben Tage. Zumeist werden uns diese Daten nicht als „reine" Zahlen präsentiert, sondern in visualisierter und veranschaulichter Form: Diagramme in der Gestalt von Linien, Kreisen, Balken und Säulen sind wahrscheinlich das häufigste Medium grafischer Datenrepräsentation. Aber auch Piktogramme oder Boxplots sind Möglichkeiten, Daten in grafischen Darstellungen wiederzugeben.

Wozu machen sich Redakteure und Autoren die Mühe, die Daten grafisch zu veranschaulichen? Zum einen sind grafische Darstellungen „Träger“ für den Transport von Informationen und Botschaften. Diese Informationen und Botschaften sind bereits im dazugehörigen Datensatz enthalten, daraus sind sie jedoch gewöhnlich umständlicher zu entnehmen. Mit anderen Worten: Die Datenwerte „sprechen“ weniger deutlich zum Rezipienten, als die grafischen Veranschaulichungen. Dies kann daran liegen, dass die Datenwerte im Datensatz ungeordnet vorliegen. Doch selbst wenn die einzelnen Datenwerte geordnet oder kategorisiert wurden, müssen die Datenwerte – die Zahlen – erst gedeutet und eingeordnet werden. Dabei werden implizit Fragen beantwortet wie z. B.: „Ist das viel oder wenig?“, „Was bedeuten die Datenwerte in Bezug auf den Kontext?“. Der Betrachter verschafft sich einen Überblick, generiert eine Größenvorstellung und eine Idee über den „Messbereich“, aus dem der Datensatz stammt. Dieser Vorgang stellt einen Übersetzungsprozess dar, der in grafischen Veranschaulichungen von Datensätzen teilweise bereits geleistet ist. In diesem Sinne sollen Veranschaulichungen von statistischen Daten eine Hilfe für die Vermittlung von (gezielten) Informationen und Botschaften sein. Gleichzeitig jedoch bedeutet dies immer auch eine Reduzierung des ursprünglichen Datensatzes auf einige wenige – relevant erscheinende – Aspekte. Was dabei als relevant betrachtet wird, ist mitunter eine subjektive Entscheidung der Entwicklerin bzw. des Entwicklers einer Datenveranschaulichung. Die Entscheidungen werden getroffen, indem bestimmte Intentionen verfolgt und ausgewählte Botschaften vermittelt werden. Damit bringen grafische Veranschaulichungen selbst immer auch bestimmte Argumentationen vor, welche den Analyseprozess mitlenken. Zusammenfassend lassen sich mit Eichler und Vogel (2009) drei Funktionen grafischer Veranschaulichungen statistischer Daten ausmachen: Sie dienen der Kommunikation, der Argumentation und der Reduktion von Daten.

2 Welche (normativen) Zielvorgaben ergeben sich für den Unterricht?

Die Begriffe „grafische Darstellung“ bzw. „Veranschaulichung“ bezüglich statistischer Daten werden in diesem Artikel synonym gebraucht, obwohl der Begriff „Veranschaulichung“ in der Didaktik gewöhnlich einen normativen Anspruch enthält: Eine Veranschaulichung soll dem Lernenden den Zugang zu einem mathematischen Sachverhalt erleichtern. Sie enthält eine didaktisch motivierte Botschaft und ist damit mehr als eine bloße Illustration (Zech, 1995). Wie Kapitel 1 aufzeigte, haben grafische Darstellungen statistischer Daten die Aufgabe, bestimmte Sachverhalte zu kommunizieren und gewisse Argumentationen nahezulegen. Gleichzeitig müssen grafische Darstellungen dabei immer auch reduzieren. Durch diese drei Funktionen ist einer grafischen Darstellung statistischer Daten immer ein didaktisches, vermittelndes Element innewohnend. Damit wird eine „grafische Darstellung" statistischer Daten zu einer „Veranschaulichung" statistischer Daten. Man könnte auch sagen: „Grafische Darstellungen" statistischer Daten bilden die Schnittmenge der Bereiche „Daten" und „grafische Veranschaulichung". Zu einer „Veranschaulichung" gehören beispielsweise auch Tabellen, Baumdiagramme oder Funktionsgraphen. Bezogen auf die Schnittmenge sind in diesem Artikel mit grafischen „Veranschaulichungen" bzw. „Darstellungen" vorrangig verschiedene Diagrammtypen gemeint, die für die Sekundarstufe I für statistische Daten eingesetzt werden können: Balken-, Säulen-, Kreisdiagramm, Boxplots, evtl. Stängel-Blatt-Diagramm und Perzentilbänder.

Aufgrund der Kommunikations-, Argumentations- und Reduktionsfunktion können grafische Veranschaulichungen für die Interpretation statistischer Daten Hilfe und Hürde zugleich sein. Sie können zur „Interpretationshürde" werden, wenn sie auf den ersten, „schnellen" Blick eine Argumentation nahelegen, die auf den zweiten, genauer analysierenden Blick nicht haltbar ist. In manchen Fällen könnte man der Entwicklerin oder dem Entwickler der Datenveranschaulichung manipulative Absichten unterstellen. Häufig dürften solche ungünstigen Darstellungen in den Redaktionen jedoch unbewusst entstehen (Vernay, 2011). Eine Sammlung an derartigen zweifelhaften grafischen Datenaufbereitungen hat beispielsweise Walter Krämer (2011) in seinem populärwissenschaftlichen Bestseller „So lügt man mit Statistik" gesammelt. Häufig resultieren ungünstige und irreführende Darstellungen aus folgenden Entscheidungen (Büchter & Henn, 2007):

- die Achsen sind ungleichmäßig eingeteilt;
- die Achsen beginnen nicht bei Null;
- die verwendeten Symbole (Piktogramme) sind in ihren Maßen unproportional zu den Zahlen dargestellt;
- Festlegungen, wie z. B. Achsenausschnitte und Einheiten erscheinen willkürlich, insbesondere mit Blick auf die Fragestellung.

Im Hinblick auf die drei Funktionen (Kommunikation, Argumentation, Reduktion) empfiehlt sich, bei der Interpretation grafischer Veranschaulichungen statistischer Daten immer drei Fragen im Hinterkopf zu behalten: Was möchte mir die grafische Darstellung sagen? Welche Argumentationen legt sie mir nahe? Inwiefern stellt diese grafische Darstellung eine Reduktion dar – was wird also ausgeblendet? Mit der Beantwortung dieser Fragen steigt die Chance, ungünstige oder gar falsche grafische Darstellungen zu entlarven.

An dieser Stelle erscheint es sinnvoll, die unterschiedlichen Gebrauchsweisen grafischer Darstellungen statistischer Daten im Unterricht zu unterscheiden. Denn einerseits können grafische Darstellungen im Unterricht selbst erstellt werden, andererseits können fertige grafische Darstellungen analysiert werden. Die Erstellung grafischer Darstellungen im Unterricht kann beispielsweise ein „Werkzeug" sein, in einer frühen Phase der Datenanalyse Zusammenhänge und Muster im Datensatz aufzudecken (Friel, Curcio, & Bright, 2001). Bislang ist wenig darüber bekannt, wie beispielsweise die Entwicklung des Verständnisses grafischer Darstellungen mit der Fähigkeit, grafische Darstellungen zu erzeugen, zusammenhängt (Friel et al., 2001).

Allerdings gibt es Hinweise, dass die Fähigkeit, Daten zu interpretieren, auf einem höheren Niveau möglich sein kann, als dieselben Daten in einer grafischen Darstellung zu veranschaulichen (Chick & Watson, 2002; Chick & Watson, 2001).

Die Forschung konzentriert sich häufig auf das Lesen fertiger Darstelllungen statistischer Auswertungen, also auf grafische Darstellungen als Kommunikations- und Argumentationsmedium. Hierzu ist die Forschung vielfältig und breit, vor allem in Bezug auf die unterschiedlichen Arten grafischer Darstellungen statistischer Daten (für einen Überblick siehe Shaughnessy, 2007; Friel, Curcio, & Bright, 2001). Zusammenfassend – ohne dies in diesem Artikel spezifischer zu thematisieren – können zahlreiche und vielfältige Schwierigkeiten von Schülerinnen und Schülern beim Lesen und Interpretieren diagnostiziert werden: „The cumulative results from a number of researchers on graph sense indicate that students have poor graphical interpretation skills and are often unable to reason beyond graphs" (Shaughnessy, 2007, p. 991).

Beim Lesen grafischer Darstellungen statistischer Daten werden diese als Bilder verstanden, welche Informationen über Zahlen und ihre Beziehungen vermitteln wollen (Kosslyn, 1994). Bringt die Grafik den Betrachter dazu, genau die Informationen darin zu sehen, welche der Vermittlungsabsicht des Entwicklers entsprechen, gilt dies als Qualitätskriterium („a good graph", Kosslyn 1994, S. 271). Für den Bereich der schulischen Bildung muss sicherlich die Definition einer „guten grafischen Darstellung" erweitert werden. Kommen doch hier auch normative Überlegungen hinein: Einsicht gewinnen in die vermuteten Vermittlungsabsichten des Entwicklers ist gewiss eine sinnvolle Fähigkeit, darüber hinaus können und sollen jedoch auch diese Absichten hinterfragt werden. Hierbei spielt Wissen über den Kontext, in den die grafische Darstellung eingebettet ist, eine große Rolle. Das kritische Moment, die kritische Urteilsfähigkeit, ist Teil eines Bildungsverständnisses, wie es Katherine Wallman zum Ausdruck bringt: „'Statistical Literacy' is the ability to understand and critically evaluate statistical results that permeate our daily lives - coupled with the ability to appreciate the contributions that statistical thinking can make in public and private, professional and personal decisions.“ (Wallman, 1993, S. 1)

Für das Verständnis grafischer Darstellungen statistischer Daten im Unterricht gehören beide Aspekte zusammen: grafische Darstellungen sollen erfahren werden durch Erstellen eigener Veranschaulichungen *und* durch Analyse bestehender Veranschaulichungen statistischer Daten (vgl. Friel et al., 2001). Unter dieser Prämisse ergeben sich für den Mathematikunterricht der Sekundarstufe I folgende (Bildungs-)Ziele: Erstens sollen die Schülerinnen und Schüler lernen, statistische Daten zu veranschaulichen. Dazu gehört, sich der eigenen Aussageabsicht zunächst bewusst zu werden: Was möchte ich mit der grafischen Darstellung aussagen? Welche Argumentationen möchte ich vorbringen? Inwiefern stellt diese grafische Darstellung eine Reduktion dar – was blende ich aus? Zweitens sollen bestehende grafische Veranschaulichungen als Interpretationshilfe genutzt werden können und drittens sollen die Schülerinnen und Schüler aber auch Interpretationshürden in selbst erstellten oder vorgegebenen grafischen Veranschaulichungen erkennen. Hinsichtlich aller dreier Bildungsziele werden die Funktionen grafischer Veranschaulichungen (Kommunikation, Argumentation und Reduktion) mit den Schülerinnen und Schülern reflektiert werden müssen.

3 Welche Voraussetzungen werden zum Verständnis grafischer Darstellungen benötigt?

Zunächst wird geklärt, was es überhaupt bedeutet, grafische Darstellungen zu „verstehen“. Denn das Verständnis grafischer Darstellungen lässt sich in drei Ebenen differenzieren[1]:

- das wörtliche Verstehen von Informationen, die in der grafischen Darstellung enthalten sind („read the data“);
- das Vergleichen von Teilelementen der gegebenen grafischen Darstellung („read between the data“);
- das Schlussfolgern und Vorhersagen über die grafische Darstellung hinaus („read beyond the data“).

Diese Ebenen wurden theoretisch postuliert (vgl. Curcio, 1987), ließen sich aber auch empirisch fundieren (Curcio, 1987; Friel et al., 2001). Es zeigte sich, dass die drei Ebenen im Allgemeinen als qualitative Abstufungen im Umgang mit grafischen Darstellungen statistischer Daten interpretiert werden können. Denn je höher die Ebene, umso schwieriger scheint es, diese zu erreichen.

---

1 Diese drei Ebenen sind Konsens in der Literatur, wenn sie auch teilweise mit anderen Bezeichnungen belegt sind. Für einen Überblick siehe Friel et al. 2001.

Auf der grundlegenden Stufe des wörtlichen Verstehens von Informationen, die in der grafischen Darstellung enthalten sind („read the data"), kann der Betrachter beispielsweise eine sinnvolle Antwort geben auf Fragen wie z. B. „Was thematisiert diese Grafik?" oder „Wie groß ist Josef?" (bei einem Balkendiagramm zum Thema Körpergröße) (vgl. Curcio, 1987). Dazu muss er Informationen, die im Titel und in der (Achsen-) Beschriftung gegeben sind, entnehmen und sinnvoll aufeinander beziehen.

Auf der nächstfolgenden Stufe ist der Betrachter in der Lage, Vergleiche zwischen den Teilelementen der grafischen Darstellung anzustellen und hierfür auch mathematische Konzepte zu nutzen („read between the data"). Damit können Antworten gefunden werden auf Fragen wie „Wer ist der Größte?" oder auch „Wie viel größer ist Josef im Vergleich zu Johanna?" (vgl. Curcio, 1987).

Auf der elaboriertesten Stufe schließlich kann der Betrachter über die jeweilige grafische Darstellung hinausreichende Vorhersagen treffen oder Schlussfolgerungen ziehen („read beyond the data"). Damit ist eine Antwort möglich auf eine Frage wie „Wenn Josef in einem Jahr um 8 cm und Johanna um 10 cm wächst, wer ist dann größer und um wie viel?" (vgl. Curcio, 1987). Gleichzeitig können fehlerhafte Schlüsse aus der grafischen Darstellung identifiziert werden. Auch Grenzen der grafischen Darstellung werden bewusst. So kann z. B. erkannt werden, welche Aussagen mit *dieser* grafischen Darstellung nicht möglich sind. Auf dieser Stufe können dann alle drei Funktionen grafischer Darstellungen (Kommunikation, Argumentation, Reduktion) vom Lernenden reflektiert werden: Was möchte mir die grafische Darstellung sagen? Welche Argumentationen legt sie mir nahe? Inwiefern stellt diese grafische Darstellung eine Reduktion dar – was wird also ausgeblendet?

Diesen drei Ebenen des Verstehens grafischer Darstellungen haben Shaughnessy et al. (1996; Shaughnessy, 2007) eine weitere Ebene hinzugefügt: „read behind the data". Auf dieser Ebene wird Bezug genommen auf den Kontext, in den die statistischen Daten bzw. ihre grafische Darstellung eingebettet sind. Für eine Beurteilung der statistischen Daten bzw. ihrer grafischen Darstellung werden Hintergrundinformationen mitberücksichtigt, z. B. ökonomische, historische, demographische und naturwissenschaftliche Aspekte.

Die Abstufungen können zur Erfassung der Verstehensvoraussetzungen des Betrachters genutzt werden. Beispielsweise kann kritisch hinterfragt werden, ob der jugendliche Betrachter überhaupt die Fähigkeit besitzt, spezifische Schlussfolgerungen aus einer Darstellung ziehen zu können. Kann er die Fragestellungen auf der Ebene „read beyond the data" (z. B. „Wenn Josef in einem Jahr um 8 cm und Johanna um 10 cm wächst, wer ist dann größer und um wie viel?") nicht beantworten, macht es wohl wenig Sinn, ihm diese Schlussfolgerungen abzuverlangen. Gleichzeitig können die Abstufungen der Lehrperson helfen, das Verständnis der grafischen Darstellung beim Lerner zu analysieren, um daraufhin entsprechende Fördermöglichkeiten einleiten zu können. Denn die Fähigkeit eine grafische Darstellung zu verstehen, hängt davon ab, welche Bedeutungen der Betrachter auf der jeweiligen Ebene („read the data“, „read between the data“, „read beyond the data“) ableiten kann (Friel et al., 2001).

Eine generelle Einschätzung, ob ein Betrachter eine gewisse Stufe, beispielsweise „read beyond the data“, erreicht hat, ist jedoch nicht möglich. Vielmehr hängt das Verständnis grafischer Veranschaulichungen statistischer Daten von zahlreichen weiteren Einflussfaktoren ab. Friel et al. (2001) weisen beispielsweise darauf hin, dass unterschieden werden muss, ob die grafische Darstellung von der Schülerin oder dem Schüler selbst erstellt wurde oder ob eine fertige grafische Darstellung analysiert werden muss. Des Weiteren beeinflussen Aufgabenmerkmale wie die kontextuelle Einbettung oder die Komplexität der grafischen Darstellung das Verständnis.

Nicht zuletzt existieren interindividuelle Unterschiede. Hierbei ist insbesondere das Vorwissen zu nennen, das sich auf das Verstehen grafischer Darstellungen auswirkt. Nach Curcio (1987) ist das Vorwissen in drei Bereichen entscheidend: hinsichtlich des thematischen Inhalts (topic), hinsichtlich des mathematischen Inhalts und hinsichtlich der Art des grafischen Schaubilds. Vorkenntnisse und -erfahrungen hinsichtlich der Art des Schaubilds, des Diagrammtyps (z. B. Balken-, Kreisdiagramm oder Boxplot), können als grundlegende Voraussetzung gesehen werden, grafische Darstellungen statistischer Daten überhaupt verstehen und interpretieren zu können. Der thematische Inhalt kann meistens anhand des Diagrammtitels und anderer Stichwörter innerhalb des Diagramms (z. B. Achsen- oder Kategorienbeschriftungen, Legende) identifiziert werden. Dieses Entnehmen von thematischen Informationen aus der grafischen Darstellung kann dem Leser helfen, relevante verwandte Informationen aus seinem Gedächtnis abzurufen. Möglicherweise stellt die Erfassung des thematischen Inhalts die Voraussetzung dar, den mathematischen Inhalt einer grafischen Darstellung zu verstehen (Curcio, 1987). Curcio (1987) führte zu den Vorwissenskomponenten (Diagrammtyp, thematischer und mathematischer Inhalt) eine Studie mit Viert- (N = 204) und Siebtklässlern (N = 185) durch. Sie konnte zeigen, dass das Vorwissen hinsichtlich des mathematischen Inhalts in beiden Altersgruppen das Verständnis grafischer Darstellungen am meisten beeinflusst. Dieser mathematische Inhalt einer grafischen Darstellung drückt sich in den Größenbereichen (z. B. „cm“), Zahlbeziehungen bzw. Größenvergleichen (z. B. „ist größer als…“) und den dahinterliegenden Rechenoperationen (z. B. Addition bestimmter Datenwerte zur Kategorienbildung im Histogramm) aus.

Verknüpft man die Stufen zum fortschreitenden Verstehen grafischer Veranschaulichungen („read the data“, „read between the data“, „read beyond the data“, „read behind the data“) mit den Vorwissenskomponenten (thematischer und mathematischer Inhalt, Diagrammtyp), so kann postuliert werden, dass die Stufen jeweils eine spezifische Komponente des Vorwissens erfordern (siehe Abbildung 1).

Anders ausgedrückt: Auf jeder Stufe des Verstehens grafischer Darstellungen wird eine Komponente des Vorwissens besonders wirksam. Diese sollte jedoch nie von den anderen Komponenten des Vorwissens isoliert gesehen werden soll.

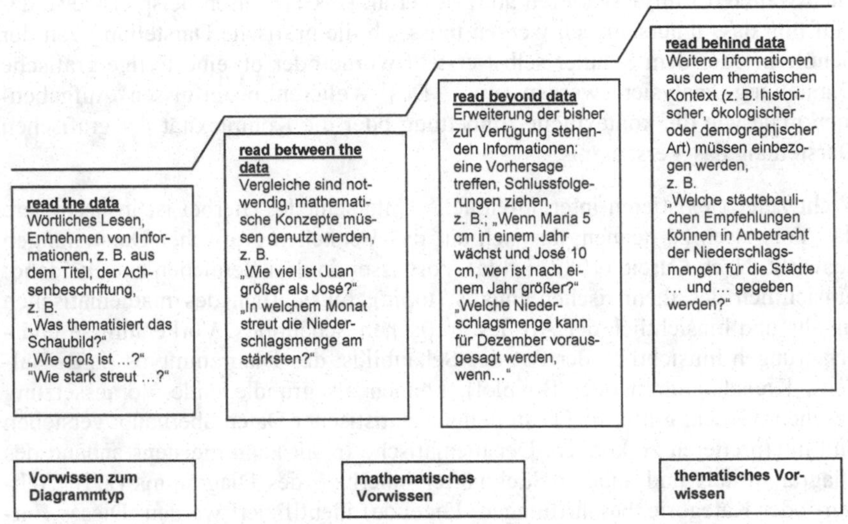

Abbildung 1: Stufen des Verstehens grafischer Veranschaulichungen statistischer Daten und ihre erforderlichen Vorwissenskomponenten

Für die erste Stufe, das (wörtliche) Entnehmen grundlegender Informationen aus dem Schaubild („read the data“), ist vermutlich hauptsächlich das Wissen über den Diagrammtyp hilfreich. Auf die Fragen „Was thematisiert das Schaubild?“ oder auch „Wie stark streut der Niederschlag im Monat April?“ kann der Lernende eine Antwort finden, wenn ihm die Art der grafischen Darstellung (z. B. Boxplot) vertraut ist. So kann er sich orientieren und beispielsweise die Streuung als Maß der Spannweite herauslesen. Dazu wird auch das Wissen über das mathematische Konzept „Streuung“ benötigt. Grundlegendes Wissen zum thematischen Inhalt ist hier ebenfalls bereits von Nutzen. Allerdings müsste dieses (wörtliche) Lesen und Entnehmen von Informationen aus den Achsenbeschriftungen, dem Titel usw. auch ohne das Wissen zum thematischen Hintergrund zu bewältigen sein.

Für die nächste Stufe „read between the data“ müssen Vergleiche angestellt werden, z. B. „In welchem Monat streut die Niederschlagsmenge am stärksten?“ oder auch „Wie viel höher ist das durchschnittliche Taschengeld in der Klasse 8a im Vergleich zur 8b?“. Hier müssen verstärkt mathematische Inhalte und Konzepte genutzt werden können, z. B. Streuung, „Durchschnitt“, Größenvergleiche. Das Wissen über den Diagrammtyp wird vorausgesetzt, sonst könnten die Informationen nicht herausgelesen werden. Auf dieser Stufe sollten nach Shaughnessy (2007) die Beziehungen zwischen dem Datensatz und den tabellarischen und grafischen Darstellungen verstanden werden. Gleichzeitig sollte sich die Betrachterin bzw. der Betrachter hinsichtlich der Interpretation eine objektive Distanz bewahren und eine „Personifizierung“ vermeiden (Shaughnessy, 2007; Friel et al., 2001): Der einzelne Datenwert, der z. B. einer bestimmten Person (Taschengeldhöhe) oder einem bestimmten Ort (Niederschlagsmenge) zugeordnet werden kann, tritt zurück zugunsten einer Gesamtschau.

Auf der Stufe „read beyond the data“ sollen schließlich Vorhersagen getroffen oder Schlussfolgerungen gezogen werden. Hier geht es vorwiegend um Zukunftsprognosen auf der Grundlage der vorliegenden statistischen Daten, also um Schätzungen, Trends, Variationen. Bei Curcio (1987) und Friel et al. (2001) wird hier nicht explizit auf den kontextuellen Hintergrund Bezug genommen. Im Beispiel (siehe Abbildung 1) „Wenn Maria 5 cm in einem Jahr wächst und José 10 cm, wer ist nach einem Jahr größer?“ kann die Fragestellung ausschließlich auf der mathematischen Ebene beantwortet werden. Kenntnisse über Rechenoperationen im Größenbereich „Länge“ reichen aus, um eine Antwort zu finden.

Statistische Darstellungen und ihre Interpretation sind jedoch in hohem Maße kontextuell eingebettet (Roth & Bowen, 2001). Der Kontext muss mitberücksichtigt werden, um eine angemessene Konsequenz ziehen zu können. Deshalb haben Shaughnessy et al. (1996; Shaughnessy, 2007) die weitere Stufe „read behind the data“ eingeführt. Beispielsweise kann die Frage „Welche städtebaulichen Empfehlungen können in Anbetracht der Niederschlagsmengen für die Städte … und … gegeben werden?“ nicht allein aufgrund der Informationen innerhalb der grafischen Darstellung zur monatlichen Niederschlagsmenge, aufgrund des (Vor-)Wissens zum Diagrammtyp oder auf der mathematischen Ebene beantwortet werden. Hier wird thematisches bzw. kontextuelles (Vor-)Wissen notwendig. Dieses Wissen muss in Bezug zu den statistischen Daten, die in der grafischen Darstellung vermittelt werden, gesetzt werden. Es können keine angemessen Schlüsse aus den Daten bzw. der grafischen Datendarstellung gezogen werden, ohne den Kontext mit einzubeziehen.

Dieser Gedanke findet sich auch bei Wild und Pfannkuch (1999): „The raw materials on which statistical thinking works are statistical knowledge, context knowledge and the information in data. The thinking itself is the synthesis of these elements to produce implications, insights and conjectures. One cannot indulge in statistical thinking without some context knowledge" (p. 228). Sie betonen die Notwendigkeit, fortwährend zwischen dem Kontext (context sphere) und den Daten (statistical sphere) hin- und herzupendeln (vgl. Abbildung 2).

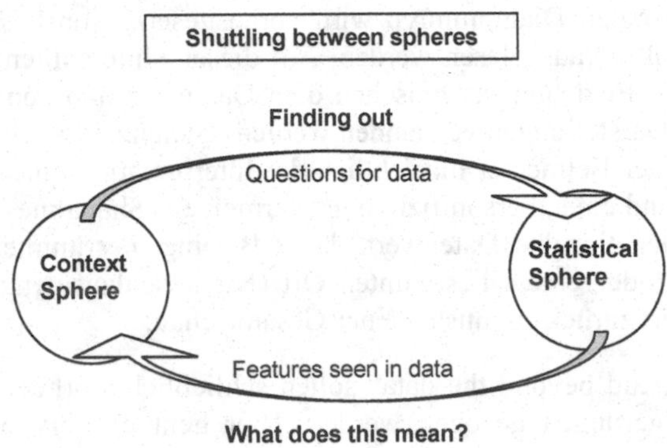

Abbildung 2: Die Beziehung zwischen der kontextuellen und der statistischen Ebene (aus: Wild & Pfannkuch 1999, S.228)

Obwohl Curcio (1987) diese weitere Stufe („read behind the data") nicht unterscheidet, zeigt sich auch bei ihr hinsichtlich einer Testfrage zur Stufe „read beyond the data", dass thematisches Vor- bzw. Hintergrundwissen und damit der Kontext zur Beantwortung hilfreich und sogar notwendig ist (Abbildung 3).

Die Testfrage (Abbildung 3) fordert die Schülerinnen und Schüler auf, Aussagen bezüglich eines Balkendiagramms zur Körpergröße verschiedener Kinder zu beurteilen. Zugegebenermaßen könnte man Antwort d) auf die Testfrage auch ohne tiefere Kenntnis des thematischen Inhalts ausschließen, allein aufgrund des Schlüsselworts „Körpergröße" bzw. „Height", das sich auch an der Achsenbeschriftung findet. Um sich aber zwischen den Antwortmöglichkeiten a) bis c) entscheiden zu können, benötigt man thematisch-inhaltiche Kenntnisse, die über die Angaben der grafischen Veranschaulichung (hier: Balkendiagramm) hinausgehen. Ein Schüler bzw. eine Schülerin kann durchaus sowohl die mathematischen Inhalte und Konzepte kennen und flexibel damit umgehen können, als auch mit dem Diagrammtyp vertraut sein, aber dennoch hier keine richtige Antwort erzielen. Der Grund liegt im mangelnden thematischen Hintergrundwissen. Eine Schülerin bzw. ein Schüler der vierten und siebten Klasse, in denen der

Test eingesetzt wurde, müsste eine sichere Antwort auf die Frage „Wie groß ist ein Kind mit 5 Jahren durchschnittlich?“ bereits vorliegen haben. Eventuell gelingt es auch, über einen indirekten Vergleich („Wie groß bin ich eigentlich in meinem Alter?“) an die Antwort heranzukommen. Jedenfalls kann die fehlende kontextuelle Anbindung hier zum Stolperstein werden.

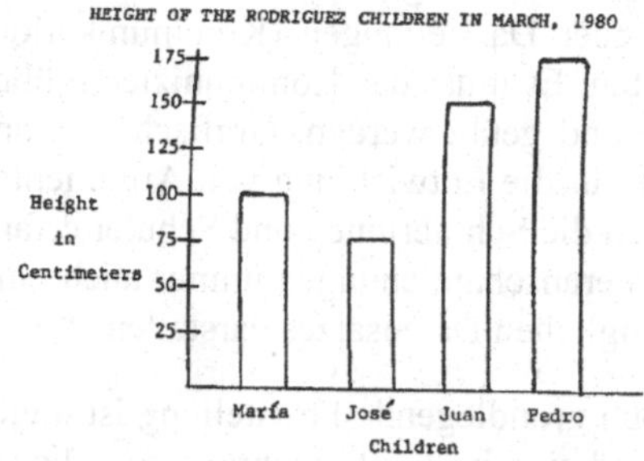

If Pedro is 5 years old, which of the following is a correct statement?

a. Pedro is much too short for his age
b. Pedro could never be that tall for his age
c. Pedro is of average height for his age
d. Pedro is thin for his age

Abbildung 3: Testaufgabe zu „read beyond the data“ aus Curcio (1987)

Curcio (1987) vermutet, dass die Erfassung des thematischen Inhalts eine Voraussetzung für die Erfassung des mathematischen Inhalts ist. Nach diesem Modell wäre es aber denkbar, dass die Erfassung des mathematischen Inhalts auch ohne thematische Kenntnisse auf den Stufen „read between“ und „ read beyond the data“ gelingt. Erst auf der Stufe „read behind the data“ müsste demnach die Verknüpfung von mathematischen mit thematischen Inhalten erfolgen.

Das Modell zeigt außerdem, dass der mathematische Inhalt bzw. das mathematische Vorwissen gleich für zwei Verstehensebenen besonders bedeutsam wird. Insofern passt dies zu Curcio`s Befund (1987), wonach das mathematische Vorwissen das Verstehen grafischer Darstellungen am günstigsten beeinflusst im Vergleich zu den beiden anderen Vorwissenskomponenten (Diagrammtyp, Thema).

Diese theoretische Aufschlüsselung hat Modellcharakter. Wie jedes Modell stellt auch dieses ein beschränktes Abbild der Wirklichkeit dar, es simplifiziert zugunsten einer Komplexitätsreduktion. Ob sich dieses Modell empirisch fundieren lässt, wäre zu überprüfen.

4 Welche Konsequenzen ergeben sich für den Mathematikunterricht der Sekundarstufe I?

Verfolgt man in der Sekundarstufe I im Mathematikunterricht das Ziel, dass Schülerinnen und Schüler grafische Darstellungen statistischer Daten sowohl als

Interpretationshilfe als auch als Interpretationshürde kennenlernen, so muss der Unterricht hierfür ausreichend Gelegenheit bieten. Hierfür sollte einerseits die Vielfalt grafischer Darstellungsarten erfahrbar sein, andererseits sollte der Unterricht über das bloße handwerkliche Anfertigen grafischer Veranschaulichungen hinausreichen und vor allem die Bedeutung und Interpretation grafischer Veranschaulichungen statistischer Daten thematisieren (Shaughnessy, 2007). Hierzu ist es notwendig, die drei Funktionen grafischer Darstellungen (Kommunikation, Argumentation, Reduktion) herauszuarbeiten: Es muss das Kommunizieren über und mit grafischen Darstellungen gelernt und geübt werden. Grafische Veranschaulichungen statistischer Daten müssen für die Entwicklung von Argumentationen genutzt werden. Nicht zuletzt müssen die Schülerinnen und Schüler erfahren und erkennen können, dass grafische Veranschaulichungen immer auch eine Vereinfachung, eine Reduktion des ursprünglichen Datensatzes darstellen.

Eine zunächst trivial erscheinende und doch grundlegende Feststellung ist diejenige, dass diese Erfahrung Zeit benötigt und sich im Laufe mehrerer Schuljahre entwickeln muss: „Graph sense develops gradually as a result of one`s creating graphs and using already designed graphs in a variety of problem contexts that require making sense of data." (Friel et al., 2001, p. 145). Curcio (1987) wies auf die Bedeutung des Vorwissens bezüglich des thematischen und mathematischen Inhalts sowie des Diagrammtyps hin. Dieses Vorwissen ist immer ein status quo, der sich laufend verändert und weiterentwickelt durch die Erfahrungen im Umgang mit grafischen Veranschaulichungen. Dazu gehört für die Sekundarstufe auch das Bewusstsein über die Vorerfahrungen, welche die Schülerinnen und Schüler bereits in der Grundschule mit grafischen Veranschaulichungen statistischer Daten erworben haben. Denn auch dort werden beispielsweise bereits Säulen- und Balkendiagramme erstellt und analysiert.

Auch Eichler und Vogel (2009) betonen die Entwicklung über die Zeit hinweg und sprechen in diesem Zusammenhang von einem „fortgesetzten Abstraktionsprozess". Dies bedeutet auch, im Sinne eines langfristigen Aufbaus der Darstellungs- und Lesekompetenz den intermodalen Transfer der Repräsentationsebenen nach Bruner (1965) zu unterstützen (Eichler & Vogel, 2009). So kann der Umgang mit Daten und ihren Darstellungen nicht erst auf der symbolischen Ebene, in Form der Urliste oder Rangliste oder in tabellenartiger Darstellung, erfolgen, sondern auch bereits auf der enaktiven Ebene. Ein Beispiel ist die Sortierung von Schokolinsen (Eichler & Vogel, 2009). Balken- und Säulendiagramme entstehen so handelnd.

Stehen solche Gegenstände nicht unmittelbar zur Verfügung, z. B. bei der Ermittlung der Länge des Schulweges, so können zumindest Datenpunkte ausgeschnitten und mit dem ermittelten Datenwert beschriftet werden. Diese können dann in ein Schaubild, z. B. ein Liniendiagramm, gelegt werden.

Auch die Kategorienbildung für ein Histogramm gelingt auf der enaktiven Ebene. Damit kann der intermodale Transfer hin zur ikonischen Ebene und damit zu verschiedenen grafischen Darstellungsmöglichkeiten ein und desselben Sachverhalts erfolgen. Diese grafischen Darstellungen können vergleichend nebeneinander stehen. Beispielsweise kann ein Histogramm mit einem Boxplot zur täglichen Niederschlagsmenge innerhalb eines Monats verglichen werden: Ein Boxplot teilt die Anzahl der vorhandenen Datenwerte (hier: Anzahl der Tage im Monat) in gleich breite Intervalle – meist Quartile – ein. Das Histogramm hingegen teilt den gesamten möglichen Datenbereich (z. B. von 0 mm bis maximal 25 mm Niederschlag am Tag) in gleich breite Intervalle ein, sodass die Anzahl der tatsächlich vorkommenden Datenwerte in den einzelnen Intervallen variiert. Damit wird mehr als ein intramodaler Transfer vollzogen, denn die verschiedenen Darstellungsmöglichkeiten haben ihre spezifischen Vor- und Nachteile. So gibt ein Boxplot Auskunft über die Streuung und die Mitte der Datenwerte, verliert aber damit Information über die Einzelheiten der Verteilung. Darüber wiederum kann bei geschickter Klasseneinteilung das Histogramm Auskunft geben. Die bewusste Reflexion darüber thematisiert auch hier die verschiedenen Funktionen grafischer Veranschaulichungen (Kommunikation, Argumentation, Reduktion): Was möchte die grafische Darstellung ausdrücken? Welche Argumentationen legt sie nahe? Inwiefern stellt diese grafische Darstellung eine Reduktion dar – was wird also ausgeblendet?

Letztlich stellt das Verstehen grafischer Darstellungen ein themen- und fächerübergreifendes Lernziel dar. Die Erweiterung des themenbezogenen Vorwissens und damit des kontextspezifischen Wissens ist für das Verstehen grafischer Veranschaulichungen förderlich. Das Verständnis grafischer Veranschaulichungen wiederum, kann der Vertiefung thematischen Wissens dienen. Nimmt man die Stufe „read behind the data“ als die höchste Stufe des Verstehens grafischer Veranschaulichungen statistischer Daten, so erscheint hier das kontextuelle Wissen nach dem oben postulierten Modell besonders wirksam zu werden.

Die Anknüpfung an dieses thematische Vorwissen und seine Erweiterung gelingen dann, wenn statistische Auswertungen nicht losgelöst von vorausgehenden Fragestellungen erfolgen. Letztlich beeinflussen die Ausgangsfragen einer statistischen Erhebung später auch die angemessene Wahl der grafischen Darstellungen (Friel et al., 2001). Die Fragestellungen zielen damit gleichzeitig auf die unterschiedlichen Verstehensebenen (read the data, read between, read beyond, read behind the data) ab: „Such questions can provide cues that activate the process of graph comprehension“ (Friel et al. 2001, p. 130). Die Verstehensprozesse können unterstützt werden, wenn Schülerinnen und Schüler zu den Fragestellungen nicht ausschließlich „fertige“ oder gar „für Rechnungen gut geeignete“ Datensätze vorgelegt bekommen, sondern selbst die Hypothesengenerierung und

Datenerhebung vollziehen können. Wild und Pfannkuch (1999) haben das Vorgehen während einer statistischen Untersuchung in einem Untersuchungskreislauf visualisiert:

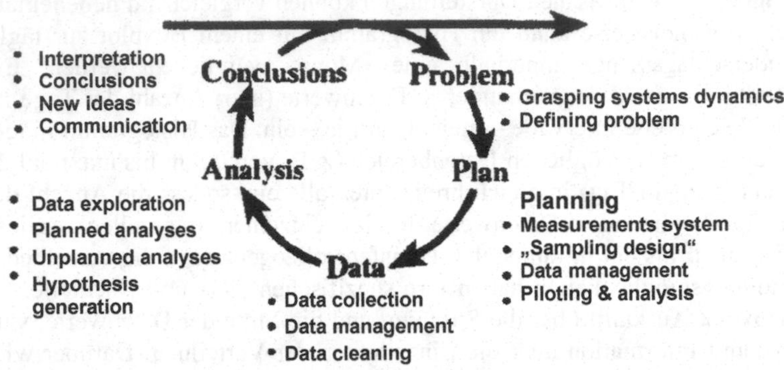

Abbildung 4: Der Untersuchungskreislauf bei statistischen Datenerhebungen (Wild & Pfannkuch 1999, S. 226)

Der gesamte Untersuchungskreislauf – von der Fragestellung über die Hypothesenbildung und Datenerhebung, bis zur Datenanalyse und Schlussfolgerung – sollte in der Sekundarstufe I möglichst häufig gemeinsam mit den Schülerinnen und Schülern erfolgen. Erst mit zunehmender Erfahrung empfiehlt es sich, authentische Datensätze aus „zweiter Hand" in den Unterricht einfließen zu lassen (Shaughnessy et al., 1996). Innerhalb des Untersuchungskreislaufs muss immer wieder zwischen dem Kontext (context sphere) und den statistischen Daten (statistical sphere) hin- und hergewechselt werden (Wild & Pfannkuch 1999, vgl. Abbildung 2). Die aufgeworfenen Untersuchungsfragen erwachsen aus kontextuellen Überlegungen. Während der Datenanalyse muss entschieden werden, welche Berechnungen sinnvollerweise vollzogen werden. Die Entscheidung darüber kann nur vor dem Hintergrund der Fragestellungen, die kontextuell verortet sind, getroffen werden. Schlussfolgerungen am Ende gelingen nur dann sinnvoll, wenn wiederum Bezug auf den Kontext genommen wird. Das kontextuelle Vorwissen wird genutzt und gleichzeitig kann dieses - durch die Ergebnisse der Datenanalyse - erweitert werden.

Ein weiterer günstiger Effekt stellt sich ein, wenn die Schülerinnen und Schüler den gesamten Datenkreislauf durchschreiten: Sie gewinnen Einsicht in die „Entstehungsgeschichte" einer grafischen Veranschaulichung. Die grafische Veranschaulichung „fällt nicht vom Himmel", sie entsteht nach der Datenanalyse und die Ergebnisse der Datenauswertung werden veranschaulicht. Andererseits kann die Datenanalyse durch die grafische Veranschaulichung noch fortgeführt werden, da dann möglicherweise noch andere Aspekte sichtbar werden bzw. deutlicher hervortreten.

Während der Entstehung der grafischen Veranschaulichung werden zudem Vorkenntnisse zu mathematischen Inhalten relevant: Wie kommt man zu einem Boxplot? Welche Kennwerte müssen hierfür bestimmt werden? Das Verständnis des Boxplots setzt die Kenntnis mathematischer Inhalte und Konzepte voraus: Es muss klar sein, was ein Median ausdrückt, was er verschweigt, bevor man einen Boxplot angemessen deuten kann. Der Diagrammtyp muss allerdings nicht vorgegeben werden. Vielmehr kann hier im Sinne eines konstruktivistischen Lernverständnises die Gelegenheit genutzt werden, die Schülerinnen und Schüler zunächst selbst entscheiden zu lassen, welche grafische Veranschaulichungsmöglichkeit sie aus welchen Gründen verwenden möchten. Je nach Argumentationsabsicht kann die Entscheidung hier unterschiedlich ausfallen (argumentative Funktion von Veranschaulichungen). In diesem Sinne gibt es Veranschaulichungen, die „sinnvoll, gewinnbringend" oder aber „weniger sinnvoll, weniger gewinnbringend" sind (Eichler & Vogel 2009). Auf dieser Grundlage können gemeinsam Kriterien für „faire" Darstellungen herausgearbeitet werden, die dem Betrachter die Argumentations- und Kommunikationsabsicht des Entwicklers offenlegen. Die Schülerinnen und Schüler erlernen auf diese Weise, Interpretationshürden zu vermeiden und grafische Darstellungen als Interpretationshilfe einzusetzen. Die abschließenden Worte von Friel et al. (2001) unterstreichen das Plädoyer für das Erstellen und Interpretieren eigener grafischer Veranschaulichungen durch die Schülerinnen und Schüler innerhalb selbst durchgeführter Datenanalysen: „Graph instruction within a context of data analysis may promote a high graph comprehension that includes flexible, fluid, and generalizable understanding of graphs and their uses." (Friel et al., 2001, S. 133).

5 Literaturverzeichnis

Bruner, J. S., & Kenney, H. J. (1965). Representation and Mathematics Learning. *Monographs of the Society for Reserach in Child Development, 30*(1), 50-59.

Büchter, A., & Henn, H.-W. (2007). *Elementare Stochastik: Eine Einführung in die Mathematik der Daten und des Zufalls* (2., überarb. und erw. Auflage). Berlin , Heidelberg, New York: Springer.

Chick, H., & Watson, J. M. (2001). Data representations and interpretation by primary school students working in groups. *Mathematics Education Research Journal, 13*, 91–111.

Chick, H., & Watson, J. M. (2002). Collaborative influences on emergent statistical thinking - A case study. *Journal of Mathematical Behavior, 21*, 317–400.

Curcio, F. R. (1987). Comprehension of Mathematical Relationships Expressed in Graphs. *Journal for Research in Mathematics Education, 18*(5), 382–393.

Eichler, A., & Vogel, M. (2009). *Leitidee Daten und Zufall: Von konkreten Beispielen zur Didaktik der Stochastik* (1. Aufl.). Wiesbaden: Vieweg+Teubner Verlag / GWV Fachverlage GmbH Wiesbaden.

Friel, S. N., Curcio, F. R., & Bright, G. W. (2001). Making Sense of Graphs: Critical Factors Influencing Comprehension and Instructional Implications. *Journal for Research in Mathematics Education, 32*(2), 124–158.

Kosslyn, S. M. (1994). *Elements of graph design*. New York: W.H. Freeman.

Krämer, W. (2011). *So lügt man mit Statistik*. München: Piper.

Roth, W.-M., & Bowen, G. (2001). Professionals read graphs: A semiotic analysis. *Journal for Research in Mathematics Education, 32*, 159–193.

Shaughnessy, J. M., Garfield, J., & Greer, B. (1996). Data handling. In A. J. Bishop (Hrsg.), *International handbook of mathematics education* (S. 205–237). Dordrecht, Boston: Kluwer Academic Publishers.

Shaughnessy, M. (2007). Research on statistics learning and reasoning. In F. K. Lester (Hrsg.), *Second handbook of research on mathematics teaching and learning. A project of the National Council of Teachers of Mathematics* (S. 957–1010). Charlotte, NC: Information Age Publ.

Vernay, R. (2011). Hier stimmt etwas nicht: Fehlern in Grafiken auf der Spur. *Mathematik 5 bis 10, (14)*, 36–39.

Wallman, K. K. (1993). Enhancing statistical literacy: Enriching our society. *Journal of the American Statistical Association, 88*(421), 1–8.

Wild, C., & Pfannkuch, M. (1999). Statistical Thinking in Empirical Enquiry. *International Statistical Review, 67*(3), 223–248.

Zech, F. (1995). *Mathematik erklären und verstehen: Eine Methodik des Mathematikunterrichts mit besonderer Berücksichtigung von lernschwachen Schülern und Alltagsnähe* (2., durchges. Auflage). Berlin: Cornelsen.

Funktionale Zusammenhänge im computerunterstützten Darstellungstransfer erkunden

Andreas Fest,
Pädagogische Hochschule Ludwigsburg;
Andrea Hoffkamp,
Humboldt-Universität zu Berlin

Kurzfassung: *Funktionaler Zusammenhang* ist seit der Einführung der Bildungsstandards 2003 eine der mathematischen Leitideen. Viele Lernende haben Schwierigkeiten im Bereich funktionalen Denkens sowie mit dem Funktionsbegriff an sich, da dieser zum einen verschiedene Aspekte beinhaltet und zum anderen durch unterschiedliche Repräsentationen gekennzeichnet ist. Typische Probleme bei der Begriffsbildung liegen in der Verwechslung und Vermengung von Unterbegriffen des Funktionsbegriffs. Aber auch die Aspekte funktionaler Anhängigkeiten, wie z.B. der *dynamische Aspekt*, bereiten Schwierigkeiten. In diesem Artikel präsentieren wir zu diesem Bereich zwei computerbasierte Lernumgebungen. Wir stellen die Grundideen der Lernumgebungen vor und diskutieren den Mehrwert des Computers im Hinblick auf Visualisierungen, Repräsentationen und Repräsentationstransfer. Ergänzt werden die Ausführungen durch Schülerprodukte aus einer Studie zu einer der beiden Lernumgebungen.

1 Motivation und Problemlage

Mit der vorliegenden Arbeit wollen wir einige wichtige und aktuelle Gebiete (mathematik-) didaktischer Forschung ansprechen. Dabei widmen wir uns in erster Linie im Sinne von „Mathematikdidaktik als Design Science“ (Wittmann, 1992) der *Entwicklung und Erforschung von Lernumgebungen.* Bei der Entwicklung der Lernumgebungen geht es uns weniger um solche, die Kompetenzunterschiede egalisieren wollen, sondern mehr um solche, die zu *Kompetenzerwerb* führen. Damit verfolgen wir einen *Qualifizierungsanspruch* im Gegensatz zu einem Egalisierungsanspruch, weil wir darin eine größere Wirksamkeit von Schulen und Hochschulen sehen (Hasselhorn & Gold, 2009, S. 317 ff). Um diesem Anspruch zu genügen, analysieren und nutzen wir die Möglichkeiten eigens entwickelter *computerbasierter Lernumgebungen*. Zum einen sehen wir einen großen Bedarf in der Entwicklung praktikabler Computerlernumgebungen gerade für den schulischen Gebrauch. Zum anderen besteht aber auch ein großer Forschungsbedarf zum Mehrwert und den tatsächlichen Möglichkeiten eines Einsatzes solcher Lernumgebungen.

In diesem Artikel stellen wir zwei digitale Lernumgebungen im Bereich *Funktionen und funktionales Denken* vor. Dieser Bereich ist einerseits durch die in den Bildungsstandards etablierte Leitidee "Funktionaler Zusammenhang" (KMK, 2003) im aktuellen Forschungsinteresse, andererseits werden aber auch die Ideen Felix Kleins, der im Rahmen der Meraner Reform von 1905 die *Erziehung zum funktionalen Denken* als Sonderaufgabe forderte, derzeit immer wieder als Begründungs- und Bedeutungsrahmen mathematikdidaktischer Forschung herangezogen (siehe z.B. „The Klein Project"[1]).

Im Verlauf des Artikels widmen wir uns deswegen zunächst dem Funktionsbegriff und dem Begriff des funktionalen Denkens und den damit verbundenen Schwierigkeiten für Lernende. Anschließend geben wir unsere Grundhaltung eines computerbasierten Ansatzes wieder und analysieren bzw. reflektieren dessen Rolle in Mathematik und Mathematikdidaktik. Schließlich stellen wir die Grundideen und Konzeptionen zweier von uns entwickelten Lernumgebungen im Schul- und Hochschulkontext vor und erörtern deren Potential für den Einsatz in Unterricht und Lehre.

1.1 Funktionen und funktionales Denken

Der Begriff *funktionales Denken* wurde das erste Mal im Zusammenhang mit der Meraner Reform von 1905 genannt. Bei dieser Reform des mathematisch-naturwissenschaftlichen Unterrichts wurde unter der Federführung Felix Kleins die *Erziehung zum funktionalen Denken* als Sonderaufgabe formuliert. Gemeint war damit eine gebietsübergreifende Denkgewohnheit, die, über das Thema "Funktionen" im Algebraunterricht hinaus, den gesamten Mathematikunterricht prägen sollte. Insbesondere ging es um ein Denken in Variationen und funktionalen Abhängigkeiten - immer mit Blick auf Bewegung und Veränderlichkeit (Krüger, 2000). In der didaktischen Literatur werden im Allgemeinen drei Aspekte funktionaler Zusammenhänge beschrieben (Vollrath, 1989; Malle, 2000): Ein *Zuordnungsaspekt*, welcher sich auf die Funktion als punktweise Zuordnung bezieht und statischer Natur ist. Ein *Änderungsaspekt* bzw. *dynamischer Aspekt*, welcher die Idee der Kovariation („Wie wirkt sich die Änderung einer Größe auf die Änderung einer anderen Größe aus?") beinhaltet und sich auf die Beschrei-

---

[1] http://www.mathunion.org/icmi/other-activities/klein-project/introduction/ (zuletzt abgerufen am 12.04.2012)

bung von Änderungsverhalten bis hin zu Ideen der Analysis bezieht. Schließlich auch ein *Objektaspekt*, bei dem Funktionen als Ganzes mit ihren globalen Eigenschaften oder als (algebraische) Objekte betrachtet werden. Änderungsaspekt und Objektaspekt kommen dem Klein'schen Begriff funktionalen Denkens am nächsten, decken diesen sehr umfassend gemeinten Begriff aber bei weitem nicht ab.

Neben den eben beschriebenen Aspekten, besitzen Funktionen darüber hinaus auch mannigfache Darstellungsformen bzw. Repräsentationen wie sprachliche Beschreibung, Tabelle, Graph, Leiterdiagramm, Term, Pfeildiagramm usw. Funktionales Denken in komplexen Aufgabenstellungen erfordert deswegen auch das Denken in und das Interpretieren von verschiedenen Darstellungsformen und damit auch Übersetzungsleistungen zwischen den Darstellungsformen. Jede Repräsentation betont bzw. zielt auf gewisse Aspekte und Eigenschaften. Gleichzeitig verengt jede Repräsentation die Sichtweise auf den Funktionsbegriff (Weigand, 1988). Zum Beispiel betonen Tabellen und Leiterdiagramme den Zuordungsaspekt, wohingegen Graphen eher den Änderungs- oder Objektaspekt hervorheben. Je nach Zielsetzung und Kontext eignen sich gewisse Darstellungsformen mehr als andere, und die Wahl der Darstellungsform(en) stellt eine wichtige didaktische Entscheidung der Lehrperson dar (Vogel, 2006).

1.2 Typische Schwierigkeiten von Lernenden

Genauso vielschichtig wie der Funktionsbegriff und funktionales Denken an sich sind auch die damit verbundenen Schwierigkeiten von Lernenden. In diesem Abschnitt werden anhand von Schülerprodukten einige Schwierigkeiten exemplarisch illustriert. Insbesondere haben die festgestellten Schwierigkeiten eine Rolle bei der Entwicklung und Gestaltung der Lernumgebungen gespielt.

Hoffkamp (2011a) hat Schülerinnen und Schüler zweier 10. Klassen Briefe schreiben lassen, in denen einer imaginären Freundin oder einem Freund, die/der noch nie den Begriff *Funktion* gehört hat, erklärt werden sollte, was denn eine Funktion sei. Abbildung 1 zeigt einen Ausschnitt eines solchen Briefes.

Der Brief ermöglicht Rückschlüsse auf das „mentale Bild" der Schülerin von „Funktion". Dieses ist dadurch geprägt, dass es immer einen Graphen gibt (bzw. es werden Funktion und Graph sogar gleichgesetzt) und von den Erfahrungen, die sie mit Funktionen bisher gemacht hat. In der Schule sind die Erfahrungen mit Funktionen vor allem an die Behandlung einiger weniger Funktionenklassen gebunden (und dadurch auch stark eingeschränkt). In ihrer Arbeit bezeichnen Dreyfus & Vinner (1989) das „mentale Bild" bzw. die Menge aller mentalen Bilder zusammen mit den charakterisierenden Eigenschaften als *concept image*. Sie beschreiben, dass das *concept image* Vorstellungen enthält wie: „eine Funktion muss eine einzige Regel sein“ oder „der Graph muss vernünftig bzw. gutartig aussehen, z.B. monoton sein oder keine Sprungstellen besitzen“. Im Gegensatz dazu steht oft die *concept definition* – sprich wie Schülerinnen und Schüler „Funktion“ tatsächlich definieren würden. Dreyfus & Vinner (1989) zeigen, dass Lernende bei der Entscheidung, ob es sich bei einem Beispiel um eine Funktion handelt oder nicht, ihr *concept image* und nicht ihre *concept definition* heranziehen. Im vorliegenden Briefausschnitt (Abbildung 1) definiert die Schülerin eine Funktion prinzipiell korrekt, verwechselt dann allerdings die Unterbegriffe Injektivität/Bijektivität mit der Eindeutigkeit.

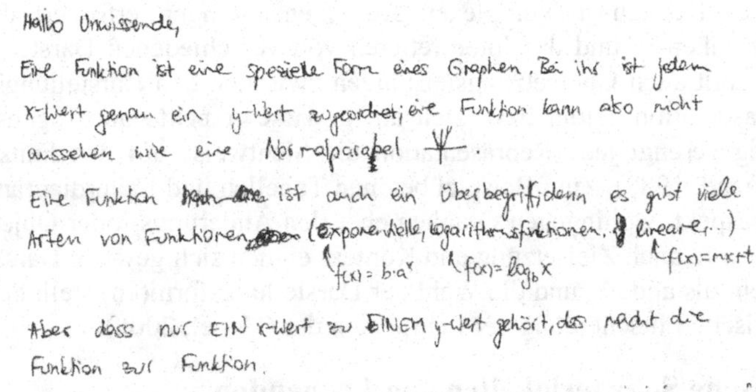

Hallo Unwissende,

Eine Funktion ist eine spezielle Form eines Graphen. Bei ihr ist jedem x-Wert genau ein y-Wert zugeordnet; eine Funktion kann also nicht aussehen wie eine Normalparabel.

Eine Funktion ist auch ein Oberbegriff, denn es gibt viele Arten von Funktionen (Exponentielle, Logarithmusfunktionen, lineare, ...)
$f(x) = b \cdot a^x$ $f(x) = \log_b x$ $f(x) = mx+t$

Aber dass nur EIN x-Wert zu EINEM y-Wert gehört, das macht die Funktion zur Funktion.

Abbildung 1: Brief einer Schülerin der 10. Klasse zum Funktionsbegriff.

Was macht eigentlich den Funktionsbegriff für Lernende schwer? Die *concept definition* von „Funktion“ wird üblicherweise in Klasse 8 in einer Formulierung wie etwa der folgenden eingeführt: *Eine Funktion ist eine Zuordnungsvorschrift, die jedem Element einer Menge genau ein Element einer (eventuell anderen) Menge zuordnet.*

Diese Definition zeichnet sich aber durch einen hohen Allgemeinheits- und Abstraktionsgrad aus. Tatsächlich ist sie das Endprodukt eines langen Entwicklungsprozesses. Beispielsweise fasste Euler unter Funktionen noch lediglich solche, die sich „im freien Zuge der Hand“ durchzeichnen lassen (Kronfellner, 1997). Im Laufe der Begriffsentwicklung wurde diese Eigenschaft im Hinblick auf Exaktifizierung und Allgemeinheitsanspruch fallen gelassen. Auch der Änderungsaspekt ist in dieser Definition nicht offensichtlich (Fischer & Malle, 1985). Viele mitgedachte Aspekte gehen im Laufe eines Exaktifizierungsprozesses verloren und müssen entweder durch Zusatzbegriffe „zurückgeholt“ werden, z.B. der Stetigkeitsbegriff, oder in anderer Form explizit gemacht werden, z.B. durch dynamische Darstellungen. Es ist also eine delikate didaktische Aufgabe die Zusatzbegriffe und Aspekte in das Begriffsnetz von „Funktion" zu integrieren.

Die Schwierigkeit der Integration verschiedener Aspekte funktionalen Denkens macht sich auch bei typischen Schwierigkeiten Lernender bezüglich des dynamischen Aspektes funktionaler Abhängigkeiten bemerkbar. Abbildung 2 zeigt eine Aufgabe, die im Rahmen der Arbeit von Hoffkamp (2011a/b) Schülerinnen und Schülern am Ende der 10. Klasse eines Berliner Gymnasiums und Erstsemesterstudierenden der Mathematik an der TU Berlin gestellt wurde.

Aufgabe „Die Reise":
Die Landkarte und der abgebildete Graph beschreiben eine Autofahrt von Nottingham nach Crawley.
Trage die Punkte A-F ungefähr in die Landkarte ein.

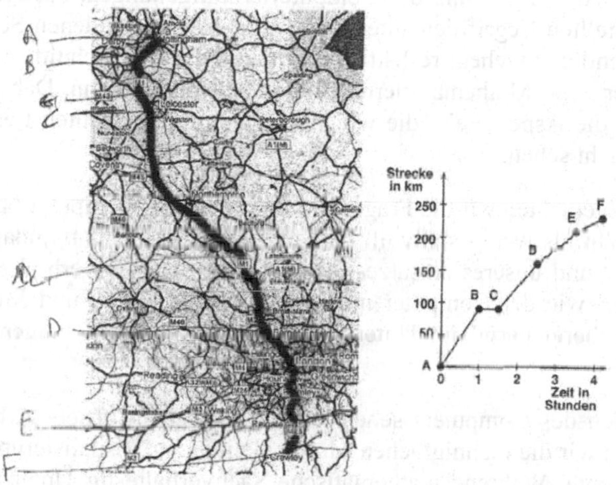

Abbildung 2: Lösung eines Studierenden zur Aufgabe „Die Reise" (Aufgabe nach Swan, 1985).

Außer, dass hier die Punkte A und B auch bei ungefährer Abschätzung zu nahe beieinander liegen, wird nicht erkannt, dass zwischen B und C eine Pause vorliegt, in der zwar Zeit vergeht (als unabhängige Variable), aber keine Wegstrecke (als abhängige Variable) zurückgelegt wird. Mit anderen Worten wird hier der Darstellungstransfer zwischen der Situation (Landkarte) und dem Weg-Zeit Graphen nicht korrekt vollzogen, weil eine dynamische Sicht auf den funktionalen Zusammenhang zwischen Zeit und Weg fehlt. Tatsächlich werden aus diesem Grund Weg-Zeit Graphen oft als Bewegung in der Ebene („zuerst fährt man schräg hoch, dann nach rechts usw.") fehlinterpretiert (Swan, 1985). Im weiteren

Verlauf der Aufgabe fragte Hoffkamp (2011a) danach, was zwischen den Stationen D und E passiere. Typische fehlerhafte Antworten waren „Kurven“ oder „Es wird hügelig“. Hier wird der Graph also als direktes Abbild der Realsituation gesehen („Graph-als-Bild Fehler“, Vogel, 2006). Die Aufgabe, zu dem gegebenem Graphen einen Geschwindigkeit-Zeit Graphen, also einen Graphen, der die *Änderung über die Zeit* wiedergibt, zu zeichnen, wurde von kaum jemandem auch nur annähernd gemeistert (Hoffkamp, 2011a). Dies lag insbesondere daran, dass der Weg-Zeit Graph nicht abschnittweise gelesen werden konnte.

2 Die Rolle des Computers beim Lehren und Lernen von Mathematik

Bevor wir auf die Gestaltung der Computerlernumgebungen, basierend auf den zuvor dargestellten Begrifflichkeiten und den damit verbundenen Schwierigkeiten für Lernende, eingehen, reflektieren wir in diesem Abschnitt, welche Rolle der Computer beim Mathematiklernen allgemein spielen kann. Dabei gehen wir lediglich auf die Aspekte ein, die wir in den unten dargestellten Lernumgebungen verwirklicht sehen.

Grundsätzlich erachten wir die Frage, ob nun mit einem Computer besser gelernt wird oder nicht als wenig sinnvoll. Im Sinne von „Mathematikdidaktik als Design Science“ und unseres Ansatzes, der auf Kompetenzerwerb abzielt, geht es um die Frage, wie der Computer mit seinen Eigenschaften und Möglichkeiten sinnvoll und bereichernd im Unterrichts- und Lernprozess eingesetzt werden kann.

Welche Rollen des Computers sehen wir als zentral für unsere Arbeit an? Zunächst nutzen wir die mannigfachen Möglichkeiten zur Visualisierung mathematischer Konzepte. Während mathematische Sachverhalte für Unterricht zumeist in ein „Hintereinander“ gebracht werden müssen, ermöglicht Visualisierung eine mathematisch konsistente Darstellung eines „Nebeneinanders“ (Fischer & Malle, 1985). Insbesondere können die Darstellungen mit Interaktivität versehen werden. Diese Interaktivität öffnet einerseits Raum für Erforschungen, welche von Lernenden ohne negative Konsequenzen durchgeführt werden können. Schulmeister (2001) schreibt dazu:

> *„Nicht die Interaktivität an sich, sondern die Anonymität und Sanktionsfreiheit bei der Interaktion mit Programmen spielt also eine ganz wesentliche Rolle für die Lernmotivation der Lernenden.“* (S. 325)

Andererseits kann man die Interaktivität gezielt einschränken, um so die Entwicklung mentaler Modelle und Konzepte dezidiert zu fördern (Kortenkamp,

2007). Insofern haben Visualisierungen eine wichtige heuristische Funktion und können insbesondere schon vor einer exakten mathematischen Begriffsbildung verwendet werden (Malle, 1984).

3 Zwei computerbasierte Lernumgebungen

Im Folgenden stellen wir zwei computerbasierte Lernumgebungen im Bereich Funktionen/funktionales Denken vor. Die Lernumgebung *Squiggle-M* ist im Rahmen des Projektes SAiL-M[2] für die Lehre im Hochschulkontext entwickelt worden. Dabei geht es vorrangig um Begriffsbildung, wobei die Auswahl und Verbindung von Repräsentationen eine wichtige didaktische Rolle spielt.

Die Lernumgebung *Die Reise* ist für den Einsatz in Klasse 10 bzw. für den Übergang von Sekundarstufe I zu II im Rahmen der Dissertation von Hoffkamp (2011a) entwickelt und zusammen mit zwei weiteren Lernumgebungen in einer Studie überprüft worden. Sie zielt auf die Entwicklung funktionalen Denkens in Klein'schem Sinne, indem insbesondere der Änderungs- und Objektaspekt funktionalen Denkens zugänglich gemacht und ein propädeutischer Zugriff auf Konzepte der Analysis ermöglicht wird.

Bei der Gestaltung der Lernumgebungen wurde die Dynamische Geometrie Software (DGS) *Cinderella* (http://www.cinderella.de) verwendet. Diese ermöglicht durch ihre Einbindung einer Programmierschnittstelle eine Behandlung von Themen über die Geometrie hinaus. Insbesondere eröffnet sie neue Chancen der interaktiven Arbeit mit Funktionen. Eine Stärke von DGS-basierten Applikationen liegt beispielsweise in der Dynamisierung, die von Simultanität in verschiedenen Darstellungsformen funktionaler Abhängigkeiten geprägt sein kann.

Darüber hinaus ist es möglich, applikationsbasierte Lernumgebungen zu erstellen, die unabhängig von der Installation der Software verwendet werden können. Dies ist gerade im Hinblick auf Praktikabilität beim Einsatz in Unterricht und Lehre von Bedeutung.

3.1 Lernumgebung Squiggle-M

Squiggle-M ist eine interaktive Lernumgebung zur Entwicklung des Funktionsbegriffes. Die Software ist als Sammlung virtueller Lernlabore aufgebaut. Jedes Labor basiert auf einer Frage- oder Problemstellung, die mit Hilfe eines oder mehrerer interaktiver Diagramme untersucht werden kann. Dabei stellt jedes Diagramm eine andere Repräsentationsform einer Funktion dar.

---

[2] Semiautomatische Analyse individueller Lernprozesse in der Mathematik, gefördert durch das Bundesministerium für Bildung und Forschung (BMBF)

Wir verfolgen einen dreistufigen Ansatz zur Entwicklung des Funktionsbegriffes sowie wichtiger Unterbegriffe wie *Eindeutigkeit*, *Totalität*, *Injektivität* und *Surjektivität*. In der ersten Stufe werden diese Begriffe mittels endlicher Pfeildiagramme eingeführt. Der Fokus liegt dabei auf dem Zuordnungsaspekt von Funktionen. Das Zuordnungslabor (Abbildung 3, links) bietet dazu die Möglichkeit, Zuordnungen interaktiv zu definieren und diese automatisch auf vorhandene Eigenschaften untersuchen zu lassen.

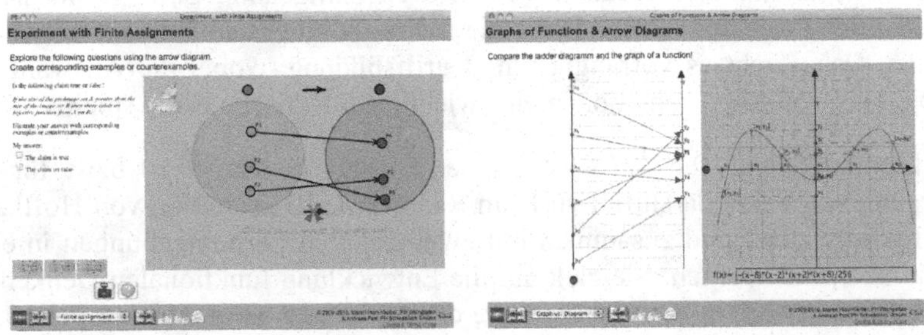

Abbildung 3: Squiggle-M. Das Zuordnungslabor (links) und das Repräsentationslabor (rechts).

Im zweiten Schritt werden die endlichen Pfeildiagramme durch Verwendung erweiterter Leiterdiagramme auf reelle Funktionen übertragen. Durch den Einsatz dynamischer Visualisierungen kann so auch der Änderungsaspekt von Funktionen erfasst werden (Goldenberg, Lewis & O'Keefe, 1991). Schließlich werden in einem dritten Schritt die dynamischen Leiterdiagramme mit Funktionsgraphen verknüpft. Die zuvor kennengelernten Konzepte können in beiden Darstellungen simultan beobachtet und untersucht werden (Abbildung 3 rechts). Dies führt gleichzeitig zu einer Integration des Objektaspekts von Funktionen, da nun auch globale Eigenschaften wie *Monotonie* oder *Extrema* betrachtet werden und auf die Begriffe *Injektivität* und *Surjektivität* bezogen werden können. Die Grundidee dieses dreistufigen Vorgehens beruht auf der Einsicht, dass Begriffsbildung durch Integration von Vorstellungen in das mentale Bild von Funktion stattfindet. Die Vorstellungen werden durch die Wahl verschiedener Repräsentationen in jeder Stufe erweitert und mit schon vorhandenen Vorstellungen vernetzt.

Das Zuordnungslabor und das Repräsentationslabor sind sowohl für den Einsatz im Frontalunterricht (Vorlesung) als auch für die individuelle Auseinandersetzung mit der Materie in Einzelarbeit oder Kleingruppen (Übungen) geeignet. Für den letzteren Fall enthält die Software integrierte Fragestellungen wie z.B. die

Überprüfung bzw. Widerlegung der Aussage *„Wenn die Urbildmenge A größer als die Bildmenge B ist, dann existiert eine injektive Funktion von A nach B“*. Zu dieser Aussage sollen zunächst geeignete Beispiele oder Gegenbeispiele konstruiert und anschließend eine Entscheidung über die Korrektheit der Aussage getroffen werden.

Der Lernprozess wird außerdem durch ein semiautomatisches Assessmentsystem unterstützt (Bescherer et al., 2009 & 2011). Es wird dabei das Modul Feedback-M von Herding et al. (2010) verwendet. Zunächst gibt die Software auf Nachfrage direktes oder indirektes Feedback auf die Eingaben des Lernenden (Feedback on Demand). Kann die Software kein weiteres Feedback liefern, so kann der Lernende über eine integrierte E-Mail-Funktion persönliche Rückmeldung beim Lehrenden erfragen. Dazu wird unter anderem ein automatisch erzeugter Screenshot der aktuellen Situation mit versendet.

Das dreistufige Toolkonzept sowie die Umsetzung in der Lernsoftware wurden ausführlich von Fest, Hiob-Viertler & Hoffkamp (2011) beschrieben. Die Software wird ständig um weitere Labore erweitert, mit denen weitere Aspekte funktionalen Denkens sowie besondere Eigenschaften verschiedener Funktionstypen genauer untersucht werden können.

3.2 Lernumgebung „Die Reise“

Die Grundidee dieser Lernumgebung ist eine experimentell-interaktive Computernutzung mit dem Ziel die dynamische Komponente funktionalen Denkens zu akzentuieren. Ausgangspunkt ist eine *simultane dynamische Verknüpfung zwischen einer Situation und einem Funktionsgraphen* – hier zwischen einer Landkarte mit Timer und einem Weg-Zeit Graphen (Abbildung 4).

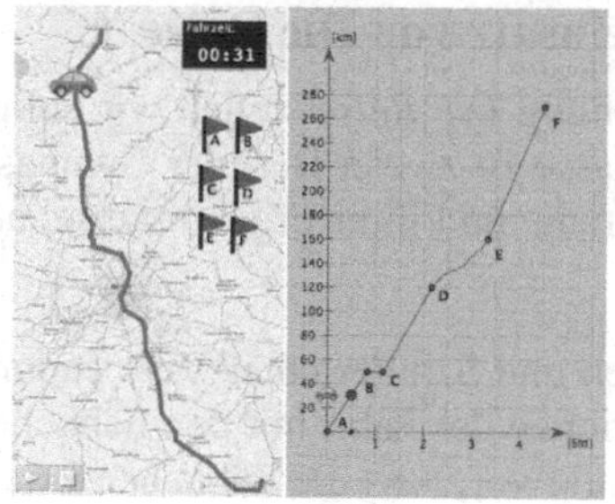

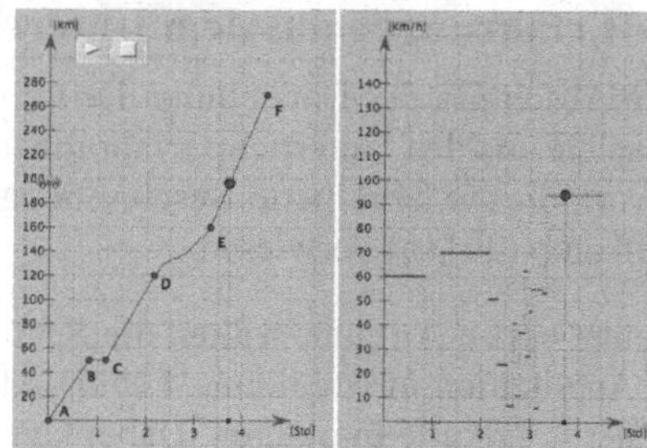

Abbildung 4: Verknüpfung Situation-Graph (links) und Variation innerhalb der Situation simultan in Weg-Zeit- und Geschwindigkeit-Zeit Graph (rechts). Es kann die Animation benutzt werden oder die Punkte auf den Graphen als auch die Fähnchen bewegt werden. (© OpenStreetMap contributors, CC-BY-SA)

Die Lernenden markieren mit den Fähnchen die Stationen der Fahrt auf der Landkarte und verschaffen sich dadurch einen Überblick über die Situation. Dabei vollziehen sie einen Transfer zwischen der Darstellung der Fahrt in der Landkarte und der Darstellung im Weg-Zeit Graphen. In einem zweiten Schritt werden Weg-Zeit Graph und dazugehöriger Geschwindigkeits-Zeit Graph dynamisch verknüpft (*Variation innerhalb der Situation*). Die Lernenden sollen untersuchen und verbalisieren, wie sich die beiden Darstellungen zueinander verhalten, indem sie z.B. die Frage beantworten, ob man mit Hilfe des Geschwindigkeit-Zeit Graphen die zurückgelegte Wegstrecke bestimmen kann. In der Dynamik ist dies offensichtlich: Fährt man 50 Minuten lang eine Geschwindigkeit von 60 km/h, so hat man eine Strecke von 5/6 [h]·60 [km/h]=50 [km] zurückgelegt, was genau dem Integral unter dem ersten Balken entspricht. Mit anderen Worten: Hier soll eine idealisierte Darstellung des Hauptsatzes der Differential- und Integralrechnung erkundet werden. Integration (zurückgelegte Wegstrecke aus dem Geschwindigkeit-Zeit Graphen rekonstruieren) und Ableitung („Wie liest man die Geschwindigkeit im Weg-Zeit Graphen ab?") können dabei als inverse Prozesse dynamischer Natur wahrgenommen werden. Eine zweite Variationsstufe (*Metavariation*, ohne Abb.) erlaubt schließlich das Ändern der Situation und damit der Funktion als Ganzes. Dabei können die Lernenden in einem Geschwindigkeit-Zeit Graphen die Balkenbreite und -höhe von fünf vorgegebenen Balken ändern und die abschnittweisen und globalen Auswirkungen dieser Änderungen auf den Weg-Zeit Graphen untersuchen. Metavariation bezieht sich insbesondere auf den Objektaspekt und macht diesen Aspekt nutzbar. Darüber hinaus bewirkt Metavariation die Loslösung von konkreten Werten und richtet den Blick auf qualitative Betrachtungen der funktionalen Abhängigkeiten. Insofern kann man von einem qualitativ-inhaltlichen Zugang zu fundamentalen Konzepten der Analysis sprechen.

3.3 Erfahrungen aus dem Unterrichtseinsatz von Die Reise

Zum Abschluss der Darstellung der Lernumgebung *Die Reise* stellen wir einige Beispiele aus den Unterrichtserfahrungen in Klasse 10 zweier Berliner Gymnasien vor. Für die detaillierte Beschreibung der Studie und ihrer Ergebnisse sei auf Hoffkamp (2011a) verwiesen.

In einer ersten Aufgabe sollten die Schülerinnen und Schüler unter Verwendung der Applikation in Abbildung 4 (links) die Stationen der Fahrt mit den Fähnchen auf der Landkarte markieren. Dabei kam es häufig vor, dass die Fähnchen B und C, also die „Pausenmarkierungen", an verschiedene Stellen gesetzt wurden. Erst die inhaltliche Frage „Was passiert zwischen B und C?" führte zur einer Revision der Markierungen und beispielsweise zu folgendem Gespräch (aus einer Videoanalyse):

Eine Schülerin bewegt den Punkt im Graphen zwischen B und C hin und her und sagt: *„Guck mal, der ist doch immer auf der gleichen Stelle!“ „Ja, er bewegt sich nicht.“ „Aber die Zeit verändert sich nur!“*

Die Schülerinnen verbalisieren basierend auf der dynamischen Darstellung den funktionalen Zusammenhang zwischen Weg und Zeit. Dabei wird die Zeit als unabhängige und die zurückgelegte Wegstrecke als abhängige Variable identifiziert. Eine Pause bedeutet in dynamischer Sprechweise dementsprechend, dass zwar Zeit vergeht, aber keine Wegstrecke zurückgelegt wird.

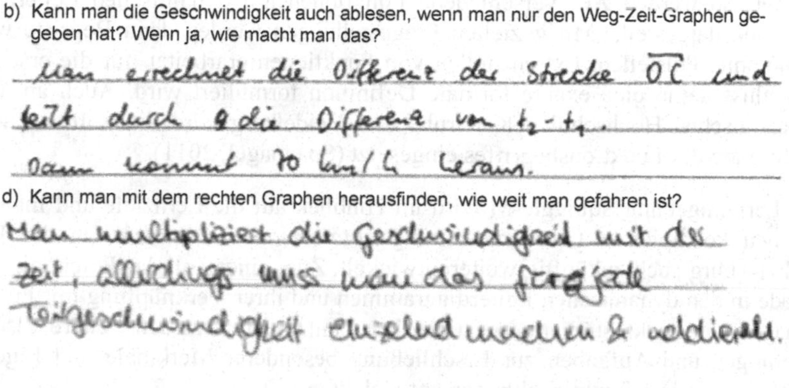

b) Kann man die Geschwindigkeit auch ablesen, wenn man nur den Weg-Zeit-Graphen gegeben hat? Wenn ja, wie macht man das?

Man errechnet die Differenz der Strecke $\overline{OC}$ und teilt durch die Differenz von $t_2 - t_1$. Dann kommt 70 km/h heraus.

d) Kann man mit dem rechten Graphen herausfinden, wie weit man gefahren ist?

Man multipliziert die Geschwindigkeit mit der Zeit, allerdings muss man das jeweilige Teilgeschwindigkeit einzeln machen & addieren.

Abbildung 5. Antworten auf dem Arbeitsbogen zum Zusammenhang zwischen Weg-Zeit und Geschwindigkeit-Zeit Graph.

Weiterhin zeigen die Antworten der Schülerinnen und Schüler, dass die Applikation in Abbildung 4 (rechts) zu einer qualitativ-inhaltlichen Entdeckung des inversen Zusammenhanges zwischen Differentiation und Integration führte (Abbildung 5).

4 Zusammenfassung und Ausblick

Der Einsatz von computerbasierten Visualisierungen eröffnet neue Möglichkeiten, verschiedene Repräsentationen von Funktionen und funktionaler Zusammenhänge interaktiv miteinander zu verknüpfen und ineinander zu überführen. Die Visualisierungen machen dabei verschiedene Konzepte direkt virtuell erlebbar. Dies kann zu einer Veränderung und zur Neustrukturierung der mentalen Modelle bei den Lernenden führen. Somit bieten Computertools, wie die hier vorgestellten Lernumgebungen, neue Impulse, die vielfältig im zukünftigen Mathematikunterricht der Schule und Hochschule eingesetzt werden können.

Die interaktive Visualisierung *Die Reise* bietet einen propädeutischen Zugang zur Differential- und Integralrechnung, der hier bereits in der Sekundarstufe I erfolgen kann. Sie kann als bewegtes (mentales) Bild jederzeit im Unterricht wieder aufgegriffen werden, insbesondere wenn es zu einer Weiterentwicklung und auch kalkülhaften Behandlung der Konzepte der Analysis kommt.

Beide präsentierte Lernumgebungen werden an der Pädagogischen Hochschule Ludwigsburg erfolgreich im Rahmen der Lehrveranstaltung „*Anwendungsbezogene Mathematik*" sowohl in der Vorlesung als auch in den Übungen eingesetzt. Die Software *Squiggle-M* wird dabei vor allem im Begriffsbildungsprozess verwendet. So werden z.B. verschiedene Funktionen mit dynamischen Leiterdiagrammen dargestellt. Mit gezielten Fragestellungen werden dann Begriffe wie Monotonie, Polstellen, Extremstellen von Funktionen erarbeitet, für die erst im Anschluss daran eine exakte formale Definition formuliert wird. Auch an den Pädagogischen Hochschulen Karlsruhe und Heidelberg wird die Software zur Einführung des Funktionsbegriffes eingesetzt (Spannagel, 2011).

Die Lernumgebung Squiggle-M wird im Hinblick auf die Lernziele und Inhalte der neu konzipierten Lehrveranstaltung „*Mathematik anwenden*" an der PH Ludwigsburg auch zukünftig weiterentwickelt. Zum einen soll das Potential, das gerade in den dynamischen Leiterdiagrammen und ihrer Verknüpfung mit Funktionsgraphen steckt, stärker genutzt werden. Zum anderen werden weitere Visualisierungen und Aufgaben zur Erschließung besonderer Merkmale und Eigenschaften einzelner Funktionsklassen entwickelt.

5 Literatur

Bescherer, C., Kortenkamp, U. Müller, W. & Spannagel, C. (2009). Intelligent Computer Aided Assessment in Mathematics Classrooms. In A. McDougall, J. Murmane, A. Jones & N. Reynolds (Hrsg.), *Researching IT in Education: Theory, Practise & Future Directions*. Routledge, 200-205.

Bescherer, C., Herding, D., Kortenkamp, U., Müller, W. & Zimmermann, M. (2011). E-Learning Tools with Intelligent Assessment and Feedback. In: S. Graf et al. (Hrsg.): *Adaptivity and Intelligent Support in Learning Environments*. IGI Global.

Dreyfus, T. & Vinner, S. (1989). Images and definitions for the concept of function. *Journal for research in mathematics education, 20*(4), 356-366.

Fest, A., Hiob-Viertler M., Hoffkamp, A. (2011). An Interactive Learning Activity for the Formation of the Concept of Function based on Representational Transfer. *The Electronic Journal of Mathematics & Technology, 5*(2).

Fischer, R., Malle, G. (1985). *Mensch und Mathematik – Eine Einführung in didaktisches Denken und Handeln*. Zürich: BI Wissenschaftsverlag.

Goldenberg, P., Lewis, P.G., & O'Keefe, J. (1991): Dynamic representation and the development of an understanding of function. In: E. Harel (Hrsg.): *The concept of Function: Aspects of Epistemology and Pedagogy*, Bd. 25. Washington: MAA.

Hasselhorn, M., Gold, A. (2009). *Pädagogische Psychologie – Erfolgreiches Lernen und Lehren.* 2. Auflage. Stuttgart: Kohlhammer.

Herding, D., Zimmermann, M., Bescherer, C., Schröder, U. (2010). Entwicklung eines Frameworks für semi-automatisches Feedback zur Unterstützung bei Lernprozessen. *Proceedings der DELFI 2010*. Bonn: GI.

Hoffkamp, A. (2011a). *Entwicklung qualitativ-inhaltlicher Vorstellungen zu Konzepten der Analysis durch den Einsatz interaktiver Visualisierungen – Gestaltungsprinzipien und empirische Ergebnisse*. http://opus.kobv.de/tuberlin/volltexte/2012/3348/pdf/hoffkamp_andrea.pdf [12.04.2012].

Hoffkamp, A. (2011b). Dynamischer Darstellungstransfer bei Funktionen: Annäherung an Konzepte der Analysis. *Praxis der Mathematik in der Schule, 38*, 53. Jahrgang, 14-19.

Kortenkamp, U. (2007). Guidelines for Using Computers Creatively in Mathematics Education. In K. H. Ko & D. Arganbright (Hrgs.), *Enhancing University Mathematics: Proceedings of the First KAIST International Symposium on Teaching*. 129–138.

Kronfellner, M. (1997). *Historische Aspekte im Mathematikunterricht*. Wien: Hölder Pichler Tempski.

Kruger, K. (2000). *Erziehung zum funktionalen Denken. Zur Begriffsgeschichte eines didaktischen Prinzips*. Berlin: Logos Verlag.

Kultusministerkonferenz (KMK, Hrsg.). (2003). *Bildungsstandards im Fach Mathematik für den Mittleren Schulabschluss*. Darmstadt: Luchterhand.

Malle, G. (1984). Problemlösen und Visualisieren in der Mathematik. In: H. Kautschitsch & W. Metzler (Hrsg.), *Anschauung als Anregung zum mathematischen Tun*. Wien: Hölder-Pichler-Tempsky, 65-121.

Malle, G. (2000). Zwei Aspekte von Funktionen: Zuordnung und Kovariation. *mathematik lehren, 103*, 8–11.

Schulmeister, R. (2001): *Virtuelle Universität – Virtuelles Lernen*. München: Oldenbourg.

Swan, M. u.a. (1985). *The language of functions and graphs*. Nottingham: Shell Centre & Joint Matriculation Board.

Spannagel, C. (2011). *Funktionen mit Squiggle-M erforschen*. Vorlesungsaufzeichnung vom 15.11.2011. Online auf YouTube. http://www.youtube.com/watch?v=jHBYtbdEic4 [29.03.2012].

Vogel, Markus (2006). *Mathematisieren funktionaler Zusammenhänge mit multimediabasierter Supplantation*. Hildesheim: Franzbecker.

Vollrath, H.J. (1989). Funktionales Denken. *Journal für Mathematikdidaktik, 10*(1), 3–37.

Weigand, H.-G. (1988). Zur Bedeutung der Darstellungsform für das Entdecken von Funktionseigenschaften. *Journal für Mathematikdidaktik, 9*(88), 287-325.

Wittmann, E.C. (1992). Mathematikdidaktik als ‚design science'. *Journal für Mathematikdidaktik, 13*, 55-70.

Veranschaulichungs- und Erklärmodelle zum Rechnen mit negativen Zahlen

Ein Plädoyer für eine Reduzierung der Vielfalt an Repräsentationen im Unterricht

Anke Wagner; Claudia Wörn,
Pädagogische Hochschule Ludwigsburg

Kurzfassung: Bei der unterrichtlichen Behandlung von negativen Zahlen in der Sekundarstufe werden verschiedene Veranschaulichungs- bzw. Erklärmodelle eingesetzt. Von dem Einsatz dieser Modelle im Unterricht verspricht man sich als Lehrer, dass sie helfen, den zu lernenden Inhalt für Schüler anschaulicher und verständlicher zu gestalten. Häufig spielen hierbei zunächst Modelle mit Alltagsbezug wie zum Beispiel ein Thermometer eine Rolle. Wird nun aber die gesamte Lerneinheit in den Blick genommen, dann muss man ernüchtert feststellen, dass ein konsistenter Umgang mit solchen Modellen über die gesamte Unterrichteinheit hinweg nicht möglich ist, sondern dass im Verlauf der Unterrichtseinheit Modell-Wechsel erfolgen. In diesem Beitrag sollen die im Unterricht der Sekundarstufe am häufigsten verwendeten Modelle kritisch hinsichtlich des Gesamtaufbaus der Unterrichtseinheit "Negative Zahlen" betrachtet werden.

1 Hinführung

Wie bei vielen Themen im Mathematikunterricht, so ist es auch bei der Zahlbereichserweiterung von den natürlichen Zahlen zu den rationalen Zahlen ein Anliegen, an bestehendem Vorwissen von Schülerinnen und Schülern anzuknüpfen. Bei den negativen Zahlen bieten sich hier reale Situationen wie die Temperatur- oder Wasserstandsmessung an. Auch der Umgang mit Kontoständen oder das Fahren in einem Fahrstuhl in Gebäuden mit Kellergeschossen bieten Möglichkeiten, Vorwissen aufzunehmen und weiterzuführen. Bei der Temperaturmessung als Anknüpfungspunkt kann schließlich der Alltagsgegenstand, das Thermometer, sehr leicht durch eine Drehung um 90° in ein mathematisches Modell, die Zahlengerade, umgewandelt werden, wie Abbildung 1 zeigt.

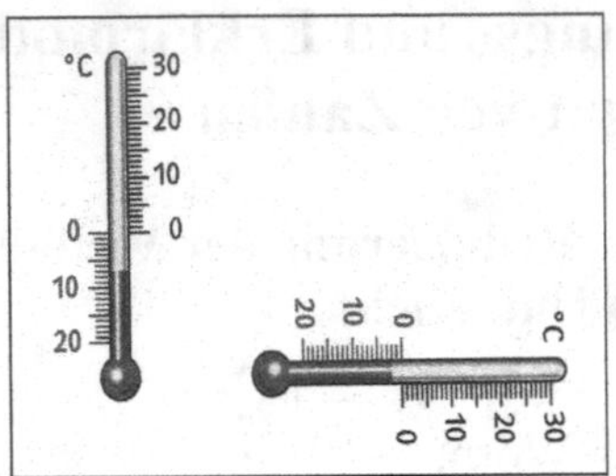

Abbildung 1: Thermometer-Modell

Hier kann dann im Unterricht angeknüpft und mit diesem Modell weitergearbeitet werden. Doch bis zu welcher Stelle in der Unterrichtseinheit ist dieses Modell einsetzbar? Wie lange lassen sich im Verlauf der Unterrichtseinheit, in der alle vier Rechenoperationen (Addition, Subtraktion, Multiplikation, Division) thematisiert werden sollen, Realmodelle zum Erklären bzw. Veranschaulichen einsetzen?

Bei der ersten Begegnung mit dem neuen Unterrichtsgegenstand ergeben sich durch die Anknüpfung an Alltagssituationen mit Hilfe der Realmodelle einfache Aufgabenstellungen, denen nachgegangen werden kann. So können zum Beispiel Fragen gestellt werden wie: Wie hat sich die Temperatur verändert? Wie warm war es vorher? Wie warm ist es dann?

Für Fragestellungen dieser Art sind Realmodelle und die damit verbundene Vorstellung gut geeignet. Behält man allerdings als Lehrer nachfolgende Stunden bzw. die Gesamtheit der Thematik im Blick, zeigt sich, dass der Einsatz dieser Realmodelle schnell an Grenzen stößt: Während sich sowohl die Addition als auch die Subtraktion negativer Zahlen beispielsweise mit dem Thermometer-Modell noch relativ gut veranschaulichen lassen, muss bereits bei der Multiplikation intensiver nachgedacht werden. So kann diese zwar über die fortgesetzte Addition erklärt werden, was aber wiederum zu sprachlichen Unschärfen führt. Die Aufgabenstellung (+3) • (-5) kann interpretiert werden als ein dreimaliges Absinken der Temperatur um jeweils 5°. Sprachlich wird das Vorzeichen "-" durch Formulierungen wie "Es wurde um 15° kälter" oder "Die Temperatur ist um 15° gesunken" ausgedrückt. Das "-"-Vorzeichen geht in solchen Situationen in sprachlichen Formulierungen auf. Wie lässt sich aber die Aufgabe (-3) • (+5) sprachlich fassen im Umgang mit einem Thermometer?

Auch bei der Division stößt das Modell schnell an seine Grenzen, denn ein Bezug zu alltäglichen Fragestellungen ist kaum herstellbar. Wie sollen beispielsweise Aufgabenstellungen wie (-15) : (+3) oder gar (15) : (-3) sinnvoll unter Verwendung von Realmodellen erklärt werden? Im Unterricht werden solche Konflikte oft gelöst, indem ein Wechsel zu einem anderen (Erklär-) Modell vollzogen wird, da hier die Realmodelle zur Veranschaulichung nicht mehr greifen. An dieser Stelle wechseln Lehrer beispielsweise zu Merksätzen bzw. Merkregeln wie: "Negative Zahlen mit gleichen Vorzeichen werden dividiert, indem die Beträge dividiert werden, der Quotient ist dann positiv" oder "Beim Multiplizieren einer ungerade Anzahl an „-„ ergibt das Ergebnis auch „-"." Darüber hinaus kommen auch Spickzettel zum Einsatz, wie die nachstehenden beiden Abbildungen zeigen:

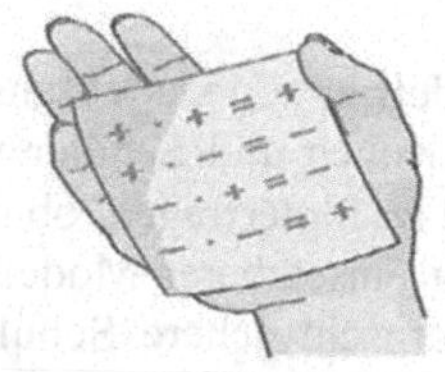

Abbildung 2: Spickzettel 1

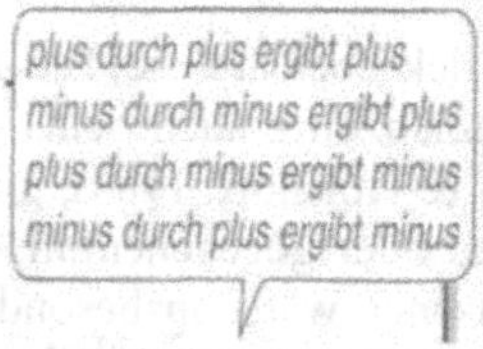

plus durch plus ergibt plus
minus durch minus ergibt plus
plus durch minus ergibt minus
minus durch plus ergibt minus

Abbildung 3: Spickzettel 2

Zu den negativen Zahlen existieren in Schulbüchern sowie in fachdidaktischen Publikationen insgesamt mehrere verschiedene Modelle. Die nachstehende Übersicht gibt einen Einblick:

- Guthaben-Schulden (z. B. Mathe live 7, Klett; Maßstab 7, Schroedel)
- Temperatur (z.B. Barzel, Eschweiler & Malle, 2007; Malle, 2007; Elemente der Mathematik 2, Schroedel; Schnittpunkt 3, Klett; Maßstab 7, Schroedel)
- Wasserstände (z.B. Elemente der Mathematik 2, Schroedel; Schnittpunkt 3, Klett)
- Fahrstuhl (z.B. Malle, 2007; Pluspunkt Mathematik 3, Cornelsen)
- Meereshöhen (z.B. Barzel, Eschweiler & Malle, 2007; Schnittpunkt, Klett)
- Spiele wie "Hin und Her" (z.B. Mathe live 3, Klett)
- Spickzettel (z.B. Schnittpunkt 3, Klett)

- Merkregeln (z.B. Schnittpunkt 3, Klett)
- Pfeilmodelle (z.B. Elemente der Mathematik 2, Schroedel)
- Zustand-Operator-Zustand-Modelle (z.B. Schnittpunkt 3, Klett; Maßstab 7, Schroedel)
- Permanenzreihen (z.B. Schnittpunkt 3, Klett)
- Sich bewegen auf der Zahlengeraden (z.B. Mathe live 7, Klett; Schnittpunkt 3, Klett; mathbu.ch 8, Klett)
- Modell des mathematischen Drehsinns (Vollrath, 2003)
- Geometrisches Modell (Vollrath, 2003)

Im Hinblick aber auf die Tatsache, dass jedes Modell bzw. jede Veranschaulichung gleichzeitig auch neuer Lernstoff für Schülerinnen und Schüler ist (vgl. Schipper & Hülshoff, 1984), gilt es zunächst einmal zu hinterfragen, ob der Einsatz eines oder gegebenenfalls zweier, durchgängig einsetzbarer Modelle nicht angemessener wäre, insbesondere mit Blick auf lernschwächere Schülerinnen und Schüler. Doch welche dieser Modelle sind konsistent? Gibt es Modelle, die über die gesamte Unterrichtseinheit durchgängig einsetzbar sind? Die Realmodelle sind es jedenfalls nicht. Hier zeigen sich bei der Multiplikation sowie der Division wie gesehen deutliche Schwächen.

Ein Blick in die Literatur zeigt, dass die Grenzen der einzelnen Modelle nicht oder nur selten aufgezeigt werden. Vielmehr werden diese Modelle oft anhand von geeigneten Aufgabentypen bzw. Zahlenbeispielen dargestellt, mit Hilfe derer der Einsatz des jeweiligen Modells sehr gut nachvollziehbar und plausibel erscheint. Ein strukturiertes Durchdenken der Modelle im Hinblick auf alle existierenden Aufgabentypen der vier Rechenoperationen geschieht nicht. Hält man sich jedoch bewusst vor Augen, wie viele verschiedene Aufgabentypen zum Rechnen mit negativen Zahlen existieren, dann wird deutlich wie wünschenswert ein durchgängiges Modell wäre, um nicht einen ständigen Wechsel eingehen zu müssen. Ein Blick auf alle existierenden Aufgabenvarianten zu den vier Rechenoperationen ergibt folgendes Bild:

Addition	(+a)+(+b)	(+a)+(-b)	(-a)+(+b)	(-a)+(-b)
Subtraktion	(+a)-(+b)	(+a)-(-b)	(-a)-(+b)	(-a)-(-b)
Multiplikation	(+a)•(+b)	(+a)•(-b)	(-a)•(+b)	(-a)•(-b)
Division	(+a):(+b)	(+a):(-b)	(-a):(+b)	(-a):(-b)

Tabelle 1: Aufgabenvarianten

Zusätzlich zu der ohnehin schon großen Zahl der existierenden Modelle kommen bei der Thematisierung der negativen Zahlen im Unterricht noch jeweils spezifische Unterrichtssituationen hinzu, in denen nicht immer geplant gehandelt werden kann. So müssen Lehrer beispielsweise auf Schülerfehler oder -fragen adhoc reagieren und entscheiden sich in dieser Situation häufig aus dem Bauch heraus für ein bestimmtes Erklärmodell, was aufgrund der Aufgabenvielfalt nicht immer zielführend sein muss. Dadurch können in der jeweiligen Unterrichtssituation Schwierigkeiten beim Erklären auftreten. Aus diesem Grund scheint eine gründliche Auseinandersetzung mit den verschiedenen Modellen (Vor- und Nachteile, Grenzen) bereits vor deren Einsatz im Unterricht angebracht. Erst dann ist strukturiertes Handeln im Unterricht – sowohl in geplanten als auch in ungeplanten Situationen (bei Nachfragen, Verständnisschwierigkeiten, …) – im Unterricht möglich.

Aus diesem Grund werden nachfolgend die im Mathematikunterricht bzw. in Schulbüchern neben der Verwendung von Realmodellen am häufigsten eingesetzten Modelle auf einen durchgängigen Einsatz im Bereich des Rechnens mit negativen natürlichen Zahlen hin analysiert.

2 Modelle negativer Zahlen

2.1 Sich bewegen auf der Zahlengeraden

Die Frage, ob -5 größer ist als -3 lässt sich einfach beantworten, indem argumentiert wird, dass auf der Zahlengerade -5 weiter links liegt und deshalb kleiner sein muss als -3. Mit dieser Vorstellung wird mit dem Einsatz einer Zahlengeraden im Unterricht gearbeitet. Je nachdem, in welcher Richtung man sich auf der Zahlengeraden bewegt, ändert sich die Größe der Zahl. Häufig wird bei diesem Modell ein Männchen eingesetzt (siehe Abb. 4), welches sich auf der Zahlengeraden bewegt.

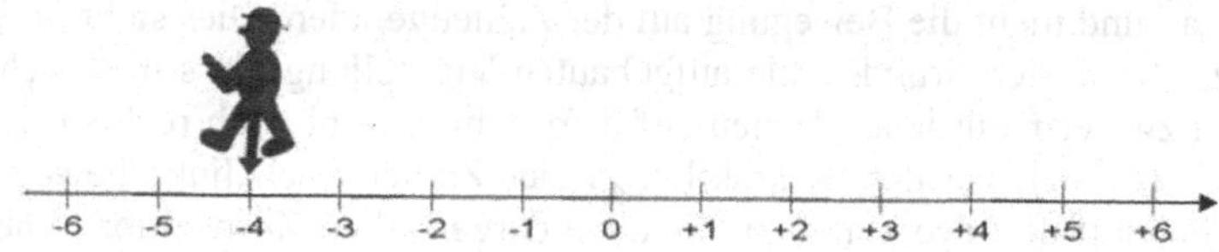

Abbildung 4: Sich bewegen auf der Zahlengeraden

Soll nun zum Beispiel die Aufgabe (-4) - (+2) berechnet werden, so gibt die erste Zahl den Startpunkt auf der Zahlengeraden an. Hier nimmt das Männchen Platz. Das Rechenzeichen entscheidet nun darüber, ob das Männchen nach links (bei negativem Rechenzeichen) oder nach rechts (bei positivem Rechenzeichen) schaut.

Für die Aufgabe (-4) - (+2) bedeutet das, dass das Männchen zu Beginn auf der Zahlengeraden bei (-4) steht. Die Blickrichtung geht nach links. Dann läuft das Männchen um zwei Einheiten vorwärts, also nach links (da die Blickrichtung ja auch nach links ist) und landet damit bei (-6).

Für die Aufgabe (-4) - (-2) steht das Männchen ebenfalls bei (-4). Der Blick geht wieder nach links. Nun muss das Männchen allerdings zwei Einheiten rückwärtsgehen (Vorzeichen bei 2 ist negativ) und landet somit bei (-2). Beim Einsatz der Zahlengeraden erhalten die Schüler in der Regel folgende Konventionen:

Rechenzeichen bedeutet:

\+ Stelle die Spielfigur so, dass sie in positive Richtung schaut.

\- Stelle die die Spielfigur so, dass sie in negative Richtung schaut.

Vorzeichen bedeutet:

\+ Spielfigur muss um die angegebene Schrittanzahl vorwärts laufen.

\- Spielfigur muss um die angegebene Schrittanzahl rückwärts laufen.

Einsatz für die verschiedenen Rechenoperationen und Aufgabentypen

Die Arbeit mit einem sich bewegenden Männchen auf der Zahlengeraden funktioniert für alle Aufgaben der Addition und Subtraktion, wobei der Aufgabentyp (-a) - (-b) bereits schwer nachvollziehbar ist. Doch auch bei den anderen Aufgabentypen zeigen sich gravierende Schwierigkeiten, die sich aufgrund der Modell-Konvention ergeben: Bei diesem Modell gibt das Rechenzeichen die Blickrichtung an und nicht die Bewegung auf der Zahlengeraden. Dies steht im Unterschied zu der in der Grundschule aufgebauten Vorstellung, dass man sich beim Addieren zweier natürlicher Zahlen auf dem Zahlenstrahl nach rechts orientiert, während man sich bei der Subtraktion zweier Zahlen nach links bewegt. Nun könnte man auf die Idee kommen, die oben dargestellten Konventionen abzuändern, indem das Rechenzeichen die Bewegung und das Vorzeichen die Blickrichtung bestimmt. Doch auch hier ergeben sich Schwierigkeiten in der Argumentation. Für die Multiplikation und Division sind bedingt Sprünge des Männchens möglich im Sinne der fortgesetzten Addition bzw. Subtraktion. Hierfür müssten allerdings die Modell-Konventionen geändert werden in dem Sinne, dass beispielsweise für Aufgabenstellungen des Typs (+a) • (-b) das Männchen in einem ersten Schritt nicht auf (+a) gestellt wird, sondern dass (-b) als Länge eines jeden Sprungs und dass (+a) als Anzahl der nötigen Sprünge interpretiert werden muss.

Fazit: Additions- und Subtraktionsaufgaben sind nahezu durchgängig anwendbar, Multiplikationsaufgaben sowie Divisionsaufgaben nur bedingt. Damit ist lediglich die Hälfte der existierenden Aufgaben mit Hilfe des Modells anschaulich erklärbar. Die dunkelgrau unterlegten Zellen der Tabelle zeigen die Aufgabentypen an, die mit Schwierigkeiten innerhalb der Erklärung verbunden bzw. schlicht und einfach nicht ohne weiteres (z.B. Kommutativgesetz) erklärbar sind. Hellgrau unterlegte Zellen zeigen bedingt erklärbare Aufgabentypen an.

Addition	(+a)+(+b)	(+a)+(-b)	(-a)+(+b)	(-a)+(-b)
Subtraktion	(+a)-(+b)	(+a)-(-b)	(-a)-(+b)	(-a)-(-b)
Multiplikation	(+a)•(+b)	(+a)•(-b)	(-a)•(+b)	(-a)•(-b)
Division	(+a):(+b)	(+a):(-b)	(-a):(+b)	(-a):(-b)

Tabelle 2: Erklärbare Aufgabenvarianten - Zahlengerade

2.2 Pfeilmodell

Grundsätzliches

Grundsätzlich gilt beim Pfeilmodell, dass jede Zahl durch einen Pfeil repräsentiert wird. Positive Zahlen werden dabei durch einen nach rechts zeigenden Pfeil der entsprechenden Länge repräsentiert, negative Zahlen dagegen werden entsprechend durch einen nach links zeigenden Pfeil repräsentiert. Die Ergebnisse beim Rechnen mit dem Pfeilmodell sind ablesbar, indem entweder mehrere Pfeile aneinandergelegt und die Gesamtlänge abgelesen wird oder mehrere Pfeile übereinandergelegt werden und die Differenz abgelesen wird. Eine Zahlengerade ist für den Einsatz des Pfeilmodells nicht unbedingt erforderlich. Die Pfeile können als Modell auch losgelöst von der Zahlengeraden eingesetzt werden.

Einsatz für die verschiedenen Rechenoperationen und Aufgabentypen

Bei der Betrachtung unterschiedlicher Bücher fällt auf, dass auch das Pfeilmodell nur für bestimmte Aufgabentypen eingesetzt wird. Immer wird es für die Addition eingesetzt, selten auch für die Subtraktion. Für die Multiplikation und Division konnten wir den Einsatz in keinem Schulbuch finden.

Addition:
Die Additionsaufgaben (+4) + (+2) und (-4) + (-2) sind im Pfeilmodell einfach darzustellen. An den (+4)-Pfeil (bzw. (-4)-Pfeil) wird der (+4)-Pfeil (bzw. (-2)-Pfeil) angelegt. Doch wie sieht es bei den Aufgaben (+4) + (-2) und (-4) + (+2) aus? Die Darstellung unten zeigt, dass bei der Addition mit folgender Faustregel

gearbeitet werden muss: "Lege den Pfeilanfang des zweiten Pfeils immer an das Pfeilende des ersten Pfeiles an".

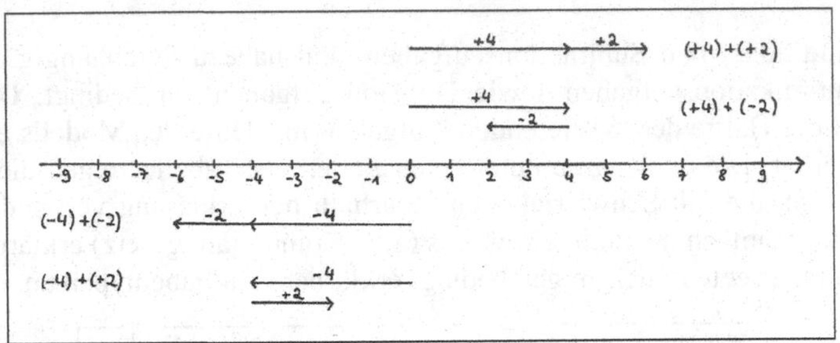

Abbildung 5: Pfeilmodell Addition

Subtraktion:
Alle möglichen Aufgabenstellungen lassen sich veranschaulichen, wenn man wiederum mit einer Faustregel, dieses Mal jedoch mit einer anderen, arbeitet: "Lege das Pfeilende des zweiten Pfeils immer an das Pfeilende des ersten Pfeils." Diese Faustregel ist jedoch nicht unbedingt Verständnis orientiert. Insbesondere die Aufgabenstellungen (-4) - (+2) und (+4) - (-2) sind schwierig zu veranschaulichen.

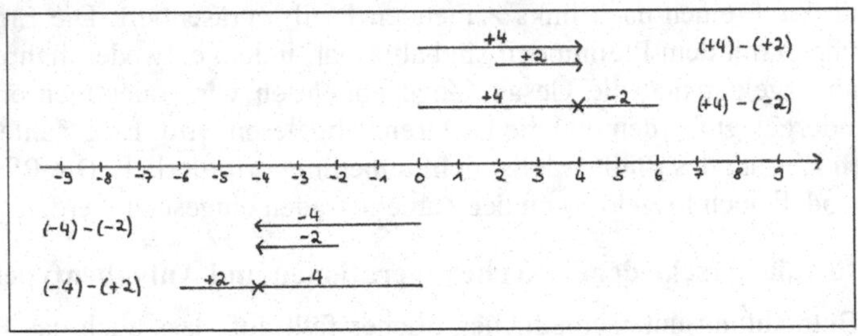

Abbildung 6: Pfeilmodell Subtraktion

Multiplikation:
Die Multiplikation kann in zwei der vier Aufgabenfällen ((+a) • (+b) und (+a) • (-b)) unmittelbar auf die fortgesetzte Addition zurückgeführt werden. Für die Aufgabenstellung (-a) • (+b) ist ein Zurückführen auf die fortgesetzte Addition in Verbindung mit dem Kommutativgesetz möglich (wird dann zu (+b) • (-a)). Die Aufgabe (-a) • (-b) ist nicht direkt durch das Pfeilmodell darstellbar. In einigen Darstellungen wird auf die Gegenzahl ausgewichen/verwiesen.

Division:

Für die Division ist die Vorstellung des "Enthaltenseins" wichtig. Die Aufgabenstellungen (+a) : (+b) und (-a) : (-b) sind im Sinne der fortgesetzten Addition/Subtraktion gut erklärbar. Dahingegen sind (+a) : (-b) und (-a) : (+b) insofern schwierig, als die Pfeile des Dividenden und des Divisors in entgegen gesetzte Richtungen zeigen. Hier kann beispielsweise wiederum über die Gegenzahl argumentiert werden.

Fazit:

Zusammenfassend lässt sich sagen, dass lediglich die Hälfte der möglichen Aufgaben anschaulich durch das Pfeilmodell dargestellt werden kann ohne weitere Aspekte oder Überlegungen (z.B. Gegenzahl) anzustellen. Die grau unterlegten Zellen der Tabelle zeigen die Aufgabentypen an, die mit Schwierigkeiten innerhalb der Erklärung verbunden sind. Dies gilt insbesondere noch verstärkt in Unterrichtssituationen, in denen spontan auf Schülernachfragen reagiert und erklärt werden muss. Wollten Lehrer in solchen Situationen Erklärungen abgeben, müssten sie sich der Schwierigkeiten des Modells bewusst sein, um auf ein anderes Modell wechseln zu können.

Addition	(+a)+(+b)	(+a)+(-b)	(-a)+(+b)	(-a)+(-b)
Subtraktion	(+a)-(+b)	(+a)-(-b)	(-a)-(+b)	(-a)-(-b)
Multiplikation	(+a)•(+b)	(+a)•(-b)	(-a)•(+b)	(-a)•(-b)
Division	(+a):(+b)	(+a):(-b)	(-a):(+b)	(-a):(-b)

Tabelle 3: Erklärbare Aufgabenvarianten - Pfeilmodell

2.3 Permanenzreihen

Grundsätzliches

Permanenzreihen, auch Rechenfolgen genannt, werden dazu verwendet, um anhand von logisch aufgebauten Reihen Muster herausarbeiten zu können. Sie zeichnen sich dadurch aus, dass ein Teil der Rechnung konstant gehalten wird, während sich der andere Teil verändert. Dadurch verändert sich auch das Ergebnis und Strukturen werden sichtbar. Das führt dazu, dass Gesetzmäßigkeiten vermutet und Ergebnisse bisher unbekannter Aufgaben sinnvoll abgeleitet werden können.

Addition

(+4) + (+2) = (+6)	(-4) + (+2) = (-2)
(+4) + (+1) = (+5)	(-4) + (+1) = (-3)
(+4) + 0 = (+4)	(-4) + 0 = (-4)
(+4) + (-1) = (+3)	(-4) + (-1) = (-5)
(+4) + (-2) = (+2)	(-4) + (-2) = (-6)

Subtraktion

(+4) - (+2) = (+2)	(-4) - (+2) = (-6)
(+4) - (+1) = (+3)	(-4) - (+1) = (-5)
(+4) - 0 = (+4)	(-4) - 0 = (-4)
(+4) - (-1) = (+5)	(-4) - (-1) = (-3)
(+4) - (-2) = (+6)	(-4) - (-2) = (-2)

Multiplikation

(+4) · (+2) = (+8)	(-4) · (+2) = (-8)
(+4) · (+1) = (+4)	(-4) · (+1) = (-4)
(+4) · 0 = 0	(-4) · 0 = 0
(+4) · (-1) = (-4)	(-4) · (-1) = (+4)
(+4) · (-2) = (-8)	(-4) · (-2) = (+8)

Division

(+4) : (+2) = (+2)	(-4) : (+2) = (-2)
(+4) : (+1) = (+4)	(-4) : (+1) = (-4)
(+4) : 0 =	(-4) : 0 =
(+4) : (-1) = (-4)	(-4) : (-1) = (+4)
(+4) : (-2) = (-2)	(-4) : (-2) = (+2)

In den oben dargestellten Permanenzreihen wurde stets der erste Teil der Rechnung beibehalten, während der zweite Teil verändert wurde. Selbstverständlich ist auch der umgekehrte Fall denkbar und der zweite Teil der Rechnung kann konstant bleiben, während der erste variiert. Die Aufgabenstellung (-4)+(+2) könnte – sofern nicht das Kommutativgesetz angewendet werden soll – beispielsweise über folgende Permanenzreihe dargestellt werden:

(+2) + (+2) = (+4)
(+1) + (+2) = (+3)
0 + (+2) = (+2)
(-1) + (+2) = (+1)
(-2) + (+2) = 0
(-3) + (+2) = (-1)
(-4) + (+2) = (-2)

Einsatz für die verschiedenen Rechenoperationen und Aufgabentypen

Grundsätzlich lassen sich alle Aufgabentypen über Permanenzreihen darstellen, wobei teilweise auf vorangehende Permanenzreihen zurückgegriffen werden muss. So kann beispielsweise auch eine Aufgabe des Typs (-a):(-b) durch Permanzreihen dargestellt werden. Dies erfolgt durch Rückgriff auf die Permanenzreihen des Typs (-a):(+b) (bei Konstanthalten von b) oder durch Rückgriff auf die Permanzreihen des Typs (+a):(-b) (bei Konstanthalten von a).

Bei den Permanenzreihen zur Division ergibt sich (unter Umständen erneut) die Aufgabenstellung n:0, was im Unterricht Fragen aufwerfen kann. Ebenso kann es bei Divisionsaufgaben zu Brüchen kommen, was eine sorgfältige Aufgabenauswahl vonnöten macht, sofern man nur mit ganzen Zahlen arbeiten möchte. In

Ad-hoc-Situationen liegt genau hier eine der Schwierigkeiten, nämlich spontan in der jeweiligen Situation gute und sinnvolle Zahlen auszuwählen.

Ein weiterer Vorteil gegenüber allen anderen Modellen liegt darin, dass es zu keiner Zeit zu sprachlichen Problemen kommt. Dieser Aspekt ist insbesondere im Umgang mit Schülern mit sprachlichen Defiziten nicht zu unterschätzen.

Fazit: Durch Permanenzreihen kann jede Aufgabe unabhängig von der Größe der Zahl hergeleitet werden. Dies gilt für alle Rechenarten mit einer kleinen Einschränkung bei der Division durch Null. Da die strukturelle Herleitung immer dieselbe ist, kann hier von einem durchgängig einsetzbaren Erklärmodell gesprochen werden.

Addition	(+a)+(+b)	(+a)+(-b)	(-a)+(+b)	(-a)+(-b)
Subtraktion	(+a)-(+b)	(+a)-(-b)	(-a)-(+b)	(-a)-(-b)
Multiplikation	(+a)•(+b)	(+a)•(-b)	(-a)•(+b)	(-a)•(-b)
Division	(+a):(+b)	(+a):(-b)	(-a):(+b)	(-a):(-b)

Tabelle 4: Erklärbare Aufgabenvarianten - Permanenzreihen

3 Gesamtfazit

Zur Veranschaulichung negativer Zahlen existieren noch weitere Modelle, wie beispielsweise das Achsenkreuzmodell, das Flächenmodell, das Gegenzahlmodell und das Turmmodell. Diese haben in der (Unterrichts-) Praxis jedoch auf Grund der engen Grenzen der Modelle bzw. der Komplexität in ihrem Umgang in der Regel keine Relevanz. Empfehlungen zu und kritische Auseinandersetzungen mit den einzelnen Modellen insbesondere im Hinblick auf die gesamte Unterrichtseinheit werden ebenso wenig angesprochen wie Aussagen zum didaktischen Ort der Modelle getroffen werden.

Vielleicht soll die Entscheidung, welches Modell an welcher Stelle eingesetzt werden kann, bewusst den Lehrern überlassen werden, denn - so könnte argumentiert werden - theoretische Überlegungen haben durchaus ihre Grenzen, wenn man bedenkt, wie komplex (Mathematik-)Unterricht ist. Schulbücher verwenden – beinahe analog zueinander – zur Einführung in das Thema negative Zahlen Realmodelle, um Schülerinnen und Schülern aufzuzeigen in welchen Bereichen des täglichen Lebens eine Begegnung mit negativen Zahlen stattfinden kann.

Beim Übergang zum Rechnen mit negativen Zahlen ist dann zu beobachten, dass Realmodelle oder auch Modelle wie die Zahlengerade zwar weiterhin zum Einsatz kommen, allerdings lediglich bei der Addition sowie Subtraktion. Dies auch insbesondere bei Aufgaben, die so ausgewählt werden, dass sie anhand des jeweiligen Modells gut erklärbar sind. Die Vielzahl der Aufgaben wird im Umgang mit den Veranschaulichungs- bzw. Erklärmodellen nicht oder zumindest nicht adäquat berücksichtigt, doch genau eben diese Vielfalt zeigt sich dann bei den Übungsaufgaben. Die Suche nach guten Erklärungen in Verbindung mit den zuvor verwendeten Modellen bleibt dann den Lehrern überlassen. So ist zu überlegen, wie und insbesondere wie lange und mit welchen Aufgaben diese Modelle verwendet werden sollen. Vielleicht macht es durchaus Sinn die Realmodelle ausschließlich bei der Erstbegegnung einzusetzen. Für die Thematisierung der bzw. aller Rechenoperationen sollte überlegt werden, ob es nicht für alle Beteiligten sinnvoller wäre, sich auf ein Erklärmodell zu einigen, dass bei allen Aufgabenvariationen durchgängig angewendet werden kann. Als konsistentes Modell konnten wir lediglich – neben den zahlreichen Rechenregeln – die Permanenzreihen ausfindig machen. Weitere Vorteile der Permanenzreihen – neben der Möglichkeit diese durchgängig einzusetzen – liegen auf der Hand:

- Es existieren keine sprachlichen Barrieren im Vergleich beispielsweise zu den Realmodellen.
- Es handelt sich hierbei zwar um eine rein symbolische Schreibweise, allerdings können Muster und Strukturen leicht herausgearbeitet werden, was dazu führt, dass die Lösung jeden Aufgabentyps über Permanenzreihen abgeleitet werden kann.
- In Ad-hoc-Situationen ist die Verwendung der Permanenzreihen unproblematisch.

Als Fazit lässt sich resümieren, dass im Gegensatz zur Darstellung der Modelle in der Literatur, die an Vielfalt kaum zu überbieten ist, in der Praxis sich häufig das Problem zeigt, dass genau jene Vielfalt bei Schülerinnen und Schülern eher zu Verständnisschwierigkeiten führt, anstatt – wie vielleicht vermutet – das Verstehen zu erleichtern. Erst beim gemeinsamen Erleben der gesamten Unterrichtseinheit mit Schülern zeigt sich, dass Schwierigkeiten im Detail stecken, d.h. dass in Abhängigkeit der Aufgabe ein bestimmtes Erklär- bzw. Veranschaulichungsmodell greift oder eben gerade auch nicht.

Warum, so stellt sich die Frage, beschränken wir uns beim Rechnen mit negativen Zahlen in der Sekundarstufe I nicht auf ein durchgängiges konsistentes Modell? Was für die Grundschule in Bezug auf den Einsatz von Veranschaulichungen und Arbeitsmitteln bereits seit einigen Jahren diskutiert und gefordert wird, sollte auch für die Sekundarstufe I – insbesondere im Umgang mit mathematisch weniger begabten Schülern – umgesetzt werden. Weniger ist mehr!

4 Literatur

4.1 Didaktische Literatur

Barzel, B., Eschweiler M. & Malle G. (2007). Lernwerkstatt Negative Zahlen. In: *Mathematik lehren, 142*. Seelze: Friedrich Verlag.

Malle, G. (2007). Die Entstehung negativer Zahlen. Der Weg vom ersten Kennenlernen bis zu eigenständigen Denkobjekten. In: *Mathematik lehren, 142*. Seelze: Friedrich Verlag.

Schipper, W. & Hülshoff, A. (1984). Wie anschaulich sind Veranschaulichungshilfen? Zur Addition und Subtraktion im Zahlenraum bis 10. In: *Grundschule, 16* (4), 54-56.

Vollrath, H.-J. (2003). *Algebra in der Sekundarstufe*. Heidelberg, Berlin: Spektrum Akademischer Verlag.

4.2 Schulbücher

Elemente der Mathematik 2 (2006). Hannover: Schroedel.

Maßstab 7 (2000). Hannover: Schroedel

mathbu.ch 8 (2003). Bern: Klett und Balmer AG

Mathe live 7 (2007). Stuttgart: Ernst Klett Verlag

Pluspunkt Mathematik 3 (2005). Berlin: Cornelsen

Schnittpunkt 3 (2005). Stuttgart: Ernst Klett Verlag

5 Abbildungsnachweis

Abb. 1: mathe live 7 (2007); Stuttgart: Klett, S. 12; modifiziert

Abb. 2: Elemente der Mathematik 2 (2006); Hannover: Schroedel, S. 228

Abb. 3: Elemente der Mathematik 2 (2006). Hannover: Schroedel, S. 228

Eine Grafik sagt mehr als tausend Worte?!

Über den Einsatz von Repräsentationen in der Stochastik

Christoph Till, Ute Sproesser,
Pädagogische Hochschule Ludwigsburg

Kurzfassung: Grafische Darstellungen besitzen aus verschiedenen Gründen mehr als nur Daseinsberechtigung. Sie dienen als Werkzeug in der Datenanalyse, gleichzeitig helfen sie bei der Kommunikation von Information. Leider wird ihr hohes Potential nicht immer zum besseren Verständnis eingesetzt. In diesem Artikel soll ausgehend von den Möglichkeiten und Gefahren von Visualisierungen in der Stochastik ein intuitiv verständliches stochastisches Konzept vorgestellt werden. „Natürliche Häufigkeiten" machen statistische Information für Erwachsene ebenso wie für junge Lernende greifbarer.

1 Wozu Visualisierungen in der Stochastik?

„*Aus großer Kraft folgt große Verantwortung.*" (Zitat aus der US-amerikanischen Comicverfilmung Spiderman, 2002)

Dieses Zitat lässt sich direkt auf die Stochastik übertragen, da u. a. hier grafische Darstellungen eine wichtige Stellung inne haben, die mit viel Verantwortung einhergeht. Im Folgenden werden Überlegungen zu Sinn und Zweck grafischer Darstellungen angeführt und begründet, worin deren große Verantwortung liegt.

1.1 Grafische Darstellungen als Werkzeug des Erkenntnisgewinns

Schon Hegel (1986) betonte das enge Wechselspiel zwischen Form und Inhalt. Insofern steht die Sinnhaftigkeit von Inhalten in direktem Zusammenhang mit der Form, in der diese transportiert werden. Das Verhältnis zwischen Form und Inhalt ist ein spannendes Feld: Inhaltslosigkeit kann durch Form verschleiert werden (Täuschung, „mehr Schein als Sein"), wohingegen wahre, fundierte und überzeugende Inhalte durch Formlosigkeit an Aussagekraft verlieren. In der Stochastik bilden Daten das Fundament zum Erkenntnisgewinn. Gerade hier ist es von besonderer Bedeutung, diesen Daten eine Form zu geben, sie zu visualisieren (Wild & Pfannkuch, 1999). Man bedient sich dabei zumeist Repräsentationen in Form von grafischen Darstellungen, deren Zweck sich nach Eichler und Vogel (2009) in drei unterschiedliche Bereiche einteilen lässt: *Kommunikation*, *Argumentation* und *Reduktion*. Grafische Darstellungen erleichtern die Kommunikation über Daten, da bestimmte Eigenschaften des Datensatzes erst durch die Visualisierung sichtbar werden. Rohdaten sind meist wenig aufschlussreich, erst durch geeignete grafische Darstellungen in Verbindung mit statistischen Verfahren treten Muster, Strukturen und Tendenzen zu Tage. Aus solchen strukturierten Daten lassen sich Argumente für zuvor (a priori) oder im Nachhinein (a posteriori) aufgestellte Hypothesen ableiten, die im Idealfall in verallgemeinernde Schlussfolgerungen und neuer Erkenntnis münden. Grafische Darstellungen sind aber auch immer mit einem Informationsverlust verbunden, da es sich im Schaubild nicht mehr um die Urdaten, sondern um ein Abbild der Daten handelt (Eichler & Vogel, 2009). Datensätze sind meist komplex und so ist es von Nöten, sich auf die je nach Problemstellung relevanten Informationen zu beschränken. Bei Wahl einer guten, also geeigneten, Grafik treten die wesentlichen Eigenschaften eines Datensatzes hervor, mit denen dann weitergearbeitet werden kann. Für das Erstellen einer „guten" Grafik gibt es leider kein Patentrezept. Es muss vielmehr über die Sinnhaftigkeit bestimmter Darstellungen oder Visualisierungen vor dem Hintergrund der zugrunde liegenden Fragestellung und den verfügbaren Informationen nachgedacht werden.

> *„Grafische Darstellungen erfüllen zu einem bestimmten Zeitpunkt für eine bestimmte Person einen bestimmten Zweck – und zwar sowohl für die Person, die die Grafik erstellt, als auch für die Person, die die Grafik liest, das heißt interpretiert"* (Eichler & Vogel, 2009, S. 39-40).

Insofern muss neben dem Erkenntnisgewinn durch Repräsentationen auch immer die Gefahr des gewollten oder ungewollten Verschleierns wichtiger Informationen bedacht werden. Vor diesem Hintergrund soll im Folgenden die Visualisierung mit dem Zweck der Veranschaulichung beleuchtet werden.

1.2 Grafische Darstellungen als Veranschaulichung komplexer Situationen

Die Visualisierung von Datenmaterial hat einen Doppelauftrag zu erfüllen: Sie dient einerseits als Werkzeug für die Verarbeitung von Daten, andererseits kann sie auch zur Veranschaulichung komplexer Situationen herangezogen werden. Tageszeitungen kommunizieren durch Statistiken Informationen aus allen Bereichen des Lebens. Dies soll zeitsparend und in einer für den Leser verständlichen Art und Weise erfolgen. Statistiken in Form von grafischen Darstellungen sind vermeintlich objektiv, da die Ambiguität der statistischen Sprache umgangen wird. Sehr mehrdeutig konnotierte Worte wie „eher", „Mehrzahl", „riskant" und „viel" werden nicht mehr benötigt und der Leser macht sich selbst ein Bild von der statistischen Situation (Spiegelhalter, 2011). Sprache scheint in diesem Sinn nicht immer objektiv und wertneutral zu sein, doch das ist die grafische Darstellung auch nicht per se. Die geschickte Manipulation von Grafiken und somit des öffentlichen Meinungsbilds ist leider häufig anzutreffende Praxis (Krämer, 2011; Bosbach & Korff, 2011). Durch solche bewusste Fehlinformation erlitt das Ansehen von Statistiken und von deren grafischen Darstellungen einen nachhaltigen Schaden.

Vor diesem Hintergrund sollten grafische Darstellungen …

- informieren statt zu überzeugen.
- transparent, nachvollziehbar und übersichtlich sein.
- ästhetisch ansprechen.
- objektiv, d. h. wertfrei, unvoreingenommen und vorurteilsfrei sein.

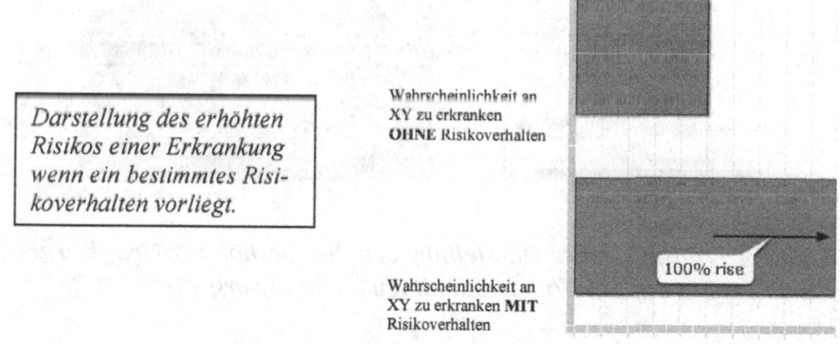

Abbildung 1: Verzerrte Darstellung der Risikoerhöhung (Grafik erstellt auf http://understandinguncertainty.org/)

Die Eigenschaften sind eng miteinander verzahnt und können nicht unabhängig voneinander betrachtet werden. Oft werden Statistiken in Form von grafischen Darstellungen den obigen Ansprüchen nur auf den ersten Blick gerecht. Der zweite Blick verrät ein anderes Bild. Verzerrung von Information kann auch dann zustande kommen, wenn bei der Erstellung der Grafik keine groben Manipulationshandlungen (wie z. B. Verbergen eines Teils der Hochachse) angestellt wurden. Das folgende Beispiel zeigt eine solche unpassende Art der Visualisierung (Abbildung 1). Es wird die Erhöhung des Risikos einer Erkrankung dargestellt, wenn ein bestimmtes Verhalten vorliegt. Der fehlende Bezug zur Referenzgruppe, sowie die mangelnde Bezifferung der Balken, lässt die Erhöhung um 100 % gewaltig erscheinen. In diesem Fall ist die Angabe in Form von einem relativen Risiko sehr irreführend.

Hier stellen sich unter anderem die Fragen:

- Wird die grafische Darstellung der statistischen Situation gerecht?
- Was erschwert es, in diesem Kontext die Information zu verstehen? Die komplexe Sachsituation oder die Grafik?

Zum Vergleich schauen wir uns an dieser Stelle zwei andere Grafiken zum selben Hintergrund an:

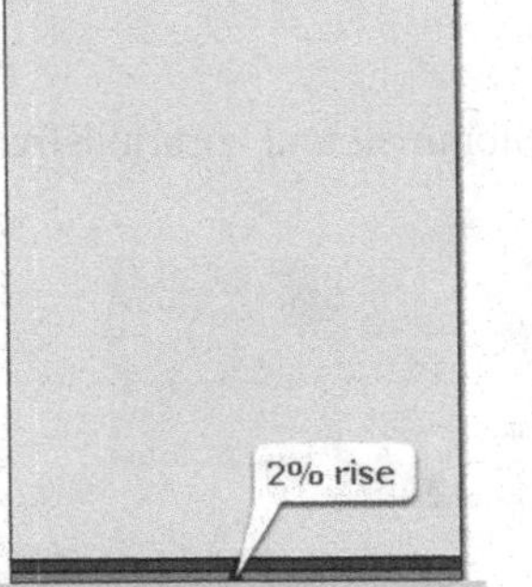

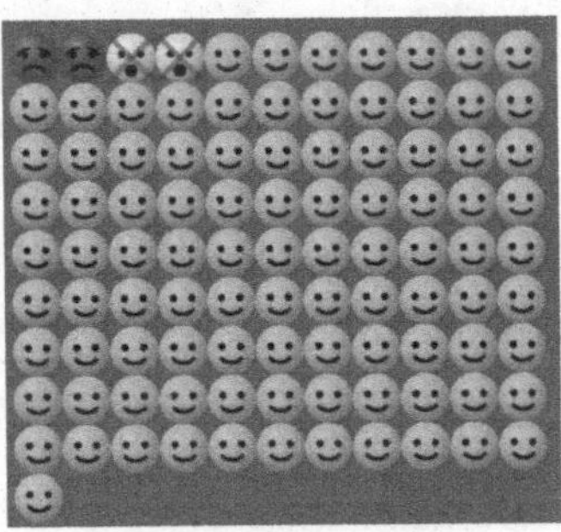

Abbildung 2: Transparentere Darstellung der Risikoerhöhung(Grafiken erstellt auf http://understandinguncertainty.org/)

In Abbildung 2 wird klar, dass das Risikoverhalten die Wahrscheinlichkeit einer Erkrankung lediglich um 2 Prozentpunkte bzw. um 2 von 100 erhöht. Der Anstieg des Erkrankungsrisikos erscheint nun nicht mehr so drastisch, durch das Einbeziehen der Referenzgruppe wird betont, dass das Risiko an XY zu erkranken generell sehr gering ist.

In den Statistiken der Print- und digitalen Medien dienen grafische Darstellungen vor allem der Visualisierung von Häufigkeiten und von Häufigkeitsverteilungen. Daraus werden oft auch Wahrscheinlichkeiten für das Eintreten bestimmter Ereignisse in der Zukunft abgeleitet und in Form von Prozentwerten kommuniziert. Zahlreiche Studien belegen jedoch, dass numerische Information in Form von Prozentangaben und Wahrscheinlichkeiten im Vergleich zu anderen Repräsentationen schwierig zu verstehen ist (Gigerenzer & Hoffrage, 1995; Zhu & Gigerenzer, 2004). Im ersten gezeigten Beispiel veranschaulicht die Grafik nur einen Aspekt der zu Grunde liegenden Situation. Da der Bezug zur Grundgesamtheit fehlt, können allgemeingültige Schlüsse nicht angestellt werden. In der Medizin, wo es oft darum geht, über Wirksamkeit und Risiko bestimmter Medikamente oder Behandlungen aufzuklären, wurde dieser Missstand in Ansätzen erkannt. Es konnte in Studien gezeigt werden, dass spezielle Repräsentationen und grafische Darstellungen sehr hilfreich sind, um transparente und ehrliche Aufklärungsarbeit zu leisten (Gigerenzer & Gray, 2011).

Information wird auf eine Art und Weise repräsentiert, dass das Arbeitsgedächtnis entlastet wird, indem einige Zwischenschritte bei der Informationsverarbeitung entfallen (Martignon & Krauss, 2007). Im Folgenden soll anhand der „natürlichen Häufigkeiten" ein Repräsentationsformat vorgestellt werden, das sich aufgrund seiner leichten Zugänglichkeit bereits im Stochastikunterricht der Primarstufe vermitteln lässt. Im Sinne des Spiralprinzips sowie aufgrund der Schwierigkeiten auch Erwachsener mit stochastischen Konzepten (Batanero et al., 1995; Kahneman & Tversky, 1979; Gigerenzer & Hoffrage, 1995) plädieren wir für eine frühe curriculare Verankerung von Stochastik unter besonderer Berücksichtigung grafischer Darstellungen. Ganz im Sinne der alten Volksweisheit „Was Hänschen nicht lernt, lernt Hans nimmermehr."

2 Einsicht durch natürliche Häufigkeiten

Dass die schulische Auseinandersetzung mit Darstellungen schon früh einsetzen soll, zeigt sich beispielsweise in Gestalt der Leitidee „Daten und Sachsituationen" in den baden-württembergischen Bildungsstandards der Grundschule (Bildungsstandards Baden-Württemberg, 2004). Gerade der frühe Kontakt mit mathematischen Darstellungen stellt große Anforderungen an die Verständlichkeit und zielt auf den Aufbau inhaltlicher Konzepte ab. Bestimmte Repräsentationsformate sind dem Menschen intuitiv zugänglich, da sie sich als günstig für die menschliche Informationsverarbeitung erwiesen haben. Die natürlichen Häufigkeiten haben sich als ein besonders leicht zugängliches Format herausgestellt (Kurz-Milcke, Gigerenzer & Martignon, 2011). Hier werden Proportionen von ineinander geschachtelten, endlichen Teilpopulationen einer Gesamtpopulation ersichtlich. Anders als bei den relativen Häufigkeiten entfällt eine Normierung der Häufigkeiten (10 von 50 → 20 %), welche sich hinderlich für die Informationsverarbeitung erweisen kann (Martignon & Krauss, 2007). Ein Beispiel (vgl. Abbildung 3) soll das Prinzip der natürlichen Häufigkeiten veranschaulichen.

> *„Von 100 Schülern haben 6 schlechte Zähne (grau hinterlegt). Von diesen 6 Schülern mit schlechten Zähnen essen 4 liebend gern Schokolade (grau hinterlegt & umrahmt). Von den übrigen 94 Schülern, die keine schlechten Zähne haben, essen ebenso 16 liebend gern Schokolade (nicht grau hinterlegt & umrahmt). Stell dir vor du triffst auf eine Gruppe von 20 / 10 / 5 Schülern aus dieser Schule, die liebend gern Schokolade essen. Wie viele davon haben schlechte Zähne?*
>
> ***____ von 20 oder ____ von 10 oder ____ von 5***

Abbildung 3: Beispiel 1 (Aufgabe in Anlehnung an Zhu & Gigerenzer, 2011)

Eine mögliche Antwort an dieser Stelle lautet 4 von 20. Während diese Lösung direkt aus Abbildung 4 ersichtlich ist, sind Schwierigkeiten mit den traditionell hierfür benötigten bedingten Wahrscheinlichkeiten weit verbreitet (Gigerenzer & Hoffrage, 1995). Mit Hilfe von natürlichen Häufigkeiten können schon Grundschüler Einsicht in komplexe Situationen erlangen und auch falsche Intuitionen von älteren Lernenden können korrigiert werden.

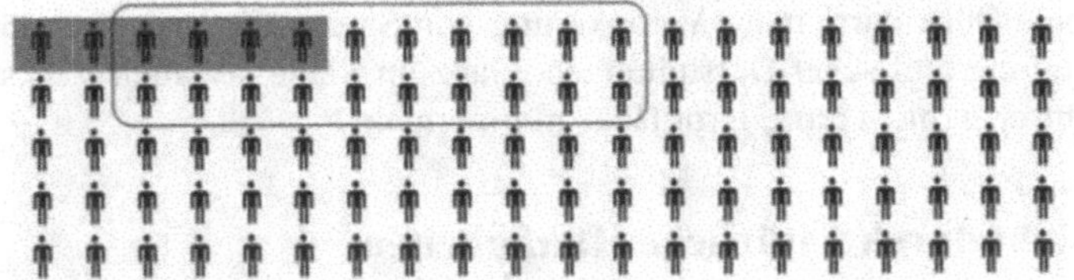

Abbildung 4: Populationsdiagramm zur Illustration natürlicher Häufigkeiten (Brase, 2008)

Im obigen Beispiel haben wir die natürlichen Häufigkeiten zum Zweck des besseren Verständnisses durch ein „Populationsdiagramm" (Abbildung 4) visualisiert. Diese basieren auf dem Prinzip „Ein-Symbol-ein-Individuum" aus der beschreibenden Statistik (Kurz-Milcke et al., 2011). Derartige Darstellungen erleichtern durch den Bezug zur Referenzgruppe das Einschätzen der tatsächlichen Größe von Teilpopulationen (Schokoladenliebhaber Ja/Nein, Kinder mit schlechten/guten Zähnen).

Das vorgestellte Konzept findet unter anderem Anwendung in der medizinischen Aufklärung über Krankheitsrisiken in Zusammenhang mit Testergebnissen. Werden die positiven Testergebnisse und die tatsächlichen Erkrankungen in Form von natürlichen Häufigkeiten präsentiert, so erhöht dies das Verständnis auf Seiten der Ärzte und Patienten. Kognitiven Täuschungen wird dadurch entgegengewirkt (Kurz-Milcke et al., 2011).

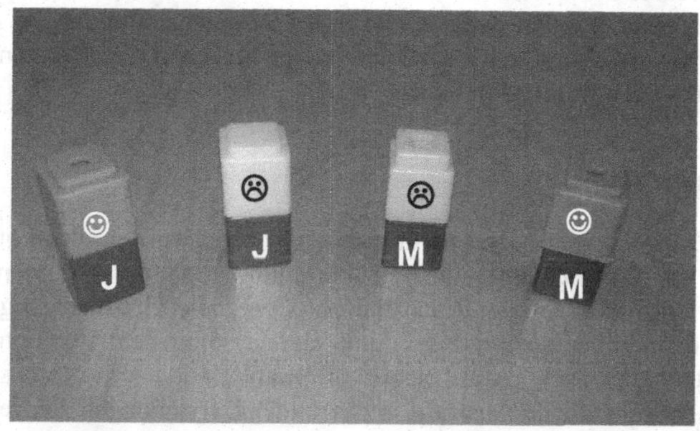

Abbildung 5: Steckwürfel als enaktive Repräsentation von Merkmalsverteilungen

> *In der Klasse 4b sind 12 Jungen und 9 Mädchen. Von den Mädchen mögen 5 Mathematik, von den Jungen machen 7 gerne Mathe.*
> *Baue für jede Schülerin (roter Steckwürfel; M) und für jeden Schüler (blauer Steckwürfel; J) ein Türmchen aus zwei Steckwürfeln, um auszudrücken, ob er/sie Mathematik mag/nicht mag.*
>
> *gelber Steckwürfel: mag Mathematik* ☺
> *grüner Steckwürfel: mag Mathe nicht* ☹
>
> *Beantworte nun folgende Fragen, indem du nur deine Türmchen betrachtest:*
> - *Wie viele der Mädchen/Jungen mögen Mathematik (nicht)?*
> - *Wie viele der Kinder, die Mathe mögen, sind Jungen?*
> - *Du weißt, dass ein Kind dieser Klasse Mathe nicht mag. Ist das eher ein Mädchen oder ein Junge? Erkläre, wie du darauf gekommen bist!*

Abbildung 6: Beispiel 2

Eine schon Grundschülern erfahrbare Repräsentationsart natürlicher Häufigkeiten stellt die enaktive Auseinandersetzung mit Steckwürfeln (vgl. Abbildung 5) dar. Dabei stehen die verschiedenfarbigen Steckwürfel modellhaft für bestimmte Merkmalsausprägungen von Individuen oder Objekten. Durch das Zusammenstecken der Würfel zu kleinen Türmchen lernen Schülerinnen und Schüler auf spielerische Weise Merkmale zu kategorisieren (siehe Abbildung 6). Dies wurde bereits bei Kindern der zweiten Klasse an verschiedenen Grundschulen erfolgreich erprobt (Martignon & Krauss, 2007). Im Beispiel sind mögliche Aufgabenstellungen notiert, die durch Abzählen zuvor geschickt zusammengesteckter Würfel beantwortet werden können.

3 Zusammenfassung

Grafische Darstellungen haben nicht nur in der Stochastik großes Potential. Sie können bei der Veranschaulichung, der Kommunikation, der Argumentation und der Reduktion von und über Daten helfen. Geeignete Grafiken sorgen für ein tieferes Verständnis von Situationen und dienen somit dem Erkenntnisgewinn. Andererseits bieten sich durch bewusste Manipulation von Repräsentationen bzw. durch versehentliche Auswahl unpassender Darstellungen zahlreiche Möglichkeiten der Verzerrung und folglich auch der Fehlinformation. Um inhaltliches Verständnis aufzubauen und mögliche Gefahren zu erkennen und beurteilen zu können, sollte die Auseinandersetzung mit Grafiken früh beginnen. Diese Forderung geht einher mit der Frage nach geeigneten Formaten, die möglichst schon in der Grundschule einsetzbar sind. Mit natürlichen Häufigkeiten, besonders in Verbindung mit Populationsdiagrammen und enaktiven Repräsentationen haben wir hier wertneutrale und intuitive Arten der Visualisierung vorgestellt, die den Aufbau belastbarer Konzepte fördern und existierende Fehlvorstellungen korrigieren können. Auf diese Weise wird man der Verantwortung, die aus dem Potential von grafischen Darstellungen resultiert, gerecht und wirkt deren manipulativen Einsatz entgegen.

4 Literatur

Batanero, C., Godino, J.D., Vallecillos, A., Green, D.R. & Holmes, P. (1995). Errors and difficulties in understanding elementary statistical concepts. *International Journal of Mathematical Education in Science and Technology, 25*(4), S. 527 – 547.

Bosbach, G., Korff, J. (2011). *Lügen mit Zahlen: Wie wir mit Statistiken manipuliert werden.* München: Heyne.

Brase, G. (2008). Pictorial Representations in Statistical Reasoning. *Appl. Cognit. Psychol. 23,* S. 369–381.

Eichler, A. & Vogel, M. (2009). *Leitidee Daten und Zufall.* Wiesbaden: GWV Fachverlage GmbH.

Gigerenzer, G. & Gray, M. (2011). *Better Patients. Better Doctors. Better Decisions. Envisioning Health Care 2020.* Cambridge: MIT Press.

Gigerenzer, G. & Hoffrage, U. (1995). How to Improve Bayesian Reasoning Without Instruction: Frequency Formats. *Psychological Review, 102(4)*, S. 684–704.

Hegel, G.W.F. (1986). *Enzyklopädie der philosophischen Wissenschaften im Grundrisse (1830) (9. Auflage).* Frankfurt/M.: Suhrkamp.

Kurz-Milcke, E., Gigerenzer, G. & Martignon, L. (2011). Risiken durchschauen: Grafische und analoge Werkzeuge. *Stochastik in der Schule (31)*, S. 8–16.

Krämer, W. (2011). *So lügt man mit Statistik.* München: Piper.

Land Baden-Württemberg (2004). *Bildungsstandards für Mathematik Grundschule.*http://www.bildung-staerkt-menschen.de/service/downloads/ Bildungsstandards/Rs/Rs_M_bs.pdf [15.11.11]

Martignon, L. & Krauss, S. (2009). Hands-on activities for fourth graders: A tool box for decision-making and reckoning with risk. *International Electronic Journal of Mathematics Education*, S. 227–258.

Martignon, L. & Wassner, C. (2001). Repräsentation von Information in der Wahrscheinlichkeitstheorie. Manfred Borovcnik (Hg.): *Anregungen zum Stochastikunterricht. Die NCTM-Standards 2000, klassische und Bayessche Sichtweise im Vergleich.* S. 163–169. Berlin: Franzbecker.

Spiegelhalter, D., Pearson, M. & Short, J. (2011). Visualizing uncertainty about the future. *Science (333).*

Wild, C.J. & Pfannkuch, M. (1999). Statistical Thinking in Empirical Enquiry. *International Statistical Review 67*, S. 223-265.

Zhu, L. & Gigerenzer, G. (2004). *Children can solve Bayesian problems: the role of representation in mental computation.* http://library.mpib-berlin.mpg.de/ft/gg/GG_Child_2006.pdf [16.12.2011]

Den Wechsel von Darstellungsformen fördern und fordern oder vermeiden?

Über ein Dilemma im Mathematikunterricht

Anika Dreher,
Pädagogische Hochschule Ludwigsburg

Kurzfassung: Die Schlüsselstellung, die vielfältige Darstellungen für das Lehren und Lernen von Mathematik haben, ist heutzutage weitgehend anerkannt. So ist „Mathematische Darstellungen nutzen" ein eigenständiger Kompetenzbereich in den KMK Bildungsstandards. Zu diesem Kompetenzbereich gehört ausdrücklich auch das Wechseln zwischen unterschiedlichen Repräsentationsformen. Der flexible Umgang mit diesen verschiedenen Darstellungen ist einerseits eine entscheidende Verständnishürde für viele Lernende, aber andererseits auch ein Schlüssel für mathematisches Denken und Problemlösen. Die daraus resultierende Problematik für den Mathematikunterricht wird in diesem Artikel diskutiert und anhand von Sichtweisen von Lehrkräften illustriert.

1 Die Rolle von Darstellungen in der Mathematik

Die Begriffe „Darstellung" und „Repräsentation" werden hier synonym verwendet und seien verstanden als „etwas, das für etwas anderes steht" (Duval, 2006). Repräsentationen spielen in der Mathematik eine besondere Rolle: Da mathematische Objekte nicht direkt zugänglich sind, bleibt sowohl Experten als auch Lernenden nichts anderes übrig als Repräsentationen bzw. Darstellungen für sie zu verwenden, um sich mit ihnen zu befassen (ebenda). Darstellungen bieten also wichtige Zugänge zu mathematischen Objekten und sind dabei Werkzeuge für mathematisches Denken und Kommunizieren. Abbildung 1 zeigt am Beispiel einer quadratischen Funktion einige Möglichkeiten, wie diese repräsentiert werden kann.

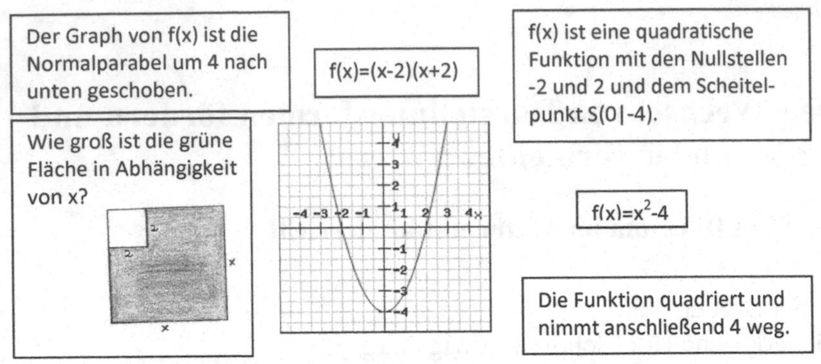

Abbildung 1: Repräsentationen einer quadratischen Funktion

Dieses Beispiel macht deutlich, dass es in der Regel sehr viele verschiedene Repräsentationen für ein und dasselbe mathematische Objekt gibt. Außerdem können diese Repräsentationen unterschiedlicher Natur sein, sie können beispielsweise sprachlich (geschrieben oder gesprochen, in Formel- oder natürlicher Sprache), bildlich oder auch handelnd sein.

2 Repräsentationswechsel forcieren oder wenn möglich vermeiden?

Die im vorangegangenen Abschnitt beschriebene Rolle von Repräsentationen in der Mathematik bringt eine Reihe möglicher Probleme für Lernende und Lehrende mit sich. Besonders der Wechsel von einer Darstellungsform in eine andere stellt häufig eine Verständnishürde dar (z. B. Duval, 2006; Lesh, Post & Behr, 1987). Müsste man als Lehrkraft im Bewusstsein dessen nicht versuchen – vor allem für schwächere Schüler(innen) – nur die für das Verständnis nötigsten Repräsentationen zu verwenden und mit Darstellungswechseln sparsam umzugehen? Eine Möglichkeit, die Anzahl von Darstellungswechseln minimal zu halten, ist es, die Kalkülebene zum Hauptspielplatz zu machen. Betrachtet man beispielsweise den Inhaltsbereich Bruchrechnung, dann bedeutet das, dass die Anwendung von Rechenregeln klar im Vordergrund steht. Dies ist auch im heutigen Mathematikunterricht keine Seltenheit: In Befragungen zum Thema „vielfältige Darstellungen beim Bruchrechnen" führten Lehrkräften von weiterführenden Schulen in Baden-Württemberg häufig Argumente an, wie z. B.: „Es fällt den Schülern leichter einfach die Regeln zu lernen." oder „Bei der Multiplikation von Brüchen arbeite ich nicht mit Bildern, weil ich das nicht hilfreich finde." Tatsächlich ist jedoch eine Fokussierung auf die Kalkülebene in derartigem Ausmaß keine Lösung, die für Schüler(innen) nachhaltiges Lernen oder ein tragfähiges Begriffsverständnis verspricht (vgl. z. B. Prediger, 2009). Rechenregeln ohne inhaltlichen Bezug wirken willkürlich und sind daher besonders fehleranfällig, während bildliche Darstellungen und inhaltliche Vorstellungen den Lernenden als Rückversicherung für Rechenergebnisse und als Begründungswerkzeuge dienen können (vgl. z. B. Ball, 1993).

Sobald aber inhaltliche Vorstellungen einbezogen werden, geht dies meist automatisch mit einer Vielzahl zusätzlicher Repräsentationswechsel einher. Werden zur Addition von Brüchen beispielsweise die Brüche durch Teile von Schokoladentafeln repräsentiert, dann sind in dieser Unterrichtsphase in der Regel noch weitere Darstellungen involviert: Eine (oder wahrscheinlich sogar eher mehrere) verbale, in der/ denen von der Lehrkraft bzw. den Lernenden über die Schokoladenstücke geredet, oder sogar eine Geschichte dazu erzählt wird, und außerdem möglicherweise eine bildliche Rechtecksdarstellung und eine formale (oft schriftlich notierte) Repräsentation der Addition der Brüche. Eine solche Unterrichtssituation ist also geprägt von zahlreichen Darstellungswechseln, die von den Lernenden vollzogen werden müssen. Vor dem Hintergrund dieser Komplexität erscheint die Forderung von Steinweg sinnvoll, dass eine Lehrperson (speziell in der Primarstufe) „immer wieder zu einem bestimmten Material greift, wenn sie einen bestimmten Sachverhalt darstellen will“ (Steinweg, 2010, S. 15). Den Begriff des „Materials“ spezifiziert sie in diesem Zusammenhang nicht genauer, sondern notiert dazu: „Im Weiteren werden Material, Anschauungs- und Darstellungsmittel grob vereinfachend synonym verwendet.“ (Steinweg, 2011, S. 12). Klar ist, dass sich diese drei Begriffe nicht mit den hier verwendeten Begriffen „Darstellung“ bzw. „Repräsentation“ decken. Vermutlich sind mit „Darstellungsmitteln“ lediglich ikonische bzw. enaktive Darstellungsformen gemeint. Wenn man Steinwegs Aussage in dem Sinne versteht, dass jedem mathematischen Objekt (oder Sachverhalt) genau ein „Darstellungsmittel“ zugeordnet werden soll, dann stellt sich die Frage, inwiefern dies sinnvoll oder gar möglich ist. Zum einen kann diese eindeutige Zuordnung dazu führen, dass ein mathematisches Objekt mit einer seiner Repräsentationen – in diesem Fall dem „Darstellungsmittel“ – identifiziert wird. Dies ist insofern problematisch, dass eine Repräsentation immer nur einen Teil der Eigenschaften des dahinterstehenden mathematischen Objekts direkt sichtbar machen kann (vgl. z. B. Gagatsis & Shiakalli, 2004). Wird beispielsweise eine natürliche Zahl mit einem Punkt auf dem „Darstellungsmittel“ Zahlenstrahl identifiziert, dann ist der Kardinalzahlaspekt nicht ersichtlich. Eine Darstellung im Punktefeld würde dies zwar leisten, jedoch würde der Ordinalzahlaspekt verdrängt werden. Die fehlende Fähigkeit zwischen diesen beiden Repräsentationsformen zu wechseln, identifiziert Lorenz (2009) als eine Ursache für Rechenschwäche. Die unterschiedlichen Aspekte, die mit verschiedenen Repräsentationen zusammenhängen, kommen aber auch beim Lösen von Sach- und Anwendungsaufgaben zum Tragen. Es muss dabei eine in der

Aufgabenstellung gegebene Repräsentation einem mathematischen Objekt zugeordnet werden. Dies kann aber in der Regel nur dann gelingen, wenn mehrere solche Repräsentationen bekannt sind. Zu den meisten mathematischen Objekten gibt es nämlich mehr als eine relevante Grundvorstellung (d.h. inhaltliche Interpretation), aus denen je nach Problemstellung die richtige ausgewählt werden muss (Prediger, 2009). Wird für die Multiplikation natürlicher Zahlen z. B. ausschließlich das „Anschauungsmittel" Punktefeld verwendet, dann fehlt den Schüler(inne)n vermutlich ein Werkzeug, um eine kombinatorische Aufgabe zu lösen, bei der die Anzahl möglicher Kombinationen von drei T-Shirts mit fünf Hosen bestimmt werden soll, obwohl es sich dabei ebenfalls um eine Darstellung für eine Multiplikation handelt.

Das Argument, dass nur starke Schüler(innen) von vielfältigen Repräsentationen profitieren und für schwächere Schüler eine Reduktion hilfreicher wäre, sollte auch insofern überdacht werden, als dass verschiedene Darstellungen auch als Zwischenschritte bei schwierigen Darstellungswechseln genutzt werden können. Man betrachte das Beispiel schriftliche Multiplikation: Wird dem schriftlichen Normalverfahren lediglich das Punktefeld gegenübergestellt, dann werden weniger leistungsstarke Kinder vermutlich kaum in der Lage sein diese beiden Repräsentationen miteinander in Verbindung zu bringen. Erst durch das Einbringen weiterer Repräsentationen, z. B. Malstreifen, werden die Zusammenhänge klar (vgl. z. B. Wittmann & Müller, 2005). Manchmal kann auch eine neue Repräsentation zu Einsichten über eine andere verhelfen: So beschreibt Schwank (2005) z. B. wie Grundschulkinder mit Hilfe des ägyptischen Zahlsystems ein tieferes Verständnis unserer Dezimaldarstellung entwickeln können.

All diese Überlegungen legen nahe, die zu Beginn des Abschnitts formulierte Frage zu verneinen: Es ist offensichtlich nicht zielführend dem Problem der Verständnishürde „Darstellungswechsel" damit zu begegnen, die Darstellungsvielfalt zu minimieren, denn eine gewisse Anzahl substanziell verschiedener Repräsentationen ist in der Regel nötig, um die Entwicklung eines tragfähigen Begriffsverständnisses zu ermöglichen. Anderseits ist es aber ebenso wenig sinnvoll das Wissen um die Macht von vielfältigen Darstellungen im Hinblick auf mathematisches Denken und Problemlösen (vgl. z. B. Lesh, Post, & Behr, 1987; Janvier, 1987) damit zu beantworten, dass maximal viele unterschiedliche Darstellungen im Unterricht eingesetzt werden. Wer Unterricht auf diesen Aspekt hin beobachtet, stellt fest, dass die verschiedenen Repräsentationen für die Lernenden zu häufig mehr oder weniger unverbunden nebeneinander stehen, während die Lehrperson ohne Vorwarnung zwischen ihnen wechselt (vgl. z. B. Duval 2006). Die Vielfalt an Darstellungen kann so von den Schüler(innen) nicht im Sinne eines flexiblen Begriffsverständnisses genutzt werden, sondern führt vielmehr zu Überforderung und Unverständnis.

Es besteht aber noch eine andere Möglichkeit der Schwierigkeit „Darstellungswechsel“ zu begegnen, die einen nicht für das Verstehen notwendiger Werkzeuge beraubt: Das bewusste Trainieren von Darstellungswechseln als ständig präsentes Element des Mathematikunterrichts. Ein solches Training sollte davon geprägt, sein, dass die Rolle von Darstellungen und die Zusammenhänge verschiedener Repräsentationen in der Klasse reflektiert und diskutiert werden (z. B. Winkel, 2012). Erst durch diese metakognitive Komponente wird einerseits bedeutungsvolles Wissen über die Mathematik als Disziplin erworben und anderseits werden optimale Bedingungen für einen besonders großen Trainingserfolg geschaffen, denn Metakognition ist bekanntlich eine der einflussreichsten Determinanten des Lernerfolgs (z. B. Wang, Haertel & Walberg 1993, Hattie, 2009). Diese Idee ist nicht neu: „Der Wechsel von Repräsentationen gilt in der Mathematikdidaktik schon lange als ausgewiesene Fördermaßnahme.“ (Sjuts, 2003, S. 82). In die KMK Bildungsstandards – sowohl für den Primarbereich, als auch für den Sekundarbereich – hat sie Einzug erhalten, indem „Darstellen von Mathematik“ bzw. „Mathematische Darstellungen verwenden“ als eine von fünf bzw. sechs allgemeinen mathematischen Kompetenzen angesehen wird (KMK, 2004a, 2004b). Für den Primarbereich wird diese Kompetenz des Darstellens beispielsweise wie folgt konkretisiert:

- für das Bearbeiten mathematischer Probleme geeignete Darstellungen entwickeln, auswählen und nutzen,
- eine Darstellung in eine andere übertragen,
- Darstellungen miteinander vergleichen und bewerten.

Schon das erste Aufgabenbeispiel im Anhang der Bildungsstandards zeigt, dass für den Aufbau dieser Kompetenz das gezielte und reflektierte Trainieren von Darstellungswechseln als probates Mittel angesehen wird.

3 Sichtweisen von Lehrkräften – Eine Diskussion konträrer Ansichten

In diesem Abschnitt wird der Blick auf diejenigen Akteure im Mathematikunterricht gerichtet, für die es gilt das oben beschriebene Dilemma auszubalancieren: Welches Bewusstsein und welche Ansichten haben Lehrkräfte diesbezüglich? Und wie gehen sie in konkreten Unterrichtssituationen damit um? Im Rahmen einer Fragebogenstudie wurden Sekundarstufenlehrkräfte unter anderem dazu aufgefordert, ihre Einschätzung zu der Reaktion der Lehrperson L in der in Abbildung 2 dargestellten Unterrichtssituation abzugeben. Die Fragestellung lautete:

Wie gut hilft diese Reaktion dem Schüler/ der Schülerin weiter? Beurteilen Sie den Umgang mit Darstellungen vor diesem Hintergrund und begründen Sie bitte.

Die fiktive Unterrichtssituation ist so konstruiert, dass die Lehrperson einen kritischen Darstellungswechsel vornimmt: Ein Schüler möchte wissen, wie man an der gegebenen Rechtecksdarstellung die Addition von zwei Bruchzahlen sehen kann, doch die Lehrkraft erklärt die Rechnung anhand des Pizzamodells, weil sie am Rechteck angeblich nicht gut sichtbar sei. Vor diesem Hintergrund ist bei der Analyse der Antworten besonders die Wahrnehmung dieses Darstellungswechsels interessant:

- Wird der Darstellungswechsel thematisiert?
- Wenn ja, wird er als positiv oder negativ eingeschätzt?
- Wie wird diese Einschätzung begründet?

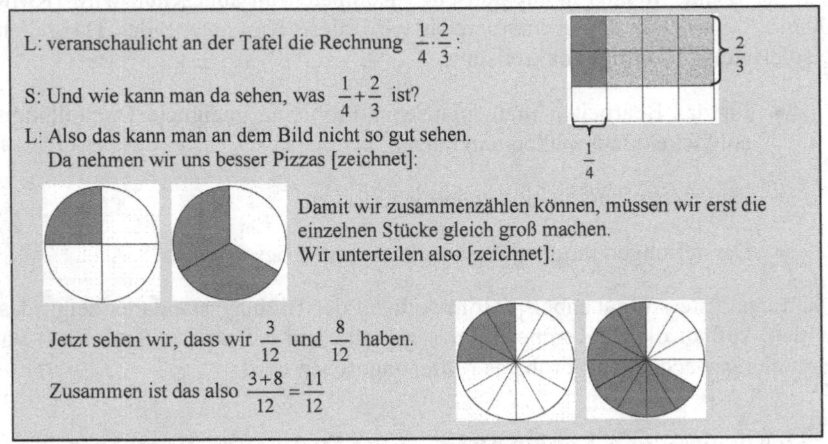

Abbildung 2: Eine fiktive Unterrichtssituation in einer 6. Klasse

An dieser Stelle soll nun keine Untersuchung des gesamten Spektrums an Einschätzungen von Lehrkräften erfolgen, sondern es werden ausgewählte Ansichten gegenübergestellt und diskutiert.

Wie könnte eine positive Einschätzung des Darstellungswechsels in der Unterrichtssituation begründet werden? Der naheliegendste Grund ist der, welcher von der fiktiven Lehrperson angedeutet wird, nämlich dass in eine Darstellungsform gewechselt wird, die sich (vermeintlich) deutlich besser eignet, um die gewünschte Einsicht zu gewinnen. In diesem Sinne antwortete beispielsweise die folgende Lehrkraft:

> *„Die Reaktion finde ich zulässig und gut. Gerade bei Addition von Brüchen eigenen sich die Pizzas (o. ä.) nach wie vor am besten. (...)"*

Ein weiterer Grund für den Wechsel des „Anschauungsmittels" aus Sicht der Lehrperson könnte sein, dass die Addition von Bruchzahlen im bisherigen Unterrichtsverlauf immer anhand der Pizzadarstellung veranschaulicht wurde und sie daher in dieser Situation auf das den Lernenden bereits bekannte Modell zurückgreifen möchte. Vor dem Hintergrund der Forderung von Steinweg, dass eine Lehrperson zur Darstellung eines bestimmten Sachverhalts immer wieder zu einem bestimmten „Anschauungsmittel" greifen und sich dabei nicht von Einzelwünschen der Schüler(innen) abbringen lassen sollte (vgl. Steinweg, 2010, S. 15), ließe sich diese Vorgehensweise rechtfertigen. Die Äußerung der folgenden Lehrperson führt diesen Gedanken sogar so weit, dass sie unterschiedliche Darstellungsformen als geeignetes Mittel zur Abgrenzung verschiedener Operationen vertritt:

> *„Ich denke eine klare Trennung von Multiplikation & Addition ist hier sinnvoll. Der S merkt so, dass er beim Addieren anders vorgehen muss (er denkt an Pizza) als beim Multiplizieren (Quadrate). Dabei eine andere Form der Darstellung zu wählen ist deshalb sinnvoll."*

Diese Maßnahme muss Schüler(innen) aber geradezu dazu verleiten mathematische Objekte - in diesem Fall Operationen - mit ihren Repräsentationen zu identifizieren. Eine weitere Steigerung zur bloßen Befürwortung der fiktiven Reaktion kann in der Behauptung gesehen werden, dass in der Unterrichtssituation ein Wechsel der bildlichen Darstellungsform sogar unvermeidlich gewesen sei:

> *„Für Addition und Multiplikation muss man die graphische Darstellungsweise ändern. Wenn man sie von vorneherein so einführt, hat ein Schüler mit diesem Wechsel keine Probleme."*

Tatsächlich aber ist die Addition am Rechteck sogar eher besser durchführbar, da die Einteilung in Zwölftel zum einen leichter vorzunehmen und zum anderen hier bereits gegeben ist, wie folgende Lehrkraft bemerkte:

> *„Die Addition bzw. Summe kann am ersten Bild genauso gut gezeigt werden, da die Zwölftel Unterteilung bereits da ist. Es muss eben anders angeordnet werden, das Ergebnis $^{11}/_{12}$ ist sofort einsichtig! (...)"*

Die Frage des Schülers bezieht sich zudem auf die Rechtecksrepräsentation an der Tafel, sodass man einwenden kann, dass die Lehrperson die eigentliche Frage nicht beantwortet:

> *„Nicht gut. Frage wurde nicht beantwortet. (...) Der Schüler wollte in der Darstellung eine Erklärung, also sollte man bei dieser Darstellung bleiben."*

Außerdem kann vermutet werden, dass sich der Schüler in dem Moment gedanklich intensiv mit der Rechtecksdarstellung befasst, sodass er durch die Antwort der Lehrkraft zu einem (unnötigen) Repräsentationswechsel gezwungen wird. Insofern ist in dieser Situation ein solcher Darstellungswechsel kontraproduktiv: Gerade wenn man den flexiblen Umgang mit unterschiedlichen Darstellungen fördern will, dann sollte die Vorlage des Schülers genutzt werden, ihn und seine Mitschüler(innen) auch in dieser Repräsentationsform die Additionsaufgabe entdecken zu lassen, besonders dann, wenn bis dato immer Kreisdarstellungen zur Veranschaulichung der Addition von Brüchen verwendet wurden. Diese Ansicht drückt auch die folgende Antwort aus:

> *„Konkret auf die Frage „Wie kann man da sehen" hilft die L-Antwort dem S nicht weiter. Sie hilft ihm auch nicht dabei weiter, flexibel die verschiedenen Darstellungsarten zu benutzen, sondern fördert die Fehlvorstellung, dass Rechtecke für Multiplikation und Kreise für Addition da sind. Die verschiedenen Darstellungen sollten nicht verschiedenen Rechenoperationen zugeordnet werden, sondern vielmehr sollten Aufgaben auch mehrfach mit verschiedenen Darstellungswegen gelöst werden. Denn der flexible Umgang mit den verschiedenen Darstellungen fördert das Verständnis."*

Sie lehnt die Möglichkeit ab, unterschiedliche Darstellungsformen als Mittel zur Abgrenzung verschiedener Operationen zu nutzen, indem sie die Gefahr der Förderung einer Fehlvorstellung betont. Gleiches gilt in erhöhtem Maße für die nächste Antwort; denn hier wurde sogar darauf hingewiesen, dass gerade die Gegenüberstellung von Addition und Multiplikation in derselben Darstellungsform eine Lerngelegenheit sein kann. Sie steht also völlig konträr zu der oben diskutierten Ansicht, dass eine klare Trennung von Multiplikation und Addition sinnvoll sei:

> *„L hätte $\frac{1}{4}+\frac{2}{3}$ mit dem geteilten Rechteck zeigen können (bzw. mit zwei davon) und dies auch tun sollen. Der Wechsel hilft dem Schüler wenig. Er kann sicherlich (vermutlich) $\frac{1}{4}+\frac{2}{3}$ berechnen. Wäre L bei der ersten Darstellung geblieben, dann hätte S an diesem Beispiel direkt die Gegenüberstellung von Multiplikation (Anteil eines Anteils)*

und Addition (Zusammensetzen von Anteilen) erkennen können. S bleibt wahrscheinlich etwas unbefriedigt und verwirrt zurück: Für Multiplikation von Anteilen braucht man offenbar völlig andere Dinge (Rechtecke) als für die Addition (Kreise/ Pizzen). Weshalb hier verschiedene Darstellungen benötigt werden, erschließt sich S nicht.“

Das weite Spektrum an Ansichten von Lehrkräften bezüglich des Umgangs mit Darstellungen, das hier durch gegensätzliche Meinungen aufgespannt wurde, macht deutlich, wie wenig Einigkeit auf diesem Gebiet herrscht. In Anbetracht der Tücke, die bezüglich so mancher Unterrichtssituation in der Fragestellung „Darstellungswechsel, ja oder nein?“ liegt, ist dies jedoch wenig verwunderlich. Diese Komplexität wird in der folgenden Äußerung einer Lehrkraft zur oben dargestellten Unterrichtssituation sehr gut deutlich:

„Wechsel der Darstellung ist hilfreich, sollte m. M. n. aber hier vermieden werden, damit der Schüler erkennt, dass eine Lösung nicht von der Darstellung abhängt. (...)“

4 Folgerungen

Ein Schluss, der aus den vorangegangen Überlegungen gezogen werden kann, ist der Folgende: Das Bewusstsein dessen, dass Darstellungswechsel für Lernende schwierig sind, sollte nicht darin resultieren, dass sie im Unterricht wo immer möglich vermieden werden, sondern darin, dass sie explizit gemacht und bewusst trainiert werden. Auf der anderen Seite ist auch eine noch so große Vielfalt an Repräsentationen für Schüler(innen) in der Regel nicht nutzbar, sondern ist eher Nährboden für Fehlvorstellungen und Unverständnis, wenn ihre Zusammenhänge nicht reflektiert werden, sondern sie eher unverbunden nebeneinander zu stehen scheinen.

Diese Erkenntnisse lassen jedoch nicht die Problematik des Umgangs mit Repräsentationen im Mathematikunterricht verschwinden, denn die Tatsache, dass Repräsentationen eine solch zentrale Rolle für mathematisches Denken und Handeln spielen, führt dazu, dass sie in jeder Unterrichtssituation präsent sind. Folglich werden ständig Entscheidungen getroffen, die zwischen der Vermeidung von schwierigen Darstellungswechseln und der Hinzunahme von neuen Repräsentationen als Denk- und Argumentationswerkzeuge abwägen müssen, aber dennoch schnell und häufig auch unbewusst ablaufen. Die Frage nach der richtigen Entscheidung kann aber nicht pauschal beantwortet werden, sondern hängt entscheidend von der jeweiligen Situation ab. Dementsprechend ist für eine Lehrkraft wohl der erste und wichtigste Schritt zu einem verständnisfördernden Umgang mit vielfältigen Darstellungen im Mathematikunterricht, ein Bewusstsein für die zentrale Rolle von Repräsentationen und dem Wechsel zwischen ihnen zu entwickeln. Platt gesagt:" Man muss sich einfach mal die entsprechende Brille aufsetzen und die Darstellungen bewusst wahrnehmen." Die Ausbildung der eigenen Metakognition in Verbindung mit dem Umgang mit Repräsentationen kann als Schlüssel angesehen werden; und zwar in allen drei Phasen der Auseinandersetzung mit Unterricht: im Vorfeld bei der Planung, beim Monitoring im Unterricht selbst und auch anschließend in der Reflexion.

Schließen möchte ich diese Ausführungen zu der entscheidenden, aber auch problematischen Rolle von Repräsentationen im Mathematikunterricht mit dem folgenden Zitat:

> *„Managing a suitable tension between focus and openness in the representational context is crucial.* " (Ball, 1993, S. 164)

5 Literatur

Ball, D. L. (1993). Halves, pieces, and twoths: Constructing representational contexts in teaching fractions. In T. Carpenter, E. Fennema, & T. Romberg, (Hrsg.), *Rational numbers: An integration of research*. Hillsdale, NJ: Erlbaum.

Duval, R. (2006). A cognitive analysis of problems of comprehension in a learning of mathematics. *Educational studies in mathematics, 61*, S. 103-131.

Gagatsis, A. & Shiakalli, M. (2004). Translation ability from one representation of the concept of function to another and mathematical problem solving. Educational Psychology, An International Journal of Experimental Educational Psychology, 24(5), S. 645-657.

Hattie, J. (2009). *Visible learning. A synthesis of 800 meta-analysis relating to achievement.* New York: Routledge.

Janvier, C. (1987). Translation processes in mathematics education. In C. Janvier (Hrsg.), *Problems of representation in the teaching and learning of mathematics*. Hillsdale, NJ: Lawrence Erlbaum.

Kultusministerkonferenz (KMK). (2004a). Bildungsstandards im Fach Mathematik für den Hauptschulabschluss. http://www.kmk.org/ [11.09.2012].

Kultusministerkonferenz (KMK). (2004b). Bildungsstandards im Fach Mathematik für den Primarbereich. http://www.kmk.org/ [11.09.2012].

Lesh, R., Post, T. & Behr, M. (1987). Representations and translations among representations in mathematics learning and problem solving. In C. Janvier (Hrsg.), *Problems of representation in the teaching and learning of mathematics*. Hillsdale, NJ: Lawrence Erlbaum.

Lorenz, J. H. (2009). Zur Relevanz des Repräsentationswechsels für das Zahlenverständnis und erfolgreiche Rechenleistungen. In A. Fritz, G. Ricken & S. Schmidt (Hrsg.): *Handbuch Rechenschwäche*. Weinheim, Berlin: Beltz Verlag.

Panaoura, A., Gagatsis, A., Deliyianni E., & Elia, I. (2009). The structure of students' beliefs about the use of representations and their performance on the learning of fractions. *Educational Psychology, 29*(6), S. 713-728.

Prediger, S. (2009). Verstehen durch Vorstellen. Inhaltliches Denken von der Begriffsbildung bis zur Klassenarbeit und darüber hinaus. In T. Leuders, L. Hefendehl-Hebeker, H. - G. Weigand (Hrsg.), *Mathemagische Momente*. Berlin: Cornelsen.

Schwank, I. (2005). Kinder sind keine Taschenrechner. Interview. *Gehirn & Geist 6/05*, S. 34-37.

Steinweg, A. S. (2010). *Dimensionen zur Einschätzung pädagogisch-fachdidaktischer Qualität von Lehr-Lern-Situationen im mathematischen Anfangsunterricht*. Schulungsunterlagen.

Steinweg, A. S. (2011) „Einschätzung der Qualität von Lehr-Lernsituationen im mathematischen Anfangsunterricht - ein Vorschlag". *Journal für Mathematik-Didaktik 32*(1), S. 1 - 26

Wang, M. , Haertel, G. & Walberg, H. (1993). Toward a Knowledge Base for School Learning. *Review of Educational Research 63*(3), S. 249-294.

Winkel, K. (2012). *Entwicklungsmechanismen von Metakognition im mathematischen Unterrichtsdiskurs der Grundschule. Ein designbasierter Unterrichtsversuch über vier Schuljahre*. München: Dissertationsverlag Dr. Hut.

Wittmann, E. & Müller, G. (2005). *Das Zahlenbuch 4. Lehrerband*. Leipzig: Ernst Klett Schulbuchverlag

Die Zahlen sind entscheidend

Zur Konsistenz von Lösungswegen in der Bruchrechnung

Gerald Wittmann,
Pädagogische Hochschule Freiburg

Kurzfassung: Die in der Bruchrechnung auftretenden Fehlermuster sind wohl bekannt und gut dokumentiert. Offen bleibt aber, ob sie auch konsistent sind: Wenn eine Schülerin oder ein Schüler mehrere Aufgaben zum Addieren von Brüchen innerhalb eines Tests löst, zeigt sich dann bei allen Aufgaben dasselbe Fehlermuster oder – allgemeiner formuliert – derselbe Lösungsweg? Erste Ergebnisse einer Studie beantworten diese Frage und zeigen weiter auf, dass ein erheblicher Teil der Lösungswege in der Bruchrechnung nicht mit der Wahl einer Strategie erklärt werden, sondern im Laufe der Bearbeitung emergiert.

1 Einführung

In vorliegender Studie werden die Lösungswege von Schülerinnen und Schülern zu Kalkülaufgaben in der Bruchrechnung unter die Lupe genommen. Kalkülaufgaben sind Aufgaben, die ausschließlich durch syntaktisch-algorithmisches Denken gelöst werden können. Semantisch-begriffliches Denken ist bei der Bearbeitung von Kalkülaufgaben grundsätzlich nicht erforderlich, es kann aber auftreten und hilfreich sein, etwa wenn Aufgaben mit Alltagsbrüchen inhaltlich gelöst werden oder die Größenordnung eines Ergebnisses abgeschätzt wird. Bei üblichen Kalkülaufgaben in der Bruchrechnung stehen zudem eindeutige Lösungsverfahren zur Verfügung; es ist also auch kein heuristisches Denken erforderlich.

Zeigen sich innerhalb der Lösungswege bei strukturell gleichen Aufgaben auch strukturell gleiche Fehler, so liegt ein *Fehlermuster* vor (Prediger & Wittmann, 2009). Charakterisieren lassen sich diese Fehlermuster als eine *Kombination von Versatzstücken bekannter Lösungsverfahren*, die bei den betreffenden Aufgaben allerdings unpassend sind (Wartha & Wittmann, 2009). Das Muster-Typische von Fehlermustern kommt bei Kalkülaufgaben gut in der Variablendarstellung zum Ausdruck (Tabelle 1).

Addition und Subtraktion zweier Brüche	$\frac{a}{b} \pm \frac{c}{d} = \frac{a \pm c}{b \pm d}$
Multiplikation zweier gleichnamiger Brüche	$\frac{a}{b} \cdot \frac{c}{b} = \frac{a \cdot c}{b}$

Tabelle 1: Fehlermuster zu Kalkülaufgaben in der Bruchrechnung

In der Bruchrechnung sind die Fehlermuster zu Kalkülaufgaben wohl bekannt und gut dokumentiert (Hennecke, 1999; Padberg, 1986; Überblick zu empirischen Studien: Eichelmann u. a., 2012;). Offen ist aber bislang die Frage, *ob die Fehlermuster auch konsistent sind.* Mit anderen Worten: Wenn eine Schülerin oder ein Schüler mehrere strukturell gleiche Aufgaben innerhalb eines Tests löst, lässt sich dann bei allen Aufgaben auch dasselbe Fehlermuster oder – allgemeiner formuliert – derselbe Lösungsweg beobachten? In einer testtheoretischen Sicht wird das Forschungsanliegen durch die Frage gefasst, ob sich Fehlermuster nur auf der Gruppenebene oder auch auf der Individualebene zeigen.

In der Literatur gibt es diesbezüglich kaum Hinweise. Ältere Studien zur Bruchrechnung zielen in erster Linie auf die Identifikation von Fehlermustern und die Häufigkeit ihres Auftretens (Gerster & Grevsmühl, 1983; Lörcher, 1982; Padberg, 1986). Es wird stets die gesamte Testpopulation betrachtet, auch wenn Padberg (1986) „typische Fehler" (bezogen auf die Population) und „systematische Fehler" (bezogen auf einzelne Schülerinnen und Schüler) unterscheidet. Auch die Modellierung von Lösungswegen durch „Schwierigkeitsmerkmale" (Lörcher, 1982) oder „Schwierigkeitsparameter" (Klauer, 1984) rückt die Kategorisierung von Aufgaben in den Mittelpunkt und erfasst keine individuellen Lösungswege. Qualitative Interviewstudien ermitteln ergänzend hierzu typische Fehlerursachen und betonen die Bedeutung des Bruchzahlverständnisses für das Rechnen mit Brüchen (Hasemann, 1986; Wartha, 2007); sie illustrieren, wie Schülerinnen und Schüler denken. Jüngere Studien zeigen hingegen mittels Rechengraphen die Vielfalt individueller Lösungswege (Hennecke, 1999) und weisen mittels Cluster- und Faktorenanalysen nach, dass die Bruchrechnung für die meisten Schülerinnen und Schüler in disjunkte Aufgabenklassen zerfällt (Herden & Pallack, 2000). Lediglich Studien zum Lösen linearer Gleichungen in der Algebra führen zur Hypothese, dass Fehlermuster vielfach nicht konsistent sind (Tietze, 1988; Stahl, 2000).

2 Design der Studie

Um die Konsistenz von Fehlermustern empirisch erfassen zu können, wurde zu jedem der vier Bereiche

- Addition zweier Brüche,
- Subtraktion zweier Brüche,
- Multiplikation zweier Brüche,
- Addition eines Bruchs und einer natürlichen Zahl

ein aus jeweils sechs Aufgaben bestehendes *Aufgabenset* entwickelt. Das Aufgabenset zur Multiplikation beispielsweise umfasst drei Aufgabenpaare, die sich untereinander in den gegebenen Zahlen unterscheiden:

- zwei Aufgaben zur Multiplikation ungleichnamiger Brücher,
- zwei Aufgaben zur Multiplikation gleichnamiger Brüche, die verschiedene Zähler besitzen,
- zwei Aufgaben zur Multiplikation gleicher Brüche (Tabelle 2).

In ähnlicher Weise ist das Aufgabenset zur Addition konstruiert.

Multiplikation	$\frac{4}{9}\cdot\frac{1}{2}$	$\frac{8}{5}\cdot\frac{3}{7}$	$\frac{4}{5}\cdot\frac{3}{5}$	$\frac{5}{13}\cdot\frac{3}{13}$	$\frac{5}{2}\cdot\frac{5}{2}$	$\frac{4}{15}\cdot\frac{4}{15}$
Addition	$\frac{1}{2}+\frac{1}{4}$	$\frac{2}{7}+\frac{4}{5}$	$\frac{2}{13}+\frac{4}{9}$	$\frac{1}{9}+\frac{1}{8}$	$\frac{2}{5}+\frac{2}{5}$	$\frac{6}{11}+\frac{6}{11}$

Tabelle 2: Aufgabensets zur Multiplikation und Addition

Jeder *Testbogen* umfasst 21 Aufgaben: drei der vier Aufgabensets sowie drei weitere Füllaufgaben (ohne inhaltliche Bedeutung). Um Serieneffekte ausschließen zu können, wurden diese 21 Aufgaben jeweils in neun Varianten in zufälliger Weise angeordnet, so dass insgesamt 36 verschiedene Testbögen existieren. Die Bearbeitungszeit betrug 40 min, die Schülerinnen und Schüler konnten in freier Weise vorgehen, sei es im Kopf oder mit Hilfe einer Nebenrechnung. An der Durchführung im Juli 2011 nahmen 428 Schülerinnen und Schüler der Jahrgangsstufen 6 und 7 von Real- und Werkrealschulen in Baden-Württemberg teil. Da diese jeweils nur drei der vier Aufgabensets bearbeiteten, ist die Anzahl der Lösungen zu einzelnen Aufgabensets niedriger.

Die *Kodierung* der Bearbeitungen zielt auf Lösungs*wege* und nicht auf korrekte oder falsche Lösungen; sie blendet deshalb gezielt Einmaleins-Fehler oder ähnliche Fehler aus (Tabelle 3), anders als bei traditionellen Fehleranalysen, wo die Lösungs*quoten* im Vordergrund stehen und erst in einem zweiten Schritt häufige Fehlermuster extrahiert werden.

0	Nicht bearbeitet.
1	Richtiger Lösungsweg (im Kopf oder schriftlich; die Lösung kann richtig, aber auch falsch sein, z. B. durch Einmaleins-Fehler).
3	Hauptfehlermuster; hier: „Nenner beibehalten“ (bei ungleichnamigen Brüchen nach vorherigem Gleichnamigmachen); es können zudem weitere Fehler wie Einmaleins-Fehler auftreten.
9	Sonstiges (andere, seltenere Fehlermuster wie „Multiplizieren mit dem Kehrbruch“ oder nicht erklärbare Bearbeitungen).

Tabelle 3: Kodierschema für die Multiplikation zweier Brüche

Ausgewertet wird der so gewonnene Datensatz getrennt nach den vier Bereichen. Häufigkeitstabellen zeigen zunächst, welche der sechs Aufgaben eines Sets sich in Bezug auf die Lösungswege von den anderen unterscheiden. Anschließend wird die Konsistenz der Lösungswege in den Blick genommen: Hierzu werden die Lösungswege auf Individualebene über die Aufgaben hinweg verglichen.

3 Ergebnisse

Im Folgenden werden erste ausgewählte Ergebnisse zur Multiplikation und Addition zweier Brüche dargestellt.

3.1 Multiplikation zweier Brüche

Tabelle 4 gibt die Häufigkeiten der Lösungswege für die sechs Multiplikationsaufgaben wieder ($N = 315$), was einen Vergleich der Aufgaben in Bezug auf die auftretenden Lösungswege ermöglicht (auf Populationsebene): Bei den beiden Aufgaben mit ungleichnamigen Brüchen tritt der richtige Lösungsweg häufiger auf als bei den vier Aufgaben mit gleichnamigen Brüchen, während in Bezug auf das Hauptfehlermuster „Nenner beibehalten“ das Umgekehrte gilt. Dies bestätigt die Befunde von Padberg (1986) bezüglich der Lösungsquoten. Ferner ist erkennbar, dass einige Schülerinnen und Schüler in fast extremer Weise konsistent vorgehen: Sie machen auch ungleichnamige Brüche zunächst gleichnamig und führen die Multiplikation dann gemäß dem Hauptfehlermuster „Nenner beibehalten“ aus. Dies gilt für 30 Schülerinnen und Schüler bei der ersten Aufgabe und 25 bei der zweiten, darunter 17 bei beiden Aufgaben.

Kodierung	$\frac{4}{9}\cdot\frac{1}{2}$	$\frac{8}{5}\cdot\frac{3}{7}$	$\frac{4}{5}\cdot\frac{3}{5}$	$\frac{5}{13}\cdot\frac{3}{13}$	$\frac{5}{2}\cdot\frac{5}{2}$	$\frac{4}{15}\cdot\frac{4}{15}$
0 Nicht bearbeitet	24	31	14	21	13	21
1 Richtiger Lös.weg	226	228	199	167	207	176
3 Nenner beibehalten	30	25	74	102	53	91
9 Sonstiges	35	31	28	25	42	27

Tabelle 4: Multiplikation zweier Brüche – Häufigkeiten der Lösungswege

Im Fall gleicher Nenner wiederum zeigt sich das Hauptfehlermuster in jedem der beiden Aufgabenpaare stets dann deutlich häufiger, wenn der Nenner größer ist. Dieser Effekt wird am Beispiel der Multiplikation gleicher Brüche genauer analysiert (Tabelle 5): 235 von 315 Schülerinnen und Schülern lösen beide Aufgaben auf dieselbe Weise, während 80 unterschiedlich vorgehen. Insbesondere gelingt 31 Schülerinnen und Schülern beim Nenner 2 („kleiner Nenner“) ein richtiger Lösungsweg, während sie beim Nenner 15 („großer Nenner“) den Nenner beibehalten. Der Test von McNemar-Bowker bestätigt, dass die Asymmetrie der Kreuztabelle signifikant ist ($\chi^2 = 39{,}015$; df = 5; $\alpha < 0{,}001$). Dieser Test prüft gegen die Nullhypothese, dass die Kreuztabelle symmetrisch bezüglich der Hauptdiagonalen ist (Bortz, Lienert & Boehnke, 2008).

		$\frac{4}{15}\cdot\frac{4}{15}$ („große Zahlen“)				
		0	1	3	9	
$\frac{5}{2}\cdot\frac{5}{2}$ („kleine Zahlen“)	0	11	1	0	1	13
	1	7	159	31	10	207
	3	0	2	50	1	53
	9	3	14	10	15	42
		21	176	91	27	315

Tabelle 5: Multiplikation zweier Brüche – Kreuztabelle

In Tabelle 6 werden die Lösungswege der Schülerinnen und Schüler bei den vier Aufgaben mit gleichem Nenner betrachtet, also bei vier Aufgaben, die vorab als strukturgleich eingeschätzt werden können, weil sie denselben Lösungsweg erfordern. Die auftretenden Lösungswege sind jedoch nur bedingt konsistent:

- 135 Schülerinnen und Schüler rechnen alle vier Aufgaben entsprechend dem korrekten Weg, 35 drei von vier Aufgaben, 38 zwei von vier Aufgaben und 28 eine von vier Aufgaben.

- Ein ähnliches Bild ergibt sich auch für das Beibehalten des Nenners: Bei 40 Schülerinnen und Schülern tritt es jedes Mal auf, bei jeweils 28 in drei oder zwei von vier Aufgaben und bei 20 in einer von vier Aufgaben.

	So viele Schüler(innen) rechnen x-mal …				
	0	1	2	3	4
Richtiger Lösungsweg	79	28	38	35	135
Nenner beibehalten"	199	20	28	28	40

Tabelle 6: Multiplikation zweier Brüche – Häufigkeit gleicher Lösungswege

Ergänzend hierzu: 11 der 40 Schülerinnen und Schüler, die bei allen vier Aufgaben mit gleichnamigen Brüchen den Nenner beibehalten, bearbeiten auch die beiden Aufgaben mit ungleichnamigen Brüchen nach vorherigem Gleichnamigmachen auf dieselbe Weise (Konsistenz des Fehlermusters im gleichnamigen und ungleichnamigen Fall), während weitere 11 die beiden Aufgaben mit ungleichnamigen Brüchen entsprechend dem richtigen Lösungsweg rechnen (Konsistenz des Lösungswegs jeweils nur innerhalb des gleichnamigen und ungleichnamigen Falls).

3.2 Addition zweier Brüche

Für das Aufgabenset zur Addition zweier Brüche (N = 347) zeigt Tabelle 7 unterschiedliche Häufigkeiten für den richtigen Lösungsweg: Je größer die beiden Nenner sind, desto seltener tritt der richtige Lösungsweg auf. Anders als bei der Multiplikation zieht dieser Effekt aber keine gegenläufigen Schwankungen beim Hauptfehlermuster (hier: Zähler plus Zähler, Nenner plus Nenner) nach sich. Das Hauptfehlermuster tritt vielmehr über alle Aufgaben hinweg bei einem erheblichen Teil der Schülerinnen und Schüler auf, wobei die aufgabenspezifischen Unterschiede in der Häufigkeit nicht sehr groß ausfallen. Stattdessen gleichen die Häufigkeiten bei der Nichtbearbeitung – hier liegt das Spektrum zwischen 19 und 116 Schülerinnen und Schülern – die Schwankungen beim richtigen Lösungsweg aus. Dies lässt sich so deuten, dass die Nichtbearbeitung eine Reaktion auf „große" Zahlen bei der Hauptnennerbildung ist, also nicht als Fakten abrufbare oder im Kopf zu ermittelnde Einmaleins-Aufgaben. Es lässt sich nicht klären, ob die Schülerinnen und Schüler diese Rechnungen nicht durchführen können oder in der Testsituation schlichtweg nicht durchführen wollen, etwa aufgrund fehlender Anstrengungsbereitschaft oder einer niedrigen Frustrationstoleranz. In Konsequenz bedeutet es, dass die Angabe von Lösungs- bzw. Fehlerquoten auf der Basis der Bearbeitungen (anstelle auf der Basis aller teilnehmenden Schülerinnen und Schüler), wie sie bei manchen Studien erfolgt, äußerst problematisch ist.

Kodierung	$\frac{1}{2}+\frac{1}{4}$	$\frac{2}{7}+\frac{4}{5}$	$\frac{2}{13}+\frac{4}{9}$	$\frac{1}{9}+\frac{1}{8}$	$\frac{2}{5}+\frac{2}{5}$	$\frac{6}{11}+\frac{6}{11}$
0 Nicht bearbeitet	19	41	116	62	16	16
1 Richtiger Lös.weg	227	205	116	167	224	230
3 Z + Z, N + N	73	79	84	78	92	78
9 Sonstiges	28	22	31	40	15	23

Tabelle 7: Addition zweier Brüche – Häufigkeiten der Lösungswege

Ergänzend zu Tabelle 7 lässt sich anmerken, dass ein „Sehen" der Lösung auch bei den in der ersten Aufgabe vorkommenden Alltagsbrüchen nur eine untergeordnete Rolle spielt: 193 von 227 Schülerinnen und Schülern, die den richtigen Lösungsweg aufweisen, führen dabei eine schriftliche Hauptnennerbildung entsprechend dem Standardverfahren aus. Bei 34 findet sich keine solche Rechnung, was als eine obere Abschätzung für die Zahl derer interpretiert werden kann, die die Lösung „sehen".

In Tabelle 8 sind die Bearbeitungen der Schülerinnen und Schüler über die sechs Additionsaufgaben hinweg als Sechsertupel dargestellt: So bedeutet 110111 in der zweiten Zeile der Tabelle, dass bei den ersten beiden sowie den letzten drei Aufgaben (in der Reihenfolge von Tabelle 2 und Tabelle 7) der richtige Lösungsweg auftritt, während die dritte Aufgabe nicht bearbeitet wurde. Insgesamt treten bei 347 Schülerinnen und Schülern 126 solcher Bearbeitungsmuster auf; in Tabelle 8 sind alle dargestellt, die mindestens dreimal auftreten, hinzu kommen noch 13, die zweimal, und 95, die lediglich einmal auftreten. Die von Hennecke (1999) nachgewiesene Vielzahl individueller Bearbeitungen für einzelne Aufgaben setzt sich also in einer Vielzahl individueller Bearbeitungsmuster für ein aus sechs Aufgaben bestehendes Aufgabenset fort.

Zwei Bearbeitungsmuster weisen auf völlige Konsistenz hin: Bei 83 Schülerinnen und Schülern tritt stets der richtige Lösungsweg auf und bei 32 stets das Hauptfehlermuster der getrennten Addition von Zähler und Nenner. Demnach lässt sich ein Drittel der auftretenden Bearbeitungsmuster mit der Annahme konsistenter Lösungswege erklären, während zwei Drittel der Bearbeitungsmuster für nicht konsistente Lösungswege stehen. Darunter sind die beiden Bearbeitungsmuster 111133 und 3333111 interessant, die jeweils 7 Mal auftreten: Das erste charakterisiert die Schülerinnen und Schüler, die die vier Additionen ungleichnamiger Brüche auf dem richtigen Weg und die beiden Additionen gleichnamiger Brüche entsprechend dem Hauptfehlermuster bearbeiten, während das zweite für das umgekehrte Phänomen steht. Mit anderen Worten: Es gibt Schülerinnen und Schüler, die im gleichnamigen Fall in das Fehlermuster „hineinfallen", aber auch solche, die im gleichnamigen Fall aus dem Fehlermuster „herausfallen".

Kodierung	Häufigkeit	Prozent	Prozent kumuliert
111111	83	23,9	23,9
110111	34	9,8	33,7
333333	32	9,2	42,9
110011	21	6,1	49,0
111133	7	2,0	51,0
333311	7	2,0	53,0
000000	6	1,7	54,8
110131	6	1,7	56,5
333331	5	1,4	57,9
111131	4	1,2	59,1
100011	3	0,9	59,9
110113	3	0,9	60,8
111311	3	0,9	61,7
113333	3	0,9	62,5
119911	3	0,9	63,4
199911	3	0,9	64,3
333313	3	0,9	65,1
999911	3	0,9	66,0

Tabelle 8: Addition zweier Brüche – Bearbeitungsmuster für sechs Aufgaben

4 Diskussion

Die Studie zeigt mit Blick auf die *Aufgaben* zunächst, dass die gegebenen Zahlen Einfluss darauf haben,

- ob Schülerinnen und Schüler eine Aufgabe überhaupt bearbeiten

- und welche Lösungswege auftreten.

Vor allem Letzteres ist erstaunlich: Dass die Lösungs*quote* von den gegebenen Zahlen abhängt, war vorab klar, weil schwierige Einmaleinsaufgaben mehr Rechenfehler nach sich ziehen. Dass sich die gegebenen Zahlen aber auch schon auf die Lösungs*wege* auswirken, war so nicht zu erwarten. Konkret: Ein Fehlermuster tritt häufiger auf, wenn „große Zahlen“ gegeben sind und der Fehler rechnerisch einfacher ist als der richtige Lösungsweg; parallel dazu nimmt die Zahl der richtigen Lösungswege ab. (Es besteht allerdings die Hypothese, dass nicht die Größe der Zahlen an sich von Bedeutung ist, sondern der Umstand, ob die entsprechenden Einmaleins-Sätze automatisiert bzw. im Kopf leicht zu bewältigen sind; dies könnte in einer Folgestudie geklärt werden.) Da richtige Lösungs*wege* eine Voraussetzung für richtige Lösungen sind, und „große Zahlen“ auch bei richtigen Lösungswegen vermehrte Einmaleinsfehler nach sich ziehen, ist anzunehmen, dass sich auch in Bezug auf die Lösungs*quoten* ein deutlicher Effekt zeigt.

Daraus ergeben sich unmittelbar zwei Konsequenzen: Zunächst bestätigt sich die Schwierigkeit, echte *Parallelaufgaben* zu stellen. Ferner gestatten einzelne Aufgaben zu einer bestimmten Operation keine verlässliche *diagnostische Aussage* über die Lösungswege einer Schülerin oder eines Schülers; vielmehr sind diesbezüglich immer gestufte Aufgabensets notwendig – ein wichtiger Hinweis für die Konzeption von zentralen Vergleichsarbeiten.

Mit Blick auf die *Schülerinnen und Schüler* lassen sich zieht man als Kriterium die Konsistenz von Lösungswegen einerseits und ihre Richtigkeit andererseits heran – für jede Operation vier Gruppen unterscheiden.

Gruppe 1 umfasst die Schülerinnen und Schüler, die bei einer Operation alle Aufgaben stabil entsprechend einem richtigen Weg lösen. Zu dieser Gruppe gehören in der getesteten Population etwa ein Viertel bis ein Drittel der Schülerinnen und Schüler. Innerhalb der Gruppe findet sich sowohl eine sinnvolle Aufgabenadaptivität (bei kleinen Zahlen werden die Ergebnisse „gesehen“ oder im Kopf gerechnet, bei großen Zahlen wird eine Nebenrechnung durchgeführt) als auch ein extremes Festhalten an einem Lösungsweg, unabhängig davon, ob dieser bei einer bestimmten Aufgabe adäquat ist („vor dem Addieren immer alles gleichnamig machen“).

In *Gruppe 2* sind jene Schülerinnen und Schüler, die bei einer Operation alle Aufgaben entsprechend einem Hauptfehlermuster bearbeiten. Diese Gruppe ist relativ klein. Es besteht die Hypothese, dass sich bei diesen Schülerinnen und Schülern im Zuge von Automatisierungsübungen ein falsches Verfahren verfestigt hat.

Die ersten beiden Gruppen lassen sich klar abgrenzen. Zusammen beschreiben sie die Schülerinnen und Schüler, deren Lösungswege konsistent sind. Zwei weitere Gruppen enthalten die Schülerinnen und Schüler, deren Lösungswege nicht konsistent sind. Diese beiden Gruppen sind nicht mehr eindeutig zu trennen, sondern gehend fließend ineinander über.

Gruppe 3 werden die Schülerinnen und Schüler zugeordnet, die überwiegend richtige Lösungswege zeigen, jedoch vereinzelt anders vorgehen. Durch diese geringe Anzahl abweichender Lösungswege unterscheiden sie sich von Gruppe 1. Eine mögliche Erklärung hierfür sind Flüchtigkeitsfehler. Sie werden offenbar begünstigt durch

- die intuitive Form der Fehlermuster,
- die zufällige Anordnung der Aufgaben im Testbogen, die nicht nach Operationen sortiert sind (anders als bei Padberg, 1986),
- und Einflüsse der auftretenden Zahlen, wenn diese für ein Fehlermuster „passend" sind.

In *Gruppe 4* sammeln sich jene Schülerinnen und Schüler, die in keiner Weise konsistent rechnen, sondern bei denen innerhalb eines Aufgabensets unterschiedlichste Bearbeitungswege auftreten. Hier ist vermutlich der Einfluss gegebener Zahlen sehr groß, weil keine stabilen Verfahren verfügbar sind; zudem werden häufig die Sonderfälle (gleichnamige Brüche) anders behandelt. Die Vorgehensweise kann vielfach als „Ziffernrechnen" interpretiert werden, als weitgehend unreflektiertes Verarbeiten von in der Aufgabe gegebenen Zahlen gemäß bekannter Schemata.

In Konsequenz bedeutet dies, dass zumindest bei einem erheblichen Teil der Schülerinnen und Schüler weder stabile Lösungswege vorliegen noch gezielt ein Lösungsweg gewählt wird. Vielmehr *entstehen Lösungswege ad hoc*, aus der Situation heraus, unter dem Einfluss der gegebenen Zahlen und weiterer Rahmenbedingungen (etwa der vorausgehenden Aufgaben). Sie entwickeln sich nach und nach im Lösungsprozess; es gibt also häufig keine zielgerichtete Strategie. In Anlehnung an Threlfall (2002; 2009) und Rathgeb-Schnierer (2010) kann von einer *Emergenz von Lösungswegen* gesprochen werden – und dies, obwohl alle Schülerinnen und Schüler einen systematischen Unterricht zum Rechnen mit Brüchen in Klasse 6 und teilweise sogar eine Wiederholung in Klasse 7 erfahren haben. Das Bearbeiten von Aufgaben ist insbesondere ein nur teilweise bewusst ablaufender und wenig gesteuerter Prozess. Die verbreitete Bezeichnung „Fehlerstrategie" (vgl. Herden & Pallack, 2000; Padberg, 2008) ist deshalb kritisch zu sehen, da es sich eben nicht um eine Strategie entsprechend der in der Psychologie üblichen Bedeutung handelt (vgl. Zimbardo, 1992).

Für den *Unterricht* folgt, dass die Lösungs*wege* stärker in das Bewusstsein der Schülerinnen und Schüler zu rücken sind. Übliche Päckchenrechnungen helfen keiner der vier Gruppen wirklich weiter. Findet zudem, wie dies in einem traditionellen Unterricht häufig der Fall ist, nur ein Vergleichen von *Lösungen* (etwa durch das Vorlesen von Ergebnissen) statt, registrieren die Betreffenden allenfalls, dass ihr Ergebnis abweicht, was von einem Flüchtigkeitsfehler vielfach nicht zu unterscheiden ist; sie erhalten keine Rückmeldung darüber, dass schon ihr Lösungs*weg* falsch ist (Wartha & Wittmann, 2009). Deshalb müssen entsprechende Impulse gesetzt werden, die unter dem Titel *Förderung des Zahlenblicks* zu verorten sind (Marxer & Wittmann, 2011). Passende Arbeitsaufträge können die Schülerinnen und Schüler von einem vorschnellen schematischen Rechnen abhalten und stattdessen ihren Blick auf die aufgabenspezifischen Besonderheiten richten. In ähnlicher Weise können nach der Aufgabenbearbeitung Lösungs*wege* miteinander verglichen und reflektiert werden.

Generell ist auch die *Größe der gegebenen Zahlen* kritisch zu prüfen: Einerseits sollten diese möglichst klein sein, damit sich der Rechenaufwand in Grenzen hält. Andererseits müssen sie in einem breiten Spektrum variieren: Es dürfen nicht ausschließlich Alltagsbrüche auftreten (wie Halbe, Drittel, Viertel, Fünftel und Zehntel), weil sonst daraus falsche Erfahrungen resultieren können.

5 Literatur

Bortz, J., Lienert, G. A. & Boehnke, K. (2008). *Verteilungsfreie Methoden in der Biostatistik*. Springer: Heidelberg (3. Auflage).

Eichelmann, A., Narciss, S., Schnaubert, L. & Melis, E. (2012). Typische Fehler bei der Addition und Subtraktion von Brüchen – Ein Review zu empirischen Fehleranalysen. *Journal für Mathematik-Didaktik 33*(1), S. 29–57.

Gerster, H.-D. & Grevsmühl, U. (1983). Diagnose individueller Schülerfehler beim Rechnen mit Brüchen. *Pädagogische Welt 37*(11), S. 654–660.

Hasemann, K. (1986). *Mathematische Lernprozesse. Analysen mit kognitionstheoretischen Modellen*. Vieweg: Braunschweig.

Hennecke, M. (1999). *Online-Diagnose in intelligenten mathematischen Lehr-Lern-Systemen*. Dissertation: Universität Hildesheim.

Herden, G. & Pallack, A. (2000). Zusammenhänge zwischen verschiedenen Fehlerstrategien in der Bruchrechnung. Empirische Erhebung über 244 SchülerInnen der Klassen sieben von Gymnasien. *Journal für Mathematik-Didaktik 21*(3/4), S. 259–279.

Klauer, K. J. (1984). Kognitive Prozesse bei der Multiplikation und Division von Brüchen. Eine Lehrzielanalyse. *Zeitschrift für empirische Pädagogik und pädagogische Psychologie 8*(2), S. 77–90.

Lörcher, G. A. (1982). Diagnose von Schülerschwierigkeiten beim Bruchrechnen. *Pädagogische Welt 36*(3), S. 172–180.

Marxer, M. & Wittmann, G. (2011). Förderung des Zahlenblicks – Mit Brüchen rechnen, um ihre Eigenschaften zu verstehen. *Der Mathematikunterricht 57*(3), S. 25–34.

Padberg, F. (1986). Über typische Schülerschwierigkeiten in der Bruchrechnung – Bestandsaufnahme und Konsequenzen. *Der Mathematikunterricht 32*(3), S. 58–77.

Padberg, F. (2008). *Didaktik der Bruchrechnung für Lehrerausbildung und Lehrerfortbildung*. Spektrum: Heidelberg (4. Auflage).

Prediger, S. & Wittmann, G. (2009). Aus Fehlern lernen – (wie) ist das möglich?. *Praxis der Mathematik in der Schule 51*(3), S. 1–8.

Rathgeb-Schnierer, E. (2010). Entwicklung flexibler Rechenkompetenzen bei Grundschulkindern des 2. Schuljahres. *Journal für Mathematik-Didaktik 31*(2), S. 257–283.

Stahl, R. (2000). *Lösungsverhalten von Schülerinnen und Schülern bei einfachen linearen Gleichungen. Eine empirische Untersuchung im 9. Schuljahr und eine Entwicklung eines kategoriellen Computerdiagnosesystems*. Dissertation: TU Braunschweig.

Tietze, U.-P. (1988). Schülerfehler und Lernschwierigkeiten in Algebra und Arithmetik – Theoriebildung und empirische Ergebnisse aus einer Untersuchung. *Journal für Mathematik-Didaktik 9*(2/3), S. 163–204.

Threlfall, J. (2002). Flexible mental calculation. *Educational Studies in Mathematics 50*(1), S. 29–47.

Threlfall, J. (2009). Strategies and flexibility in mental calculation. *ZDM – The International Journal on Mathematics Education 41*(5), S. 541–555.

Wartha, S. (2007). *Längsschnittliche Untersuchungen zur Entwicklung des Bruchzahlbegriffs*. Hildesheim: Franzbecker.

Wartha, S. & Wittmann, G. (2009). Lernschwierigkeiten im Bereich der Bruchrechnung und des Bruchzahlbegriffs. In: A. Fritz & S. Schmidt (Hrsg.), *Fördernder Mathematikunterricht in der Sek. 1: Rechenschwierigkeiten erkennen und überwinden*. Beltz: Weinheim, S. 73–108.

Zimbardo, P. G. (1992). *Psychologie*. Springer: Berlin u. a. (5. Auflage).

Hochschule

Repräsentationen „on demand" bei mathematischen Beweisen in der Hochschule

Marc Zimmermann, Christine Bescherer
Pädagogische Hochschule Ludwigsburg

Kurzfassung: Beweise sind zum einen die Grundlage der Wissensgewinnung in der Mathematik, sie tragen über den Begründungszusammenhang auch zum Verstehen des mathematischen Sachverhalts bei. Jedoch ist das Führen eines Beweises für Studierende, insbesondere für Studienanfänger, nicht einfach. Dies liegt u.a. an den abstrakten Darstellungen von Beweisen. Das Anbieten unterschiedlicher Darstellungsformen von Beweisen kann für Lernende eine Unterstützung darstellen. Dies erhöht jedoch den Zeitaufwand. Hier können aber computergestützte Lernprogramme zum Einsatz kommen, indem sie beim Führen von Beweisen verschiedene Repräsentationen anbieten, falls dies von den Lernenden gewünscht wird. („on demand".) In diesem Beitrag wird ein Konzept vorgestellt, wie dieses prototypisch umgesetzt werden kann.

1 Einleitung

Dass sich die *beweisende* Wissenschaft Mathematik gerade durch diese Art der Wahrheitsgewinnung von anderen Wissenschaften stark unterscheidet, ist unstrittig (vgl. z.B. Heintz 2000). Wie aber lernt man beweisen? In verschiedenen Untersuchungen hat sich die Gruppe um Kristina Reiss v.a. mit dem Lernen von Beweisen in der Geometrie befasst (u.a. Heinze & Reiss 2009). Dabei legen sie das Modell zum Beweisen in sechs Phasen von Boero (1999) zugrunde. Die vierte Phase dieses Modells beschreibt Boero (ebd.) als das *Auswählen der relevanten Argumente und Anordnen in der Beweiskette*. Dies ist zwar nur ein kleiner Bestandteil des Beweisprozesses und sicherlich nicht der wichtigste beim Erlernen des Beweisens, aber zukünftige Mathematiklehrkräfte sollten dieses „Handwerk" beherrschen.

Wie bei anderen handwerklichen Techniken, die als Grundlage für ein echtes Mathematik treiben beherrscht werden müssen, wie z. B. Kopfrechnen, Differenzieren, Lösen von Gleichungssystemen, ..., müssen hierbei ähnliche aber nicht identische Vorgehensweisen immer wieder geübt werden. Dadurch können diese Schritte einerseits automatisiert werden – was für die Lösung durch einen Algorithmus und damit eines Computers sprechen würde – aber viel wichtiger für den Lernprozess ist der zweite Aspekt. Durch die viele Übung in leicht unterschiedlichen Aufgabenstellungen können Novizen über Erfahrung ein „Gefühl" für erfolgreiche Strategien angepasst an die genaue Fragestellung aufbauen. Erfahrene Mathematiktreibende können oft auf den ersten Blick erkennen, ob z. B. ein Widerspruchsbeweis oder eine vollständige Induktion die bessere Beweisstrategie sein könnte. Die vielfältigen Erfahrungen lassen sich nicht auslagern, sondern müssen selbst gewonnen werden. Dabei bieten computergestützte Trainingsumgebungen zwei wesentliche Vorteile für die Unterstützung.

Einerseits können diese Lernumgebungen Feedback und Hilfen anbieten. Dabei bietet sich der semi-automatische Ansatz an, der im BMBF-Projekt SAiL-M[1] in den letzten Jahren prototypisch umgesetzt wurde (vgl. Bescherer, Spannagel u. Zimmermann 2012). Der Vorteil des semi-automatischen Ansatzes besteht im Wesentlichen darin, dass in einer Lernumgebung nicht alle möglichen Lösungen oder Fehler im Voraus bei der Entwicklung erfasst werden müssen, sondern dass sich das automatische Feedback auf die typischen Lösungen und Fehler bezieht. Alle „untypischen" Vorgehensweisen können über eine Anfrage z. B. per E-Mail an Dozenten oder Tutoren individuelle Rückmeldungen erhalten.

Ein zweiter Punkt bei computergestützten Lernumgebungen ist die Möglichkeit, verschiedene Darstellungen und Repräsentationen anbieten zu können. Darstellungen spielen sowohl beim Mathematiktreiben wie auch beim Mathematiklernen eine wichtige Rolle. Und gerade beim Beweisen verhelfen bestimmte Darstellungen leichter zu Beweisideen als andere. Funktionen und Zuordnungen können z.B. über Terme, Graphen, Mengen-Pfeil-Diagramme oder Wertetabelle repräsentiert werden (Vogel, 2006; Hiob-Viertler & Fest, 2010) und je nach genauer Fragestellung bietet sich eine andere Darstellung an. Für computergestützte Lernumgebungen wird aus den vielfältigen Möglichkeiten meist nur eine Repräsentationsform mehr oder weniger bewusst ausgewählt. Insbesondere wenn es sich um Selbstlernumgebungen handelt, sind die Lernenden größtenteils auf sich alleine gestellt. Aus medienpädagogischen Untersuchungen (z.B. Jüngst 1998) ist bekannt, dass sich Menschen hinsichtlich der Präferenz und der Lernwirksamkeit von Darstellungen unterscheiden. Aus diesem Grunde sollten – wenn irgend möglich – den Lernenden die Chance gegeben werden, die für sie beste und verständlichste Darstellungs- und Repräsentationsform auszuwählen. Somit

[1] Semiautomatische Analyse individueller Lernprozesse in der Mathematik (www.sail-m.de); Projekt innerhalb des BMBF-Forschungsrahmens „Zukunftswerkstatt Hochschullehre" (Laufzeit: 10/08 – 02/12).

wird die Gefahr verringert, dass die Art der Darstellung ein Lernhindernis darstellt.

2 Theoretischer Hintergrund

Beim Lernen von Mathematik spielen Repräsentationsformen eine wichtige Rolle. Eine Repräsentation ist dabei lediglich „etwas, das für etwas anderes steht" (Schnotz, 1994, S. 145). Bedienungsanleitungen technischer Geräte sind ebenso Repräsentationen, wie auch die Darbietung eines Lernstoffes in der Schule. Durch die Verknüpfung mehrerer Repräsentationsformen eines Inhaltes, kann ein höherer Informationsgehalt erreicht werden (Kaput, 1989). Dieser ist die Summe aus den jeweiligen Informationsgehalten der einzelnen Repräsentationen. Mehrere (multiple) Repräsentationen können sich so ergänzen (Ainsworth, 1999) und dazu beitragen ein tieferes Verständnis eines Inhaltes zu unterstützen.

Daraus folgt aber nicht, Lernenden möglichst viele verschiedene Repräsentationsformen eines Sachverhaltes anzubieten. Chandler und Sweller (1991) gehen in ihrer Cognitiv-Load-Theorie davon aus, dass das Arbeitsgedächtnis in seiner Kapazität begrenzt ist. Zu viele verschiedene Repräsentationsformen eines Inhaltes belasten oder überlasten folglich das Arbeitsgedächtnis und die eigentlich zu lernenden Inhalte rücken in den Hintergrund bzw. führen nicht zu einem besseren Verständnis der Inhalte.

Dass aber unterschiedliche Menschen auch unterschiedliche Darstellungs- und Repräsentationsformen der zu lernenden Inhalte benötigen, kann aus den Erkenntnissen der Lernstilforschung gefolgert werden. Demnach können Inhalte, je nach Lerntyp, auditiv (durch Hören und Sprechen), optisch/visuell (durch Beobachten), haptisch (durch Fühlen und Anfassen) oder kognitiv (durch den Intellekt) (Vester, 1998) gelernt werden. Es sollte, wenn möglich, immer versucht werden die Inhalte so für jeden Lernertyp aufzubereiten, dass dieser die zu lernenden Informationen am besten aufnehmen kann.

Beim Mathematiklernen spielen außer den individuellen Aspekten zudem auch fachliche bzw. fachdidaktische Aspekte eine wichtige Rolle. Die Darstellung bzw. Repräsentation muss den Aufbau eines tragfähigen mentalen Modells geeignet unterstützen. Dazu sollten „solche Darstellungen gewählt werden, die besonders gut als gegenständlicher Prototyp eines bestimmten mathematischen Begriffs geeignet sind. Diese Darstellungen betonen bestimmte Aspekte eines Begriffs und sind so strukturiert, dass sie die Aufmerksamkeit der Schüler in besonderer Weise auf relevante Eigenschaften richten und das „Hineinsehen" bzw. Rekonstruieren von Beziehungen erleichtern." (Thies, 2002, S. 86) Dies gilt für Studierende selbstverständlich ebenso.

Aspekte des Beweisens nach Boero	Erläuterungen und Bemerkungen in Bezug auf das Beweisen Lernen
(1) Exploration der Problemstellung; Entwicklung einer Hypothese, Identifikation möglicher Argumente	Dieser Teil wird i.A. nicht veröffentlicht und im Mathematikunterricht sowohl in der Schule wie auch der Hochschule nicht thematisiert. Meist bekommen die Lernenden die Aufgabe eine nach (2) formulierte Hypothese zu beweisen.
(2) Formulierung dieser Hypothese gemäß den Konventionen	Dies kann der Anfang einer Veröffentlichung sein. In Lernkontexten setzt an dieser Stelle der Beweisprozess oft erst ein.
(3) Exploration der Hypothese und möglicher Argumentverknüpfungen	Dieser Aspekt ist eng mit dem mathematischen Problemlösen verknüpft, erfordert viel Erfahrung und Wissen. Darin eingeschlossen sind Fehlversuche und Irrwege.
(4) Auswahl und Verknüpfung von relevanten Argumenten in einer Deduktionskette	Dieser Aspekt wird i.A. durch Präsentation von Beweisen auf Seminaren oder Tagungen realisiert. Bei Lernenden v.a. in der Schule endet der Beweisprozess oft auf diesem Niveau.
(5) Organisation der Argumente in einen Beweis, der den mathematischen (Publikations-) Standards entspricht	Dies mündet meist in eine Publikation und wird in Lernkontexten meist nicht von Novizen verlangt. Andererseits sind aber viele Beweise in genau dieser Form veröffentlich d. h., die Lernenden müssen solche Darstellungen verstehen und nutzen können. Dies ist umso schwieriger, wenn die Produktion solcher formalen Beweise nicht Teil des Lernprozesses ist.
(6) Annäherung an einen formalen Beweis	Eine rein formale Darstellung mathematischer Beweise, wie sie z. B. für computergestütztes Beweisen notwendig ist, ist i. A. selbst bei fortgeschrittenen Mathematik Treibenden nicht notwendig oder sinnvoll. Eine formale Darstellung als Stützstruktur, in dem Sinne, dass sie Lernenden die Möglichkeit bietet, sich an der (formalen) Struktur „entlangzuhangeln", kann aber durchaus hilfreich sein.

Tabelle 1: Sechs Phasen zum Prozess des Beweisens nach Boero (1999).

Neben der Bedeutung von Darstellungen für das Lernen von Mathematik ist die mathematische Tätigkeit des „Beweisens“ an sich seit langem Gegenstand didaktischer Überlegungen. Boero (1999) unterscheidet klar zwischen dem Prozess des Beweisens und dem Endprodukt dieses Prozesses, dem (veröffentlichten) Beweis als solchen. Er identifiziert sechs Phasen innerhalb des Beweisprozesses, die bei „echten“ Mathematik Treibenden jedoch weder linear noch unbedingt in der angegebenen Reihenfolge abgearbeitet werden. Aus diesem Grund wäre vermutlich der deutsche Begriff „Aspekte“ zur Beschreibung besser geeignet. In der folgenden Aufzählung werden diese Aspekte kurz erläutert (Tabelle 1; grau unterlegt sind hier die Aspekte, die nach Boero (1999) meist „zur privaten Seite mathematischen Arbeitens“ gehören, und weder publiziert noch öffentlich diskutiert werden.).

Die Arbeitsgruppe um Kristina Reiss hat in mehreren Studien die Probleme, die Schülerinnen und Schüler mit geometrischen Beweisen haben, untersucht. Neben der mangelnden Einsicht, warum man überhaupt etwas beweisen muss, den Problemen eigenständig auf die Beweisideen zu kommen oder aber auch dem Erkennen, was ein Beweis und was nicht:

> *„Man stellt 'ne Behauptung auf, so und so muss es sein, und dann beweist man das, aber da hab' ich halt einfach meine Probleme mit. Ich würde das halt einfach, ja, übersehen und immer so'n bisschen hin- und hertüddeln, aber 'n richtiger Beweis ist es ja in dem Sinne nicht.“ (Zitat einer Schülerin, Jahrgangstufe 13)*[2]

Diese Aussage lässt darauf schließen, dass die Schülerin nicht erkennt, was das „Logische“ am Beweisen ist. Also auf welche Voraussetzungen bzw. schon bewiesenen Aussagen man sich berufen darf und welche Aussagen bewiesen werden sollen. Genau diese Unterscheidung lässt sich beispielsweise mithilfe der Spaltendarstellung[3] sehr gut formalisieren.

Die formale Darstellung in der Spaltenform, bei der in ein der 1. Spalte die Behauptung und in der zweiten Spalte der Grund aufgeführt, warum die Behauptung wahr ist, im Geometrieunterricht in USA inzwischen so etabliert, dass es schon wieder von vielen Mathematikdidaktikern kritisiert wird (vgl. z.B. Chazan 1993). Dies liegt v. a. daran, dass der geometrische Zweispaltenbeweis (“two column proof“) für viele Schülerinnen und Schüler die einzige Art des Beweisens ist, den sie in ihrer Schullaufbahn kennen lernen und sie ihn mechanisch

---

2 Zitiert nach Reiss, Universität Augsburg, Folien zur Didaktik der Geometrie, online unter http://www.math.uni-augsburg.de/prof/dida/Lehre/Geometrie/4beweisen.ppt, Zugriffsdatum 2.6.2012

3 Diese Darstellung ist unter dem Namen „Two column proof“ v.a. in den USA im Geometrieunterricht sehr verbreitet, im Folgenden wird sie aber auf eine Drei-Spalten-Darstellung erweitert.

abarbeiten, ohne dabei ein Verständnis für den Prozess des Beweisens aufzubauen.

Eine typische Aufgabe und der dazu passende Zweispaltenbeweis sieht wie folgt aus:

Die Strecken AD und BC halbieren sich jeweils. Zeigen Sie, dass die Dreiecke ABM und MDC kongruent sind.

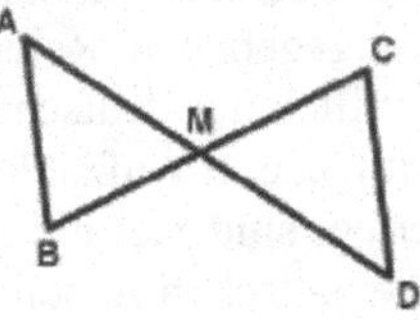

Aussage	Grund, warum die Aussage gilt / wahr ist.
1. Die Strecke AD halbiert die Strecke BC.	gegeben
2. Die Strecken AM und MD sind kongruent.	Wenn eine Strecke halbiert wird, sind die Teilstrecken gleich lang.
3. Die Strecke BC halbiert die Strecke AD.	gegeben
4. Die Strecken BM und CM sind kongruent.	Wenn eine Strecke halbiert wird, sind die Teilstrecken gleich lang.
5. Die Winkel AMB und DMC sind kongruent.	Scheitelwinkel sind gleich groß.
6. Die Dreiecke AMB und MDC sind kongruent.	Nach dem Kongruenzsatz SWS – gilt wegen der Aussagen 2, 4, 5 – sind die Dreiecke kongruent.

Abbildung 1: Zweispaltenbeweis zur Aufgabe oben.

Eine sinnvolle Ergänzung dieses formalen Gerüsts, an dem sich die Schülerinnen und Schüler beim Aneinanderreihen der Argumente zu einer vollständigen Deduktionskette orientieren können, ist das Hinzufügen einer dritten Spalte, in der der geometrische Sachverhalt grafisch dargestellt wird. Dies ist mit Hilfe von z. B. computerbasierten Programmen (vgl. 4.1) gut machbar.

3 Beweisen mit multiplen Repräsentationsformen

Bietet man Studierenden in einer Vorlesung einen Beweis auf verschiedene Arten an, also nicht nur in einer symbolischen und auditiven Form, benötigt dies sehr viel Zeit. Je nach Inhalt und mathematischem Satz könnte man auch ein ganzes Semester dafür aufwenden alle Beweisdarstellungen zu diesem einen

Satz darzustellen. Diese Zeit steht im Allgemeinen nicht zur Verfügung, bzw. es müsste dafür auf andere Inhalte verzichtet werden. Zudem wird i.A. keine Vollständigkeit der Repräsentationsformen benötigt. Werden die zu vermittelnden Inhalte bereits nach der ersten Darbietung verstanden, macht es wenig Sinn, dieselben Inhalte auf weitere Arten nochmals darzustellen. Studierende in der Vorlesung langweilen sich und schalten ab. Zudem sind mehrere Zugangsarten zu einem Thema nicht unbedingt vorteilhaft für Lernende. Viele Lerner, insbesondere Studienanfänger, werden von mehreren Darstellungen eines Sachverhaltes auch überfordert und verwirrt. Für schwächere Studierende ist jedoch ein formaler, symbolischer Beweis oft zu abstrakt und wird aus diesem Grund nicht verstanden.

In Vorlesungen ist es aufgrund der zeitlichen Schwierigkeiten kaum möglich auf mehr als zwei Darstellungsformen zurückzugreifen. Dabei ist es sinnvoll, die am häufigsten in der Fachliteratur verwendeten Formen zu benutzen, um so innerhalb des Kontextes konsistent zu bleiben. Jedoch können zusätzliche Repräsentationsformen des Sachverhaltes ausgelagert werden. In Foren oder Lernplattformen können diese in fast jeder Form zur Verfügung gestellt werden. Die Lernenden können dann je nach Bedarf („on demand“) die zusätzlichen Darstellungen des Sachverhaltes abrufen.

Ebenso können mittels computergestützten Lernumgebungen Beweise gefüllt werden, die entsprechende Repräsentationsformen beinhalten. Dabei ist zu beachten, dass diese nicht den „Blick für das Wesentliche“ nehmen. Die Benutzeroberfläche des Programms wirkt schnell überfüllt und kann die eigentliche Aufgabe überlagern. Der Anwender müsste sich zuerst mit den verschiedenen Repräsentationsformen vertraut machen, bevor dieser mit dem eigentlichen Beweis beginnen kann. Stattdessen sollten auch hier die Standardrepräsentationen zur Verfügung stehen. Je nach Bedarf können diese ausgeblendet oder weitere zugeschaltet werden und so an den jeweiligen Anwender angepasst werden. Zusätzlich kann der Lernende auch für ihn unbekannte Darstellungen ausprobieren und so einen neuen Zugang zu dem Thema zu bekommen.

4 Das „Repräsentationen-on-demand“-Prinzip

Die Frage, inwieweit Studierende individuell bei ihren Lernprozessen in der Hochschule unterstützt werden können, insbesondere bei hohen Teilnehmerzahlen einer Veranstaltung, versuchte das Projekt SAiL-M zu beantworten. Neben dem Prinzip des semi-automatischen Assessments (Bescherer et al., 2011) ist auch das „on-demand“-Prinzip (Bescherer, Spannagel & Zimmermann, 2012; Bescherer, 2005; Eisenberg & Fischer, 1993) grundlegend. Dieses Prinzip, bekannt z. B. aus dem Bereich des Buchdruckes, ist in den Fachdidaktiken noch nicht weit verbreitet. In der Industrie wird unter dem Prinzip die Herstellung von Produkten (z. B. Bücher) nach Bedarf verstanden. Übertragen auf die Fachdidaktiken beschreibt „on-demand" das Bereitstellen von Hilfen, Feedback, Tipps, etc. bei Lernprozessen auf Anfrage durch die Lernenden. Lernende sollen also nicht automatisch von Tutoren oder Computerprogrammen Hilfen oder Rückmeldungen bekommen, sobald diese nicht weiter wissen oder Fehler begehen. Stattdessen sollen Lernende selbst erkennen, wann sie Hilfen benötigen und erst dann aktiv die benötigte Hilfe von entsprechender Stelle einholen. Tutoren oder mathematische Computerprogramme halten sich demnach in erster Linie im Hintergrund und lassen so auch Fehler und Probleme der Lernenden zu bzw. offen.

In Bezug auf Repräsentationen bedeutet dieses Prinzip, dass Repräsentationen den Lernenden erst dann zur Verfügung gestellt werden, wenn sie diese auch benötigen. Wird z. B. ein formaler, mathematischer Beweis von einem Lerner verstanden, reicht diese symbolische Darstellung in diesem Falle aus. Im Gegensatz dazu benötigen andere Lerner Hilfen, um die formale Schreibweise zu verstehen. Hier können verschiedene Repräsentationen (z. B. eine ikonische Darstellung oder eine Skizze bei einem geometrischen Beweis) zu einem (besseren) Verständnis beitragen. Da aber nicht jedes Individuum genau dieselben Darstellungsformen benötigt, macht es auch nicht Sinn, schon im Vorfeld viele unterschiedliche Darstellungsformen anzubieten. Stattdessen werden bei Bedarf die jeweiligen Formen dem Lernenden angeboten.

4.1 Umsetzungen des „on-demand"-Prinzips

Das „on-demand"-Prinzip findet in erster Linie Anwendung in den semesterbegleitenden Übungen zu den jeweiligen Veranstaltungen des Grundstudiums. Tutorinnen und Tutoren sind angehalten bei den Übungen erst dann einzugreifen, wenn die Studierenden danach verlangen. Bis dahin sollen sie nur konzentriert den Lösungs- und Lernprozess der Studierenden verfolgen. So auch, wenn Studierende einen Beweis führen oder nachvollziehen sollen. Erst wenn Studierende nicht mehr weiter wissen, gibt der Tutor oder die Tutorin einen Hinweis, die Situation entsprechend anders darzustellen, indem z. B. eine Skizze angefertigt werden soll. Hierbei kann der Tutor jeweils auf die Bedürfnisse des Lernenden eingehen und die Repräsentationsform wählen, die für den jeweiligen Lerner richtig ist.

Neben der Konzeption der Übung wurden im Projekt aber auch prototypische Computerwerkzeuge entwickelt, die das Prinzip der Repräsentationen–on–demand berücksichtigen. Dabei muss der Lernende selbst entscheiden, welche der möglichen Formen für ihn hilfreich ist. Wie dieses Prinzip demnach in computergestützten Programmen ungesetzt werden kann, soll an den beiden Programmen *ColProof-M* und *SetSails!* aufgezeigt werden.

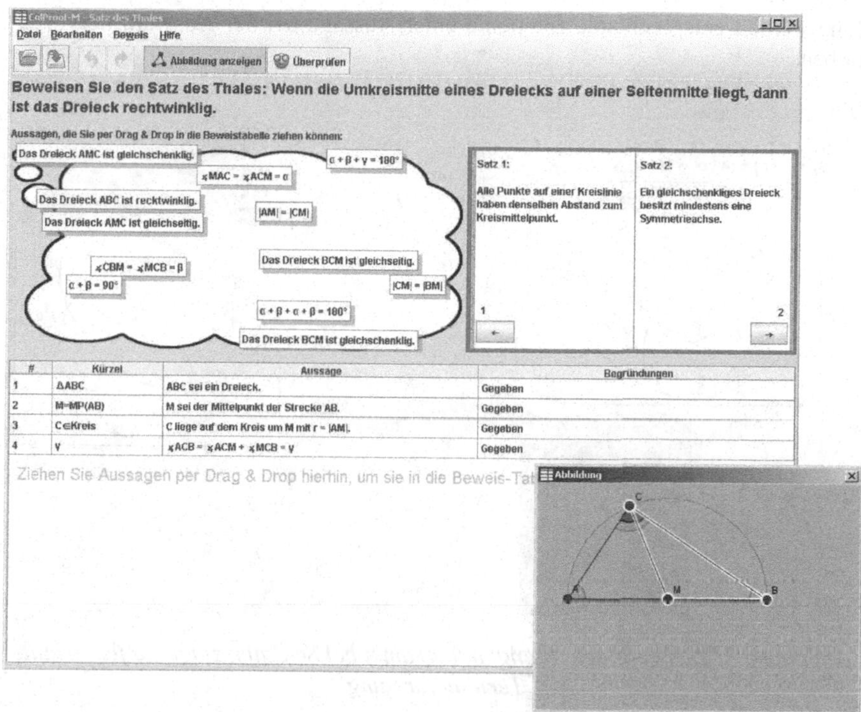

Abbildung 2: ColProof-M mit geöffneter Skizze.

Mit dem Programm *ColProof-M* (Fest & Zimmermann, 2011) können Studierende einfache geometrische Beweise, z. B. zum Satz des Thales, führen. Dabei stehen ihnen neben den für den Beweis nötigen Aussagen auch sogenannte Distraktoren (Aussagen, die entweder falsch oder für den Beweis unrelevant sind) zur Verfügung. Die Aussagen müssen in die richtige Reihenfolge in einer Tabelle gebracht werden (vgl. Abbildung 1). Der Grund für die Tabellenform liegt darin, dass den Beweisen jeweils das Format des Zweispaltenbeweises (Holland, 1988, Herbst, 2002) zugrunde liegen. Als Hilfen bekommen die Lernenden zum einen die einzelnen Aussagen in (mathematischer) Kurzform als auch ausgeschrieben in Textform angezeigt. Diese symbolischen Standarddarstellungen für einen Beweis reichen jedoch nicht immer, um sich die jeweiligen Aussagen zu verdeutlichen und den Beweis zu verstehen. Deshalb gibt es zum anderen über einen Button die jeweiligen Aussagen in einer Skizze darstellen zu lassen (vgl. Abbildung 2). Diese Skizze wird mit Hilfe der dynamischen Geometriesoftware Cinderella (Richter-Gebert & Kortenkamp, 2012) dargestellt. In dieser Darstellung werden entsprechende Elemente einer Aussage bei der Auswahl hervorgehoben.

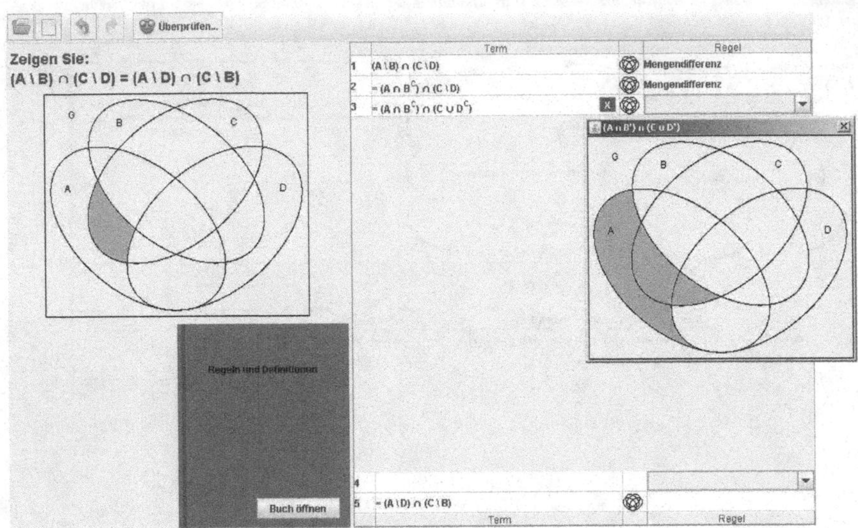

Abbildung 3: Das geöffnete Mengendiagramm bei SetSails! zeigt die fehlerhafte Termumformung.

SetSails! (Zimmermann & Herding, 2010) ist eine Anwendung mit der die Äquivalenz zweier mengenalgebraischer oder aussagenlogischer Terme gezeigt werden soll. Neben der Darstellung der Terme und deren Umformungen findet der Benutzer auch ein Mengendiagramm bzw. eine Wahrheitswertetabelle der zu beweisenden Gleichung. Die Äquivalenzbeweise sollen in erster Linie durch algebraische Unformungen mit Hilfe der jeweiligen Gesetze erfolgen, also auf einer symbolischen Ebene. Vielen Lernenden ist es aber oft hilfreich, wenn sie eine getätigte Umformung auch visualisiert bekommen, um die Korrektheit überprüfen zu können. Zudem sind auch Beweise mittels eines Mengendiagramms oder einer Wahrheitswertetafel „richtige“ Beweise, sofern diese selbst korrekt erstellt wurden. Deshalb können sich die Benutzer für jede Umformung auch das Mengendiagramm bzw. eine Wahrheitswertetafel anzeigen lassen (vgl. Abbildung 3).

5 Fazit

Computerprogramme können gut mehrere Repräsentationsformen eines Sachverhaltes anbieten. Allerdings müssen diese zuvor auch dem Programm „beigebracht" worden sein, also ins Programm geschrieben worden. Dies ist natürlich ein erheblicher Mehraufwand, so dass ein Programm nie alle möglichen und helfenden Darstellungen anbieten werden. Ein menschlicher Tutor kann dies besser und flexibler als ein Programm, zudem kann er auch individuell auf die Bedürfnisse von Lernenden eingehen. Nichtsdestotrotz können mit Computerprogrammen bei Beweisen die Darbietung verschiedener Standardrepräsentationen übernehmen und ein Tutor muss erst dann eingreifen, wenn diese dem Lernenden nicht mehr ausreichen. Somit ergibt sich eine zeitliche Entlastung und eine Relasierung des des Prinzip des semiautomatischen Assessments.

6 Literatur

Ainsworth, S. (1999). The functions of multiple representations. *Computers & Education, 33*, S.131-152.

Boero, P. (1999). Argumentation and mathematical proof: A complex, productive, unavoidable relationship in mathematics and mathematics education. *International Newsletter on the Teaching and Learning of Mathematical Proof, 7/8.* Online unter http://www.lettredelapreuve.it/OldPreuve/Newsletter/990708Theme/990708ThemeUK.html [31.5.2012].

Bescherer, C. (2005). LoDiC – Learning on Demand in Computing. In: *Proceedings of 8th IFIP World Conference on Computers in Education 2005*, Cape Town, 4.–7. July 2005.

Bescherer, C., Spannagel, C. & Zimmermann, M. (2012). Neue Wege in der Hochschulmathematik – Das Projekt SAiL-M. In M. Zimmermann, C. Bescherer & C. Spannagel (Hrsg.), *Mathematik lehren in der Hochschule – Didaktische Innovationen für Vorkurse, Übungen und Vorlesungen.* Hildesheim: Franzbecker.

Bescherer, C., Herding, D., Kortenkamp, U., Müller, W., Zimmermann, M. (2011). E-Learning Tools with Intelligent Assessment and Feedback. In S. Graf et al. (Hrsg.), *Adaptivity and Intelligent Support in Learning Environments*. Hershey: IGI Global.

Chandler, P. & Sweller, J. (1991). Cognitive load theory and the format of instruction. *Cognition and Instruction, 8*(4), S. 293 – 332.

Chazan, D. (1993). High school geometry students' justification for their views of empirical evidence and mathematical proof. *Educational Studies in Mathematics,* Volume 24, Number 4, 359-387.

Eisenberg, M. & Fischer, G. (1993). Symposium: learning on demand. In: *Proceedings of the Fifteenth Annual Conference of the Cognitive Science*, S. 180–186, Lawrence Erlbaum Associates, Hillsdale, NJ.

Fest, A. & Zimmermann, M. (2011). Werkzeuge für das individuelle Lernen in Mathematik. In: U. Kortenkamp; H.-G. Weigand, T. Weth (Hrsg.), *Tagungsband der Arbeitstagungen des Arbeitskreises Mathematikunterricht und Informatik (AK MU&I) 2009*. Hildesheim, Franzbecker.

Heinze, A. & Reiss, K. (2009). Developing argumentation and proof competencies in the mathematics classroom. In D. A. Stylianou, M. L. Blanton, & E. J. Knuth (Hrsg.), *Teaching and learning proof across the grades: A K – 16 Perspective,* S. 191–203. New York, NY: Routledge.

Heintz, B. (2000). *die innenwelt der mathematik.* Wien New York: Springer.

Hiob-Viertler, M. & Fest, A. (2010). Entwicklung einer mathematischen Experimentierumgebung im Bereich der Zuordnungen und Funktionen. *Beiträge zum Mathematikunterricht 2010*. Münster: WTM.

Herbst, P. (2002). Establishing a Custom of Proving In American School Geometry: Evolution of the Two-Column Proof in the Early Twentieth Century. *Educational Studies in Mathematics, 49,* 283-312. Heidelberg: Springer.

Holland, G. (1988). *Geometrie in der Sekundarstufe*. Lehrbücher und Monographien zur Didaktik der Mathematik. B.I.-Wissenschaftsverlag.

Jüngst, K.L. (1998). Lerneffekte computerunterstützten Durcharbeitens von Concept Maps und Texten. In G. Dörr & K.L. Jüngst (Hrsg.), *Lernen mit Medien*. S. 25-44 Weinheim: Juventa

Kaput, J. J. (1989). Linking representations in the symbol systems of algebra, In: S. Wagner & C. Kieran (Hrsg.), *Research issues in the learning and teaching of algebra*. Hillsdale, NJ: Lawrence Erlbaum Associates.

Richter-Gebert, J. & Kortenkamp, U. (2012). *The Cinderella.2 Manual*. Berlin, Heidelberg: Springer.

Schnotz, W. (1994). *Aufbau von Wissensstrukturen. Untersuchungen zur Kohärenzbildung bei Wissenserwerb mit Texten*. Weinheim: Psychologie Verlags Union.

Thies, S. (2002). *Zur Bedeutung diskreter Arbeitsweisen im Mathematikunterricht*. Dissertation, online unter http://bibd.uni-giessen.de/ghtm/2002/uni/d020154.htm [1.6.2012].

Vester, F. (1998). *Denken, Lernen, Vergessen*. 25. Auflage, München: dtv.

Vogel, M. (2006). *Mathematisieren funktionaler Zusammenhänge mit multimediabasierter Supplantation*. Hildesheim: Franzbecker.

Zimmermann, M. & Herding, D. (2010). Entwicklung einer computergestützten Lernumgebung für bidirektionale Umformungen in der Mengenalgebra. *Beiträge zum Mathematikunterricht 2010*. Münster: WTM.

Die Mathematikvorlesung aus der Konserve

Christian Spannagel,
Pädagogische Hochschule Heidelberg

Kurzfassung: Mathematikvorlesungen werden vielfach kritisiert, insbesondere weil sie kaum lernerzentriertes, individualisiertes Lernen ermöglichen und oft wenig aktivierend sind. Dennoch hat der Vortrag als Lehrmethode gewisse Vorteile: Mathematische Prozesse können in einer Demonstration zielgruppenspezifisch modelliert und mit Expertenausführungen versehen werden. In diesem Beitrag wird vorgestellt, wie man mit der Repräsentationsform *Vorlesungsvideo* im didaktischen Kontext *inverted classroom* die Vorteile von Vorträgen bewahren und Nachteile von traditionellen Vorlesungen vermeiden kann.

1 Mathematikvorlesung – ein veraltetes Format?

In den Fachdidaktik-Veranstaltungen und Schulpraktika der Lehramtsstudiengänge wird Studierenden vermittelt, dass reiner Frontalunterricht zahlreiche Nachteile birgt und dass Unterricht schüleraktivierend und nicht lehrerzentriert gestaltet werden sollte. In den gleichen Studiengängen aber werden weiterhin neunzigminütige Frontalveranstaltungen gehalten, in denen Studierende in mathematische Gebiete eingeführt werden: die Mathematikvorlesungen. Dabei haben Mathematikvorlesungen ähnliche Nachteile wie der Frontalunterricht in der Schule. Trotzdem hält sich die Vorlesung als Veranstaltungsform auch in den Lehramtsstudiengängen hartnäckig. Vielleicht ist dies auch nicht ganz unberechtigt: Die Vorlesung ist schließlich ein bewährtes Format mit einer langen Geschichte und ist an Hochschulen etabliert (vgl. Apel, 1999). Es lohnt sich also, einen näheren Blick auf die Mathematikvorlesung zu werfen und zu überlegen, wie man einen Ausweg aus der Widersprüchlichkeit findet.

In Abschnitt 2 werden zunächst einige Vor- und Nachteile von Mathematikvorlesungen aufgeführt. Anschließend wird beschrieben, wie man durch die Nutzung eines bestimmten Repräsentationsformats (*das Vorlesungsvideo*), das in einen bestimmten didaktischen Rahmen eingebettet wird (*inverted classroom*), die Vorteile von Vorlesungen bewahren und die Nachteile mildern kann (Abschnitt 3). Der darauf folgende Teil enthält einige Aspekte zur Aufnahme und Gestaltung von Vorlesungsvideos. Abschnitt 5 fasst die Ausführungen nochmals zusammen.

2 Vor- und Nachteile von Mathematikvorlesungen

2.1 Nachteile

Es ist zunächst leichter, mit den Nachteilen zu beginnen – diese motivieren schließlich die nähere Beschäftigung mit dem Veranstaltungsformat. Ein viel geäußertes Problem in Vorlesungen ist die Tatsache, dass sie kaum auf die individuellen Differenzen von Lernenden Rücksicht nimmt: Im Hörsaal sitzen hunderte von Menschen mit unterschiedlichem Vorwissen, unterschiedlichen Talenten, unterschiedlicher Lernmotivation, unterschiedlichen Lerngeschwindigkeiten. Die Vorlesung hingegen wird von einer einzigen Präsentationsgeschwindigkeit dominiert und postuliert den „Einheitsstudenten", auf den der Vortrag zugeschnitten ist. Dies führt nicht selten dazu, dass Studierende nicht mitkommen oder keine Zeit haben, etwas nochmals zu durchdenken, bevor der nächste Aspekt besprochen wird. Oftmals bleibt Studierenden keine andere Wahl als einfach mitzuschreiben, ohne dabei etwas zu verstehen und in der Hoffnung, zu Hause alles nochmals in Ruhe nachvollziehen zu können.

Als Dozent bekommt man kaum Feedback, welche Teile des Vortrags verstanden wurden und welche nicht. Die typische Lehrerfrage „Gibt es noch Fragen?" wird in der Regel von Studierenden nicht aufrichtig beantwortet, weil man sich als einzelner nicht vor einer großen Gruppe mit einer „dummen" Frage blamieren möchte.

Letztlich besteht die Gefahr, dass man als Dozent den Hörsaal mit dem Eindruck verlässt, es sei viel „Stoff" geschafft worden, ohne zu realisieren, dass davon kaum etwas verstanden wurde.

Darüber hinaus empfindet man es als Dozent oft als wenig interessant, jedes Semester die gleichen Grundlagen-Vorlesungen zu halten. Man fragt sich gelegentlich, weshalb man jedes Semester etwas über Aussagenlogik und Mengenlehre erzählen muss. Die Notwendigkeit ist natürlich einsichtig, denn jedes Semester kommt eine neue Kohorte Studierender. Dennoch ist der Reiz, dieselben Dinge immer wieder zu erzählen, eher als gering einzustufen.

Ein weiterer Nachteil ist die Tatsache, dass Vorlesungen unökonomisch sind. Dies mag zunächst verwundern, denn Vorlesungen scheinen doch eine recht effiziente Angelegenheit zu sein: Zeitgleich kann man hunderten von Menschen Inhalte präsentieren, ohne mit jedem einzelnen sprechen zu müssen. Aus einer anderen Perspektive sind Vorlesungen allerdings recht unökonomisch: Hunderte von Menschen kommen Woche für Woche mit Auto, Bus, Bahn, ... zusammen, um „sich hinzusetzen und zuzuhören". Ist das heutzutage noch notwendig und vertretbar?

2.2 Vorteile

Der Vortrag hat als Lehrmethode aber auch gewisse Vorteile – beispielsweise gegenüber reinen Lehrtexten. So kann der Dozent in einem Vortrag Prozesse modellhaft vorführen. Neben mathematischen Inhalten spielen in der Mathematiklehre insbesondere auch allgemeine mathematische Kompetenzen eine Rolle wie beispielsweise Problemlösen, Modellieren, Argumentieren und Beweisen (vgl. NCTM, 2000; KMK, 2003). In Vorträgen kann ein Experte demonstrieren, wie man solche Prozesse durchführt. Dies ist lerntheoretisch vielfältig begründbar: Es handelt es dabei um *Lernen am Modell* (Bandura, 2001), ein Ansatz, der auch im Rahmen des *cognitive apprenticeship* eine wichtige Rolle spielt (Collins, Brown & Newman, 1989). Der Dozent gibt beispielweise für bestimmte Problemstellungen ein Lösungsbeispiel vor (*worked example*; vgl. Atkinson, Derry, Renkl & Wortham, 2000) und demonstriert darin den Lösungsweg. Wenn er dabei noch seine Strategien, Ziele und „Expertengedanken" verbalisiert, handelt es sich um ein prozessorientiertes Lösungsbeispiel (van Gog, Paas, & van Merriënboer, 2008).

Studierende übertragen dann anschließend (zum Beispiel in einer Übung) den vorgeführten Lösungsweg auf neue Aufgaben. Typisch ist dies beispielsweise bei der Einführung eines Beweisverfahrens wie der vollständigen Induktion: Der Dozent führt das Verfahren einmal (oder mehrmals) vor. Im Anschluss üben die Studierenden das Verfahren im Kontext neuer Beweisaufgaben.

Darüber hinaus bieten Vorträge die Möglichkeit, Vorlesungsinhalte auf die konkrete Lerngruppe zuzuschneiden. Als Dozent kennt man den Kontext, z.B. in welchem Studiengang die Hörerinnen und Hörer sind, welche Inhalte bereits bekannt sein sollten und welche Veranstaltungen noch folgen. Darüber hinaus – das ist vielleicht in andere Disziplinen noch relevanter als in der Mathematik – kann auf Tagesgeschehen eingegangen und dieses in die eigenen Ausführungen integriert werden.

Gerade weil man nur ein einziges Präsentationstempo hat, ist es leicht möglich, sich mit bestimmten Aspekten eine ausreichende Zeit zu befassen. Beispielsweise kann man an Stellen in mathematischen Umformungen länger verweilen, über die man in Lehrtexten einfach so hinweg lesen würde, ohne sich den tiefen Überlegungen bewusst zu sein, die hinter einer solchen Umformung stecken. Man verhindert dadurch also, dass die Lernenden unkritisch über bestimmte Aspekte hinweggehen.

3 Vorlesungsaufzeichnungen im inverted classroom

Vorlesungsvideos sind Videoaufzeichnungen von Vorlesungen, die den Studierenden in digitaler Form (meist online) zur Verfügung gestellt werden. Es gibt zahlreiche Einsatzmöglichkeiten für Vorlesungsvideos (vgl. hierzu auch Krüger, 2005): Sie können als Ergänzung zu einer Vorlesung dienen, zum Beispiel wenn Studierende in der Präsenzveranstaltung nicht anwesend sein konnten oder zur Wiederholung vor Prüfungen. Darüber hinaus können Vorlesungsvideos auch anstelle einer realen Vorlesung oder im Rahmen von Online-Kursen eingesetzt werden.

Eine weitere methodische Großform, in der Vorlesungsvideos zum Tragen kommen können, ist der *inverted classroom* (Lage, Platt & Treglia, 2000; Handke & Schäfer, 2012): Studierende bekommen den Auftrag, sich die Vorlesungsvideos *in Vorbereitung* auf die Präsenzveranstaltung anzusehen. In der Vorlesung selbst (die dann passender „Plenum" heißt, vgl. Bescherer, Spannagel & Zimmermann, 2012) werden dann Fragen besprochen, Diskussionen geführt oder gemeinsam Aufgaben gelöst. Die Situation ist sozusagen „umgedreht" (*inverted*) zur traditionellen Vorlesung: Die Vorlesung findet außerhalb der Präsenzzeit statt, die nachträgliche Beschäftigung mit den Inhalten in der Präsenzzeit.

Im *inverted classroom* werden Nachteile von Vorlesungen durch die Bereitstellung von Vorlesungsvideos im Internet vermieden: Studierende können sich zu jeder Zeit an jedem Ort die Videos ansehen. Sie können den Professor stoppen, zurückspulen, nochmals anhören (vgl. Fischer, Werner, Strübig & Spannagel, 2012). Sie können sich nochmals mit Teilen beschäftigen, die sie beim ersten Betrachten nicht verstanden haben. Im Plenum besteht dann mehr Zeit, sich mit den Fragen und Problemen der Studierenden zu befassen. Hier kann sich der Dozent einen Eindruck über den Stand der Studierenden beschaffen. Hierfür kann er Methoden anwenden wie beispielsweise *Think – Pair – Share* (Lyman, 1981) oder das *Aktive Plenum* (Spannagel, 2011). Diese Methoden können selbstverständlich auch in traditionellen Vorlesungen eingesetzt werden, zum Beispiel zwischen einzelnen Vortragsteilen zur Vertiefung. Im *inverted classroom* gewinnt man durch Auslagerung der Vorträge in Videos allerdings mehr Zeit für solche aktivierenden Methoden.

Als Dozent muss man die Vorlesung *nur einmal* halten, diese dabei aufzeichnen, und dann im Idealfall nicht mehr über diese Inhalte – zumindest in dieser Weise

– vortragen. In den Plenumssitzungen hingegen wird die wertvolle gemeinsame Präsenzzeit für Interaktion mit den Studierenden genutzt. Hierfür bietet es sich an – insbesondere auch aus sozialen Aspekten – sich real zu treffen und auszutauschen. Der Aufwand, den die Studierenden auf sich nehmen, um im Plenum zusammenzukommen, wird dadurch gerechtfertigt, dass die synchrone Interaktion zwischen vielen Menschen online kaum in dieser direkten und unmittelbaren Form möglich ist – zumindest noch nicht.

Darüber hinaus bleiben die Vorteile des Vortrags gewahrt: Der Dozent demonstriert weiterhin mathematische Prozesse und kann diese zielgruppenspezifisch ausrichten. Lediglich Inhalte, die zum Aufzeichnungszeitpunkt tagesaktuell sind, werden es in zukünftigen Semestern, wenn die Studierenden die Videos von damals betrachten, nicht mehr sein. Dies ist aber unproblematisch: Man kann in den Plenumssitzungen ohne weiteres tagesaktuelle Themen ansprechen, die in den Videos nicht enthalten sind. Vielleicht bietet es sich sogar eher an, solche tagesaktuellen Themen auf dem Hintergrund des allgemeinen Grundlagenwissens, das in den Videos vermittelt wurde, im Plenum zu diskutieren.

An diesem Modell wird hin und wieder kritisiert, dass es gegenüber traditionellen Vorlesungen keine Gelegenheit für Rückfragen gibt. Dies ist so nicht richtig: Zum einen können, wenn die Videos beispielsweise auf YouTube eingestellt sind, direkt in einem Online-Kommentar Fragen gestellt und beantwortet werden. Zum anderen bietet ja gerade das Plenum ausreichend Raum für Fragen – viel mehr als in traditionellen Vorlesungen.

4 Produktion von Mathematik-Vorlesungsvideos

Wenn man das Modell des *inverted classroom* in der oben beschriebenen Weise umsetzen möchte, benötigt man Vorlesungsvideos. Es gibt prinzipiell drei Möglichkeiten, diese zu erhalten:

1. Man verwendet Vorlesungsvideos von anderen Dozenten.
2. Man produziert die Videos vorab, zum Beispiel in dem man außerhalb der Vorlesungszeit einen Vortrag an der Tafel oder am Rechner hält, diesen aufzeichnet und dann den Studierenden zur Verfügung stellt.
3. Man hält in einem Semester letztmalig eine traditionelle Vorlesung, zeichnet diese auf und verwendet die Vorlesungsvideos im Sinne des *inverted classroom* dann erst in den darauf folgenden Semestern.

Videos von anderen Dozenten sind oft nicht passgenau auf die eigene Lehr-/Lernsituation übertragbar. Die separate Produktion von Videos ist hingegen sehr aufwändig. Am einfachsten und unkompliziertesten erscheint die dritte Variante: Die Vorlesung wird einmalig gehalten, aufgezeichnet und erst im Folgesemester im *inverted classroom* eingesetzt.

Auch für die mediale Umsetzung bieten sich verschiedene Varianten an:

1. Wenn man einen Vortrag weiterhin an der Tafel hält, kann eine Person (zum Beispiel eine studentische Hilfskraft) den Vortrag aus dem Hörsaal heraus filmen und dabei den Fokus auf relevante Teile des Geschehens richten.
2. Alternativ kann man einen Stift-Rechner verwenden und den Mitschrieb mit Hilfe eines Bildschirmvideo-Programms aufzeichnen (vgl. Loviscach, 2011).
3. Ebenso können Folienvorträge aufgezeichnet und gegebenenfalls mit einer Videoaufzeichnung synchronisiert werden, falls entsprechende Aufzeichnungssysteme vorhanden sind (vgl. Zimmermann, Jokiaho & May, 2011).

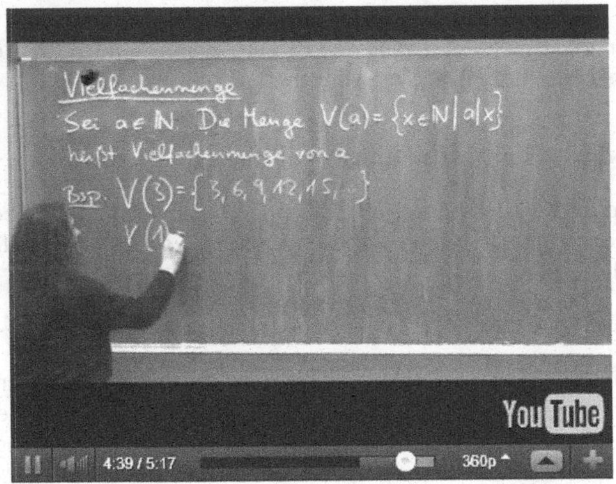

Abbildung 1: Ausschnitt aus einer Vorlesungsaufzeichnung

An der Pädagogischen Hochschule Heidelberg wurde im Wintersemester 2010/11 die Vorlesung „Einführung in die Arithmetik“ komplett aufgezeichnet, und zwar mit dem erstgenannten Verfahren (Fischer et al., 2011): Eine studentische Hilfskraft zeichnete das Geschehen vor der Tafel mit einer Videokamera im Hörsaal auf und stellte die Videos anschließend auf YouTube ein. Dort stehen die Vorlesungsaufzeichnungen als offene Bildungsmaterialien (open educational resources, OER) jedermann zu Verfügung.[1] Sie können also auch von anderen Dozenten in deren Veranstaltungskontexten verwendet werden. Ein Ausschnitt aus einer Aufzeichnung ist in Abbildung 1 dargestellt.

Selbstverständlich kann es passieren, dass sich Inhalte in zukünftigen Veranstaltungen ändern oder neue Inhalte hinzukommen. Dies ist an der PH Heidelberg im Wintersemester 2011/12 bei der Umstellung auf neue Prüfungsordnungen im Lehramt geschehen. Nur ein Teil der bisherigen Videos konnte im Sinne des *inverted classroom* verwendet werden. Die Lösung war, zu neuen Inhalten einfach im Plenum einen Vortrag zu halten und diesen aufzuzeichnen. Die neuen Aufzeichnungen stehen damit in zukünftigen Semestern wiederum zur Verfügung. Man „bindet" sich somit durch Vorlesungsaufzeichnungen nicht längerfristig an Inhalte, sondern im Gegenteil: Man kann immer wieder ergänzende Aufzeichnungen zu neuen Inhalten hinzufügen. Dies ist auch der Fall, wenn man neue Zugangswege zu bisherigen Inhalten präsentieren möchte. Bestehende Vorlesungsaufzeichnungen sollten einen Dozenten nicht daran hindern, nochmals einen Vortrag in anderer Weise zu halten, wenn er dies für notwendig und sinnvoll hält. Aufzeichnungen bieten aber die Möglichkeit, es nicht zu müssen, wenn man mit der alten Zugangsweise noch zufrieden ist. Über mehrere Semester hinweg entsteht auf diese Weise ein Pool an Vorlesungsvideos, die flexibel eingesetzt werden können.

5 Zusammenfassung

Vorlesungsvideos bieten die Möglichkeit, Vorträge aus Präsenzveranstaltungen auszulagern und damit Zeit für Interaktionen und Diskussionen im Sinne des *inverted classroom* zu gewinnen. Die Vorteile von Vorträgen bleiben dabei erhalten, die Nachteile von Präsenz-Vorlesungen werden gemindert. Die effizienteste Methode der Produktion von Vorlesungsvideos ist dabei, eine traditionelle Vorlesung einmalig aufzuzeichnen und diese dann in den Folgesemestern im *inverted classroom* einzusetzen.

Digitale Medien ermöglichen es heute, Videos auf einfache Weise zu produzieren und online zu stellen. Der *inverted classroom* ist somit eine kostengünstige Möglichkeit, Hochschullehre in der Mathematik – insbesondere traditionelle Vorlesungen – noch stärker lernerzentriert und aktivierend zu gestalten.

[1] Die Vorlesungsaufzeichnungen können unter folgender Adresse bezogen werden: http://wiki.zum.de/PH_Heidelberg/Mathematische_Grundlagen_I (Stand: 28.3.2012)

6 Danksagung

Ich danke Michael Gieding für die Inspiration, Vorlesungsvideos aufzuzeichnen und bei YouTube einzustellen. Mein Dank gilt auch Tim Strübig und Maike Fischer, die Vorlesungen in zwei Semestern aufgezeichnet und online gestellt haben.

7 Literatur

Apel, H. J. (1999). *Die Vorlesung. Einführung in eine akademische Lehrform*. Köln, Weimar, Wien: Böhlau.

Atkinson, R. K., Derry, S. J., Renkl, A. & Wortham, D. (2000). Learning from examples: instructional principles from the worked examples research. *Review of Educational Research, 70*(2), 181–214.

Bandura, A. (2001). Modeling. In W. E. Craighead & C. B. Nemeroff (Hrsg.), *The Corsini Encyclopedia of Psychology and Behavioral Science* (S. 967-968). New York: John Wiley & Sons.

Bescherer, C., Spannagel, C. & Zimmermann, M. (2012). Neue Wege in der Hochschulmathematik. Das Projekt SAiL-M. In M. Zimmermann, C. Bescherer & C. Spannagel (Hrsg.), *Mathematik lehren in der Hochschule. Didaktische Innovationen für Vorkurse, Übungen und Vorlesungen* (S. 93-103). Hildesheim, Berlin: Franzbecker.

Collins, A., Brown, J. S. & Newman, S. E. (1989). Cognitive apprenticeship: teaching the crafts of reading, writing, and mathematics. In L. B. Resnick (Hrsg.), *Knowing, learning, and instruction. Essays in honor of Robert Glaser*. Hillsdale, NJ: Lawrence Erlbaum Associates.

Fischer, M. & Werner, J. & Strübig, T. & Spannagel, C. (2012): YouTube-Vorlesungen. Der Mathematik-Professor zum Zurückspulen. In M. Zimmermann, C. Bescherer & C. Spannagel (Hrsg.), *Mathematik lehren in der Hochschule. Didaktische Innovationen für Vorkurse, Übungen und Vorlesungen* (S. 67-77). Hildesheim, Berlin: Franzbecker.

Handke, J. & Schäfer, A. M. (2012). *E-Learning, E-Teaching und E-Assessment in der Hochschullehre*. München: Oldenbourg.

KMK – Kultusministerkonferenz (2003). *Bildungsstandards im Fach Mathematik für den mittleren Schulabschluss*. Bonn: Sekretariat der Ständigen Konferenz der Kultusminister der Länder in der BRD.

Krüger, M. (2005). Pädagogische Betrachtungen zu Vortragsaufzeichnungen (eLectures). *i-com, 3/2005*, 56-60.

Lage, M. J., Platt, G. J. & Treglia, M. (2000). Inverting the Classroom: A Gateway to Creating an Inclusive Learning Environment. *The Journal of Economic Education. 31*(1), 30-43.

Loviscach, J. (2011). Mathematik auf YouTube: Herausforderungen, Werkzeuge, Erfahrungen. In H. Rohland, A. Kienle & S. Friedrich (Hrsg.), *DeLFI 2011 – Die 9. e-Learning Fachtagung Informatik der Gesellschaft für Informatik e.V.*, S. 91–102.

Lyman, F. (1981). The responsive classroom discussion. In A. S. Anderson (Hrsg.), *Mainstreaming Digest.* College Park, MD: University of Maryland College of Education.

NCTM – National Council of Teachers of Mathematics (2000). *Principles and Standards for School Mathematics.* Reston, Virginia, USA: NCTM.

Spannagel, C. (2011). Das aktive Plenum in Mathematikvorlesungen. In L. Berger, C. Spannagel & J. Grzega (Hrsg.), *Lernen durch Lehren im Fokus. Berichte von LdL-Einsteigern und LdL-Experten* (S. 97-104). Berlin: epubli.

van Gog, T., Paas, F., & Van Merriënboer, J.J.G. (2008). Effects of studying sequences of process-oriented and product-oriented worked examples on troubleshooting transfer efficiency. *Learning and Instruction, 18*, 211–222.

Zimmermann, M., Jokiaho, A. & May, B. (2011). Vorlesungsaufzeichnung in der Mathematik – Nutzung und Auswirkung auf die Studienleistung. In H. Rohland, A. Kienle & S. Friedrich (Hrsg.), *DeLFI 2011 – Die 9. e-Learning Fachtagung Informatik der Gesellschaft für Informatik e.V.*, S. 163-171.

Sichtweisen von Lehramtsstudierenden zur Bedeutung des Nutzens vielfältiger Darstellungen im Mathematikunterricht[1]

Sebastian Kuntze,
Pädagogische Hochschule Ludwigsburg

Kurzfassung: Aufgrund der Bedeutung des Nutzens vielfältiger Darstellungen für mathematisches Denken und Kompetenzaufbau im Mathematikunterricht benötigen Lehrkräfte spezifisches, mit dem Nutzen von Darstellungen verbundenes professionelles Wissen. Zu diesem Wissen gehören auch präskriptive Überzeugungen etwa zur Bedeutung der Idee des Nutzens vielfältiger Darstellungen für den Mathematikunterricht – ein Aspekt professionellen Wissens, zu dem bislang noch kein befriedigender empirischer Forschungsstand erreicht ist. In diesem Beitrag werden daher Ergebnisse einer empirischen Studie zu solchen Überzeugungen vorgestellt. Die Ergebnisse deuten darauf hin, dass trotz relativ geringen inhaltsbezogenen Verknüpfungswissens zur Idee des Nutzens vielfältiger Darstellungen eine vergleichsweise große Bedeutung dieser Idee für den Mathematikunterricht gesehen wurde. Die befragten Lehramtsstudierenden schätzten diese Bedeutung jedoch nicht für alle Unterrichtsinhalte als gleichermaßen groß ein.

1 Einführung

Sichtweisen von angehenden und praktizierenden Mathematiklehrkräften zum Fach Mathematik und zum Mathematikunterricht sind nicht nur bedeutungsvolle Einflussgrößen auf Unterrichtsqualitätsmerkmale (z.B. Kunter et al., 2011), sondern sie werden auch als Bedingungsvariablen für die Weiterentwicklung professionellen Wissens angesehen: Solche Sichtweisen dürften nämlich eine Art Fil-

[1] Förderhinweis: Das Projekt „Awareness of Big Ideas in Mathematics Classrooms" (ABCmaths, www.abcmaths.de) wurde mit Unterstützung der Europäischen Kommission (503215-LLP-1-2009-1-DE-COMENIUS-CMP) finanziert. Diese Veröffentlichung gibt lediglich die Sichtweisen des Autors wieder. Die Kommission haftet nicht für jedwede Nutzung der in diesem Beitrag enthaltenen Informationen.

terfunktion für professionelles Lernen einnehmen, die Aufmerksamkeitsprozesse und die Nutzung von Lerngelegenheiten mitbestimmen können. Dies ist insbesondere für Sichtweisen zu fach- und unterrichtsbezogenen Big Ideas und vor allem zu deren Bedeutung für die Unterrichtspraxis und für bestimmte Unterrichtsthemen anzunehmen. Aus diesem Grunde fokussiert diese Studie auf derartige Sichtweisen zur Idee des Nutzens vielfältiger Darstellungen. Das Forschungsinteresse kann vor dem Hintergrund des Ansatzes gesehen werden, professionelles Wissen von angehenden und praktizierenden Mathematiklehrkräften entlang von Big Ideas zu beschreiben, was eine bereichsspezifische und eine– im Hinblick auf unterschiedliche Teilkomponenten professionellen Wissens – integrative Perspektive ermöglicht.

Im Folgenden wird zunächst der theoretische Hintergrund zu Big Ideas und professionellem Wissen skizziert, bezüglich der Idee des Nutzens vielfältiger Darstellungen baut der Beitrag auf dem theoretischen Rahmen in Kuntze (in diesem Band) auf. Nach Informationen zu Forschungsinteresse und Untersuchungsdesign werden Ergebnisse vorgestellt, die vor dem Hintergrund des bisherigen Forschungsstandes diskutiert werden.

2 Vielfältige Darstellungen nutzen als mathematikbezogene und fachdidaktische „Big Idea“

Aus theoretischer Perspektive ist die Bedeutung des Nutzens vielfältiger Darstellungen sowohl für die Mathematik als Disziplin als auch für das Lehren und Lernen von Mathematik sehr groß (vgl. Kuntze, in diesem Band). Es besteht jedoch die Gefahr, dass die Idee des Nutzens vielfältiger Darstellungen im Mathematikunterricht oft verborgen bleibt, für die Lernenden nicht erkennbar wird, weil sie nicht transparent gemacht und explizit zum Gegenstand von Gedankengängen gemacht wird. Dies kann insbesondere dann passieren, wenn die Bedeutung dieser Idee wenig wahrgenommen und beim Gestalten von Lerngelegenheiten wenig berücksichtigt wird. Mit dem expliziten Thematisieren der Idee des Nutzens vielfältiger Darstellungen dürften jedoch Lernanlässe verbunden sein, die den Wissensaufbau zu mathematischen Begriffen und ihren Darstellungen unterstützen, sowie Fähigkeiten des Wechselns zwischen Darstellungen (Duval, 2006, Gagatsis & Shiakalli, 2004) fördern können. Im Hinblick auf Unterrichtsqualität und das Gestalten kognitiv aktivierender Lerngelegenheiten im Mathematikunterricht kann es daher gerade für Lehrerinnen und Lehrer hilfreich sein, das Nutzen vielfältiger Darstellungen als eine mathematik- und unterrichtsbezogene „Big Idea“ zu betrachten. Dies kann helfen, die Aufmerksamkeit für das Nutzen vielfältiger Darstellungen beim Gestalten von Mathematikunterricht sowie beim Handeln und Reagieren im Klassenraum zu steigern. Unter dem Begriff mathematikbezogener „Big Ideas“ bzw. „großer Ideen“ werden nach dem pragmatischen und hinreichend offenen Ansatz eines Projekts, das auch auf viele frühere an der Pädagogischen Hochschule Ludwigsburg entstandene Arbeiten aufbaut (vgl. Kuntze et al., 2011a, b; Kuntze & Dreher, 2011), Ideen verstanden, die

- ein hohes mathematikbezogenes Reflexions- und Anregungspotential im Sinne des verständnisvollen Lernens (Baumert & Köller, 2000) von Begriffswissen haben sollten (u. a. Orientierung, Verknüpfung, Verankerung von Wissen);
- möglichst relevant für den zielgruppengerechten Aufbau von Metawissen über die Wissenschaft Mathematik sein sollten;
- Fähigkeiten der Lernenden des bedeutungsvollen Kommunizierens über Mathematik unterstützen können sollten;
- auch für Lehrende Reflexionsprozesse im Zusammenhang mit dem Gestalten kognitiv aktivierender Lerngelegenheiten und dem Begleiten von Lernprozessen anregen und unterstützen sollten.

Die Idee „vielfältige Darstellungen nutzen" erfüllt ganz offensichtlich alle diese Kriterien, wie auch aus den Gedanken im Beitrag von Kuntze (in diesem Band) hervorgeht.

Fachdidaktische Big Ideas	**sollten Orientierung geben:**
mit Fokus auf Lehrende:	als Leitlinien für das Planen/ Gestalten von Unterricht, für Handeln und Reagieren im Unterricht
mit Fokus auf Lernende:	als Unterstützung für Lernen/ Kompetenzaufbau
mit Fokus auf Lerngelegenheiten:	als Unterrichtsqualitätsmerkmale
mit Fokus auf Reflexion/ Austausch über Unterricht:	als orientierende Begriffe zum Kommunizieren über Unterricht

Tabelle 1: Fachdidaktische Big Ideas (vgl. Kuntze, 2012b)

Gerade angesichts der Bedeutung des Nutzens vielfältiger Darstellungen nicht nur für mathematisches Denken sondern auch für den Aufbau mathematischer Kompetenz macht es Sinn, die Bezeichnung „Big Idea" auch auf den fachdidaktischen Bereich zu beziehen. In Tabelle 1 werden solche fachdidaktischen Big Ideas anhand von vier Kriterien beschrieben.Fachdidaktische Big Ideas sind damit eine Art fachdidaktisch verstandener „Unterrichtsprinzipien", wobei letzterer Begriff jedoch in der Literatur leider nicht einheitlich gebraucht wird. Aus diesem Grunde stellen die Kriterien in Tabelle 1 ebenfalls einen pragmatischen und hinreichend offenen Rahmen bereit, der unterrichtsbezogene Aufmerksamkeit von Lehrerinnen und Lehrern bündeln und Reflexionsprozesse anregen kann.

Die Idee „vielfältige Darstellungen nutzen“ ist offenbar auch eine fachdidaktische Big Idea, und zwar über die im Beitrag von Kuntze (in diesem Band) bereits beschriebenen Aspekte des Planens und Gestaltens von Unterricht sowie der Unterstützung des Kompetenzaufbaus bei Schülerinnen und Schülern hinaus: Das Nutzen vielfältiger Darstellungen kann in der Tat auch als eine Beobachtungskategorie für Unterricht verwendet werden, die unterrichtsbezogene Reflexion anregen kann. Wie Darstellungen genutzt werden, inwiefern Anregungen und Hilfen zum Wechseln zwischen Darstellungen gegeben werden, ob Darstellungsmodi metakognitiv reflektiert werden – all diese Merkmale ermöglichen Rückschlüsse auf die Qualität von Lerngelegenheiten. Für den Austausch über solche Merkmale von Lerngelegenheiten zwischen Lehrkräften untereinander oder zwischen Lehrkräften und Vertreter(inne)n der Fachdidaktik stellt das Kommunizieren über den Umgang mit Darstellungen gleichsam eine Sprache bereit, die Professionalisierungsprozesse unterstützen kann, beispielsweise im Rahmen videobasierter Aus- und Fortbildungsmaßnahmen.

Dies spricht dafür, dem Nutzen vielfältiger Darstellungen als Big Idea eine explizite Aufmerksamkeit im Mathematikunterricht zukommen zu lassen. Nicht zuletzt kann die Betrachtung als mathematikbezogene und fachdidaktische „Big Idea“ die Motivation für diesbezüglichen Wissensaufbau bei Schülerinnen, Schülern und Lehrkräften unterstützen.

3 Professionelles Wissen zum Nutzen vielfältiger Darstellungen

Professionelles Wissen zum Nutzen vielfältiger Darstellungen gehört zum unabdingbaren Rüstzeug von Mathematiklehrkräften, die den Kompetenzaufbau ihrer Schülerinnen und Schüler durch das Gestalten kognitiv aktivierender Lernumgebungen optimal fördern (vgl. Ball, 1993; Kunter et al., 2011). Da professionelles Wissen ein ganzes Bündel von Komponenten umfasst, die von Fachwissen bis zu fachdidaktischem Wissen (vgl. Shulman, 1986; Ball, Thames & Phelps, 2008) von präskriptiven Überzeugungen oder Beliefs bis zu deklarativen oder prozeduralen Wissensbestandteilen (Pajares, 1992; Törner, 2002), von übergreifenden Komponenten bis hin zu inhalts- oder sogar unterrichtssituationsspezifischen Aspekten (Törner, 2002; Lerman, 1990) reichen, ist eine differenzierende Betrachtung solchen professionellen Wissens erforderlich. Ohne den diesbezüglichen theoretischen Hintergrund an dieser Stelle entwickeln zu können (vgl. hierzu Kuntze, 2012a; Kuntze, 2012b) ermöglichen Big Ideas wie die des Nutzens vielfältiger Darstellungen eine integrative Sicht verschiedener Komponenten professionellen Wissens. In einer solchen integrativen Sicht entlang von Big Ideas kann beispielsweise inhaltsbereichsspezifisches und inhaltsübergreifendes Fachwissen zum Nutzen vielfältiger Darstellungen mit Bereichen fachdidaktischen Wissens und Überzeugungen – etwa zur Bedeutung der Idee des Nutzens vielfältiger Darstellungen für den Mathematikunterricht – in seinen Zusammenhängen untersucht werden.

Erste Untersuchungsergebnisse aus dieser Perspektive (Kuntze et al., 2011a) deuten an, dass Lehramtsstudierende zu Beginn ihres Studiums im Mittel über sehr geringes mathematisches Vernetzungswissen zum Nutzen vielfältiger Darstellungen verfügten. So war nur ein geringer Anteil der angehenden Lehrkräfte in der Lage, Beispiele für mathematische Inhalte zu geben, die auf unterschiedliche Art und Weise repräsentiert werden können. Nur einzelne Lehramtsstudierende erläuterten die von ihnen gegebenen Beispiele für Darstellungen im Hinblick auf die Big Idea.

Die Interpretation der Ergebnisse dieser Studie wurde auch durch Befunde einer qualitativen Analyse von Prüfungsantworten von Studierenden einer anderen Kohorte gestützt (Dreher, im Druck). In inhaltsbereichsspezifischen Untersuchungen zu Aspekten professionellen Wissens im Bereich des Nutzens vielfältiger Darstellungen (Dreher & Kuntze, 2012; Dreher, Kuntze & Lerman, 2012), die teils interkulturell angelegt waren, zeigte sich unter anderem eine selektive Wahrnehmung von Zielen, die mit dem Nutzen vielfältiger Darstellungen in Zusammenhang gebracht werden konnten, und zwar sowohl für die befragten deutschen wie auch für die teilnehmenden englischen angehenden Lehrkräfte.

Diesen Befunden stehen Forderungen gegenüber, professionelles Wissen zum Nutzen vielfältiger Darstellungen zu fördern, die sich nicht nur aus den Bildungsstandards ergeben (KMK, 2004a, b), sondern letztlich bereits auf Ansätze etwa zu fundamentalen Ideen (Bruner, 1966; Schweiger, 1992), universellen Ideen (Schreiber, 1983), zentralen Ideen (Schreiber, 1983); Kernideen (Gallin & Ruf, 1993) zurückgehen. Insofern trifft die Betonung des Nutzens vielfältiger Darstellungen auf ein wesentliches Verbesserungspotential der Lehramtsausbildung, und zwar offenbar über verschiedene Komponenten professionellen Wissens hinweg.

Fach- und unterrichtsbezogenen Überzeugungen von Mathematiklehrkräften wird in der Regel eine Filterfunktion für den Aufbau professionellen Wissens zugeschrieben (z.B. Törner, 2002; Lerman, 1990). Ein Beispiel für solche Überzeugungen stellen Wahrnehmungen von Lehrkräften zur Bedeutung einzelner Big Ideas dar (vgl. z. B. Siller et al., 2011). Es ist zu vermuten, dass beispielsweise eine geringe wahrgenommene Bedeutung des Nutzens vielfältiger Darstellungen mit eher geringem Wissenszuwachs bezüglich dieser Big Idea assoziiert ist, da lehrberufsbezogene Lerngelegenheiten in diesem Bereich dann weniger intensiv genutzt werden dürften.

Vor dem Hintergrund früherer Ergebnisse (Kuntze et al., 2011a) stellt sich damit die Frage, inwiefern das eher geringe Wissen von Lehramtsstudierenden zum Nutzen vielfältiger Darstellungen damit assoziiert ist, dass sie das Nutzen vielfältiger Darstellungen als eher unbedeutend für Mathematik und Mathematikunterricht ansehen. Dieser Fragestellung wurde in einer empirischen Studie nachgegangen, die im Folgenden vorgestellt wird.

4 Forschungsinteresse der Studie

Sichtweisen zur Bedeutung des Nutzens vielfältiger Darstellungen dürften nicht nur für die Weiterentwicklung professionellen Wissens, sondern auch für das Handeln und Reagieren von Lehrkräften im Klassenraum von Bedeutung sein. Im Folgenden werden daher Ergebnisse einer Teilstudie aus dem Projekt ABC-maths (www.abcmaths.net) berichtet, bei der die Untersuchung solcher Sichtweisen im Mittelpunkt stand.

Sichtweisen zur Bedeutung des Nutzens vielfältiger Darstellungen können auf der einen Seite von inhaltsbereichsunabhängiger Natur sein, nicht zuletzt, weil das Nutzen von Darstellungen ja allgemein für die Mathematik und den Mathematikunterricht bedeutsam ist. Auf der anderen Seite ist das Nutzen von Darstellungen potentiell inhaltsabhängig, da jeweils Darstellungen einzelner mathematischer Inhalte betroffen sind. Die Wahrnehmung der Bedeutung des Nutzens vielfältiger Darstellungen könnte aus diesem Grunde inhaltsspezifisch unterschiedlich ausgeprägt sein. Diesem Umstand wurde insofern Rechnung getragen, als die Sichtweisen zur Bedeutung des Nutzens vielfältiger Darstellungen auch inhaltsspezifisch erfragt wurden.

Die untersuchten Fragestellungen lauten damit:

- Über welche Sichtweisen zur Bedeutung des Nutzens vielfältiger Darstellungen für den Mathematikunterricht verfügen Lehramtsstudierende?
- Gibt es Unterschiede zwischen allgemein und inhaltsspezifisch erhobenen Sichtweisen und für welche der beurteilten Inhaltsbereiche wird eine besonders große oder besonders geringe Bedeutung gesehen?

5 Design und Stichprobe

Die Auswertung bezieht sich auf N=76 Lehramtsstudierende aus der Stichprobe der Untersuchung von Kuntze und Kollegen (2011a), die den Fragebogenteil zur wahrgenommenen Bedeutung ausgewählter Big Ideas beantworteten. Die Befragung fand vor dem Beginn einer Lehrveranstaltung statt. Die Mehrzahl der Studierenden befand sich zum Zeitpunkt der Befragung am Beginn des Studiums. Die Teilnehmer(innen) wurden gebeten, ihre Sicht zur Bedeutung der in Abbildung 1 wiedergegebenen übergreifenden Ideen zum Ausdruck zu bringen. Als inhaltsspezifische Indikatorbereiche wurden in dem betreffenden Fragebogenteil ferner die in Abbildung 2 aufgeführten Inhalts- bzw. Lehrplaneinheiten genannt, für die Einschätzungen erbeten wurden. In einer Tabelle sollten die Studierenden Bewertungen auf einer Skala von 0 bis 5 vornehmen; dabei bedeutete 5 eine „hohe Bedeutung", 0 eine „geringe Bedeutung". Um ein homogenes Verständnis der Big Ideas bei der Beantwortung zu fördern, wurden im Fragebogen Kurzbeschreibungen der einzelnen Ideen gegeben. Beispielsweise wurde die Idee des Nutzens Vielfältiger Darstellungen in der im Fragebogen gebotenen Kürze wie folgt beschrieben: „Mathematische Begriffe oder Tatschen auf unterschiedliche Arten darzustellen ermöglicht es in vielen Fällen Probleme zu vereinfachen, und hilft auch dabei, Verbindungen in mathematischem Wissen zu erkennen".

6 Ergebnisse

Die Mittelwerte und deren Standardfehler für die Sichtweisen der Lehramtsstudierenden zur Bedeutung verschiedener Big Ideas sind in Abbildung 1 zusammengestellt. Zusammen mit drei weiteren Big Ideas entfällt auf das Nutzen vielfältiger Darstellungen die höchste wahrgenommene Bedeutung, die deutlich positiv ausgeprägt ist. Signifikant geringer ausgeprägt war die wahrgenommene Bedeutung der Ideen „mit Unendlichkeit umgehen", „Modellieren", „mit Variabilität/Unsicherheit umgehen" sowie „Invertieren".

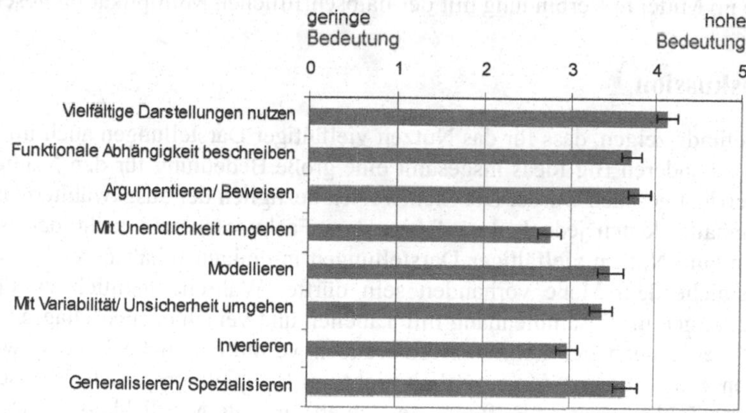

Abbildung 1: Wahrgenommene Bedeutung ausgewählter Big Ideas für den Mathematikunterricht

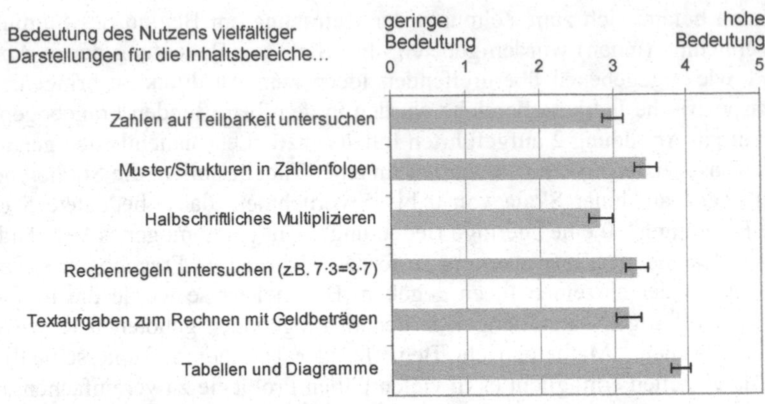

Abbildung 2: Wahrgenommene Bedeutung des Nutzens vielfältiger Darstellungen für verschiedene ausgewählte Inhaltsbereiche

Die inhaltsspezifischen Sichtweisen zur Bedeutung des Nutzens vielfältiger Darstellungen sind in Abbildung 2 wiedergegeben. Hier zeigen sich Unterschiede zwischen verschiedenen Inhalten. Während die Bedeutung des Nutzens vielfältiger Darstellungen bei der Arbeit mit Tabellen und Diagrammen als ähnlich groß eingeschätzt wurde wie die allgemeine (inhaltsunspezifische) Bedeutung des Nutzens vielfältiger Darstellungen in Abbildung 1, fiel die wahrgenommene Bedeutung zu den meisten anderen Inhaltsbereichen deutlich geringer aus. Die geringste Bedeutung unter den für den Fragebogen ausgewählten Inhaltsbereichen wurde im Mittel in Verbindung mit der halbschriftlichen Multiplikation gesehen.

7 Diskussion

Die Befunde zeigen, dass für das Nutzen vielfältiger Darstellungen auch im Vergleich zu anderen Big Ideas insgesamt eine große Bedeutung für den Mathematikunterricht gesehen wurde. Die Sichtweisen bezüglich der ausgewählten Unterrichtsinhalte deuten jedoch darauf hin, dass Fachwissen und fachdidaktisches Wissen zum Nutzen vielfältiger Darstellungen in einigen Inhaltsbereichen nicht in ausreichendem Maße vorhanden sein dürfte: Während nämlich vielfältige Darstellungen im Zusammenhang mit Tabellen und verschiedenen Diagrammarten in den Augen der Lehramtsstudierenden vermutlich nahe liegend waren, wussten viele Studierende vermutlich nicht um Beispiele graphisch veranschaulichbarer Zahlenfolgen (z.B. figurierte Zahlen), um die Möglichkeit der intensiven Arbeit mit verschiedenen Darstellungen bei der Untersuchung der Teilbarkeit ganzer Zahlen, um graphische Veranschaulichungsmöglichkeiten von „Rechenregeln" wie dem Kommutativ- oder Distributivgesetz oder um das Nutzen von Darstellungen beim halbschriftlichen Multiplizieren (z.B. Wessolowski, 2011).

Dies kann den scheinbaren Widerspruch zwischen geringem Fachwissen zum Nutzen vielfältiger Darstellungen und einer relativ großen wahrgenommenen Bedeutung dieser Idee auflösen: Das professionelle Wissen in diesem Bereich dürfte weiterentwicklungsbedürftig sein, und die Ausgangslage für die Lehrer(innen)ausbildung erscheint zumindest insofern als positiv, als wenigstens die Bedeutung des Nutzens vielfältiger Darstellungen durchaus als groß wahrgenommen wurde. Diese nicht ungünstige Ausgangslage sollte daher durch entsprechende Angebote und Lernanregungen in der Ausbildung angehender Mathematiklehrerinnen und -lehrer genutzt werden.

8 Literatur

Ball, D. L. (1993). Halves, pieces, and twoths: Constructing representational contexts in teaching fractions. In T. Carpenter, E. Fennema, & T. Romberg, (Hrsg.), *Rational numbers: An integration of research* (S. 157-196). Hillsdale, NJ: Erlbaum.

Ball, D.L., Thames, M.H., & Phelps, G. (2008). Content knowledge for teaching: What makes it special?. *Journal of Teacher Education, 59*(5), 389-407.

Baumert, J. & Köller, O. (2000). Unterrichtsgestaltung, verständnisvolles Lernen und multiple Zielerreichung im Mathematik- und Physikunterricht der gymnasialen Oberstufe. In J. Baumert, W. Bos & R. Lehmann (Hrsg.), *TIMSS/III, Dritte Internationale Mathematik- und Naturwissenschaftsstu-die, Band 2*. Opladen: Leske+Budrich

Bruner, J. (1966): *The Process of Education*. Cambridge: Harvard University Press.

Dreher, A. (im Druck). Vorstellungen von Lehramtsstudierenden zum Nutzen vielfältiger Darstellungen im Mathematikunterricht. *Beiträge zum Mathematikunterricht 2012*.

Dreher, A., & Kuntze, S. (2012). *Pre-service teachers' views about pictorial representations in tasks*. http://www.icme12.org/upload/UpFile2/TSG/0318.pdf [Zugriff am 04.09.2012].

Dreher, A., Kuntze, S., & Lerman, S. (2012). *Pre-service teachers' views on using multiple representations in mathematics classrooms – an inter-cultural study*. [PME 2012].

Duval, R. (2006). A cognitive analysis of problems of comprehension in a learning of mathematics. *Educational studies in mathematics, 61*, 103-131.

Gagatsis, A., & Shiakalli, M. (2004). Translation ability from one representation of the concept of function to another and mathe-matical problem solving. *Educational Psychology, An International Journal of Experimental Educational Psychology, 24*(5), 645-657.

Gallin, P. & Ruf, U. (1993). Sprache und Mathematik in der Schule. Ein Bericht aus der Praxis. *Journal für Mathematik-Didaktik, 12*(1), 3-33.

Kultusministerkonferenz (KMK). (2004a). *Bildungsstandards im Fach Mathematik für den Mittleren Schulabschluss*. Neuwied: Wolters Kluwer..

Kultusministerkonferenz (KMK). (2004b). *Bildungsstandards im Fach Mathematik für den Primarbereich.* [verfügbar unter www.kmk.org]. [Zugriff am 25.03.2012].

Kunter, M., Baumert, J., Blum, W., Klusmann, U., Krauss, S. & Neubrand, M. (Hrsg.) (2011). *Professionelle Kompetenz von Lehr-kräften. Ergebnisse des Forschungsprogramms COACTIV*. Münster: Waxmann.

Kuntze, S. (2012a). Pedagogical content beliefs: global, content domain-related and situation-specific components. *Educational Studies in Mathematics, 79*(2), 273-292.

Kuntze, S. (2012b, im Druck). Gestalten kognitiv anregender Lernanlässe in Mathematik – Wissen und Überzeugungen von Lehrkräften. *Journal für Lehrerinnen- und Lehrerbildung, 1/2012*, 9-18.

Kuntze, S. & Dreher, A. (Hrsg.). (2011). *Big Ideas im Zentrum des Mathematikunterrichts – Fachdidaktischer Hintergrund, Anregungen für die Unterrichtspraxis und Materialien für schüler(innen)zentrierte Lernumgebungen*. Ludwigsburg: Pädagogische Hochschule.

Kuntze, S., Lerman, S., Murphy, B., Kurz-Milcke, E., Siller, H.-S. Winbourne, P. (2011a). Professional knowledge related to big ideas in mathematics – An empirical study with pre-service teachers. In M. Pytlak, T. Rowland, & E. Swoboda (Eds.), *Proceedings of the Seventh Congress of the European Society for Research in Mathematics Education* (S. 2717-2726). Rzeszow, Poland: University.

Kuntze, S., Lerman, S., Murphy, B., Kurz-Milcke, E., Siller, H.-S. Winbourne, P. (2011b). Development of pre-service teachers' knowledge related to big ideas in mathematics. In B. Ubuz (Hrsg.), *Proceedings of the 35th Conference of the International Group for the Psychology of Mathematics Education*, Vol. 3 (S. 105-112). Ankara, Turkey: PME.

Lerman, S. (1990). Alternative perspectives of the nature of mathematics and their influence on the teaching of mathematics. *British Educational Research Journal, 16*(1), 53–61.

Pajares, F. M. (1992). Teachers' Beliefs and Educational Research: Cleaning Up a Messy Construct. *Review of Educational Research, 62*(3), 307–332.

Schreiber, A. (1983). Bemerkungen zur Rolle universeller Ideen im mathematischen Denken. *Mathematica didactica, 6*, 65-76.

Schweiger, F. (1992). Fundamentale Ideen. Eine geistesgeschichtliche Studie zur Mathematikdidaktik. *JMD, 13*, 199-214.

Shulman, L. (1986). Those who understand: Knowledge growth in teaching. *Educational Researcher, 15*(2), 4–14.

Siller, H.-S., Kuntze, S., Lerman, S., & Vogl, C. (2011). Modelling as a big idea in mathematics with significance for classroom instruction – How do pre-service teachers see it? In M. Pytlak, T. Rowland, & E. Swoboda (Hrsg.), *Proceedings of the Seventh Congress of the European Society for Research in Mathematics Education* (S. 990-999). Rzeszow, Poland: University.

Törner, G. (2002). Mathematical Beliefs – A Search for a Common Ground: Some Theoretical Considerations on Structuring Beliefs, some Research Questions, and some Phenomenological Observations. In G. Leder, E. Pehkonen, & G. Törner (Hrsg.), *Beliefs: A Hidden Variable in Mathematics Education?*, (S. 73–94). Dordrecht: Kluwer.

Wessolowski, S. (2011). Halbschriftlich multiplizieren. Mit Punktefeldern Lösungswege finden und verstehen. *GRUNDSCHULmagazin 1*, 31-34.